增訂第七版

資訊法

五南圖書出版公司 印行

楊智傑——著

新版序

　　資訊法一書，原本是我在博士班期間，在僑光技術學院財經法律系兼課，為了上電腦網路法、資訊法律，而編寫的一本入門教材。後來博士論文題目為「網路音樂盜版法律對應模式之研究」，也將部分博士論文研究心得放入。

　　取得博士學位後，正式擔任大學法律系教職，講授著作權法、網際網路法等課程。由於資訊相關法律常常修改，故偶爾需要配合法律修正，而進行改版。

　　同時，在教學上，我都盡量採用案例式教學，嘗試以判決案例研析的方式，進行教學。故在授課的同時，我也持續尋找台灣有趣的代表性案例（判決），希望找到最具代表性的案件，提供同學閱讀，並在課堂上進行討論。

　　故最近幾次修改本書，我都嘗試將台灣有趣的判決書內容，包括著名的P2P音樂網站案例、法源資料庫v.月旦法學知識庫案、戴爾公司網站標錯價格案例、Google Android Market不願意提供七日免費退費案、熱血三國伺服器當機求償等案例，都放入課本，希望同學可以自行閱讀，激發思考。

　　2024年這一次修正，將2023年因為人工智慧興起而產生的深度偽造

與性影像罪等問題納入，也將線上平台內容管理責任問題做了補充討論。

　　希望本書中提到的法條內容保持正確，也希望有更多有趣的案例啟發學生學習興趣。

楊智傑

2024.4.9

自序

　　資訊法律是什麼？涵蓋的內容有哪些？這是我第一學期到僑光技術學院擔任資訊法律課程的講師時，碰到的第一個問題。當時我蒐集坊間所有著作權法、網路法、新聞法、言論自由等相關書籍，發現根本沒有一本書可以作為資訊法律的教科書，因為沒有一本書能夠完整的涵蓋所有資訊法律的各個面向。在沒有教科書可用的情況下，我也只好硬著頭皮上了。第一學期上課時，前半學期我以著作權法的書為主要教材，後半學期則用自己編輯的資訊法律講義作為教材，勉強的上完一學期的課。

　　才第一次教書，就教到一個發展中的科目，面臨自己必須準備教材、擬訂大綱的痛苦，讓我深刻地覺得教書不是件容易的事。就是因為這樣的痛苦經驗，那個學期開始，我就慢慢的編寫講義，將相關的資訊法律議題全面性的蒐集、記錄並寫下筆記，等到教到第三個學期時，恰巧碰到五南圖書出版公司副總編輯王俐文對我的賞識，願意給我機會讓我將既有的講義整理完整出版，故我也發下宏願，不能辜負其所託，決定一展身手好好表現一番，寫出生平第一本獨立完成的教科書，以報答王副總編的知遇之恩。

　　不過，正由於資訊法律是一門發展中的科目，所以我在撰寫本書時，面臨了許多困難。一方面是新法不斷修正，許多資訊相關法律尚未通過。另一方面，什麼議題都可以跟資訊沾上邊，到底該選擇哪些議題作為

本書內容，架構又該如何設定等等，實在讓我傷盡腦筋。在國內根本還沒有一本真正完整的資訊法律教科書的情況下，我必須自己蒐集整理很多判決、必須自己找出一個架構將法律清楚的介紹，實在是件不容易的事。不過也因此寫作過程充滿挑戰，讓我頗有成就感。

我雖然寫過幾本通俗書，論文發表對我來說也不是難事，但獨立寫作教科書還是頭一遭。寫教科書和寫通俗書和論文都是很不一樣的經驗，寫得好不好我也不敢說，但因為這門科目國內實在沒有完整的教科書，我認為學生有學習權，老師就應該提供充足的教材輔助學生學習。因而，就算書可能寫得不好，但我仍希望有心學習資訊法的人，能夠透過這本書快速清楚完整的了解整個資訊法律的圖像，進而一起加入資訊法律研究的列車。

本書能夠完成，要感謝一些人的幫忙。首先要謝謝我在資訊法律學習旅程上的啟蒙老師林子儀老師和劉靜怡老師。再來則是五南圖書出版公司編輯部的同仁，特別是王俐文副總編和吳尚潔小姐，謝謝你們在寫作過程中對我的鼓勵與支持。書中引用到我以前和他人一起發表的論文部分，包括中央大學產經所的學長李憲隆、台大法研所的學妹呂佩芳。另外，也要謝謝台大國發所學妹劉美香的協助。最後則是感謝僑光技術學院上過我「資訊法律」和「電腦網路法」的所有學生，委屈你們辛苦跟我上了三個學期沒有教科書的日子，但也因為你們，才逼我生出這本書。本書獻給你們。

楊智傑

台灣大學國家發展所博士

目錄

PART 1　智慧財產權

PART 2　電腦程式

PART 3　資訊自由

PART 4　網路交易

第一章 導 論

　　資訊法到底是什麼？其包含哪些範圍？哪些法律可算是資訊法律？而資訊法有哪些法律原則？資訊科技的發展與法律的互動又是什麼關係？本章將會先替資訊法做一簡單界定，並且就資訊法的一些原理做說明。其中，由於智慧財產權是資訊法裡很重要的一塊，故特別對智慧財產權的原理做一分析。其次，再進一步就資訊流通的議題做介紹，並說明其困難之處。最後，由於資訊法是一不斷發展中的法律，法律要如何與資訊發展相因應，本章也會做一說明。

第一節　資訊法概說

一、資訊法的範疇

　　資訊（information）是什麼？資訊法（information law）又有哪些內涵？根據本書的探討範圍，資訊法包括下述幾個面向，見圖1-1：

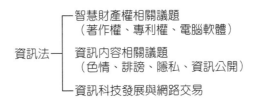

圖1-1　資訊法架構

1. 對於知識、創新資訊的保護：這主要是關於智慧財產權方面的法律問題。
2. 資訊內容的法律問題：傳統言論自由、新聞自由等關於資訊內容等法律問題，以及資訊隱私、資訊公開等問題。

3. 對於資訊科技發展的相關法律問題：這主要是關於網路發展、資訊科技等引發的相關法律問題。除了上述兩個領域都可能會因為資訊科技發展而出現新的問題外，另外還包括第三個領域，就是網路交易等相關問題。

二、資訊各面向的內在衝突

　　資訊實在是一個很有趣的問題。對於資訊，我們可以用不同的面向來看待。以下列出三個面向的衝突[1]，而這三個面向的衝突，也貫穿了這整本書。

1. 從「智慧財產權」的角度來看，我們把資訊當做一種財產，希望讓資訊交由私人控制，他人未經同意不得使用。透過智慧財產權的保護，可以鼓勵資訊創作，鼓勵知識累積、分享。可是，如果過度保護智慧財產權，卻可能會扼殺後續創作者的創作空間。

圖1-2　智慧財產權的內在衝突

2. 我們主張保護言論自由，讓資訊能夠自由的流通。可是有些言論卻也可能傷害到其他人，對於這類資訊，我們會希望有所限制。此時，言論自由的利益和其他公共利益，產生了矛盾、衝突。

---

1 關於資訊法律各面向的衝突，最經典的書籍，可參考James Boyle, Shamans, Software, & Spleens (Harvard University Press, 1996)。

圖1-3　言論自由的衝突

3. 若從隱私的角度來看，我們傾向保護資訊，讓資訊留在個人身上，讓真相隱蔽。但在政府資訊公開的角度來看，我們又希望資訊能夠越公開越好，透過更多的資訊，讓真相大白。而從消費資訊保護的角度來看，我們也希望消費資訊越公開、越透明。

圖1-4　隱私權和資訊公開的衝突

　　所以，到底該如何在資訊時代中，將資訊各面向的衝突獲得調和，也是一個難題。而在討論資訊法各具體面向的爭議時，這些衝突都會浮現出來。

第二節　智慧財產權

一、智慧財產權是對資訊的鼓勵、保障

　　智慧財產權，所保護的就是知識，也就是資訊。智慧財產權一般有著作權、專利權、商標權等，以及其他個別的特別法，都是在保護知識的發明創新，甚至是鼓勵知識的發明創新。

二、資訊產品的特性

　　資訊產品如同資訊一樣，產生的成本昂貴（固定成本高），但傳遞的成本相對很低（邊際成本低）。其一般具備有無體性、非排他性與非敵對性。

（一）無體性

　　首先，智財權具有無體性的特性。智財權本身係人類的精神創作，該精神創作雖藉由有形物表現出來，使人類得以感知，但真正受智財權法保護的只是該精神創作，而非有形物本身，該有形物只是為了傳達精神創作的媒介而已。因此智財權本身是抽象存在的精神創作，具有無體性。

（二）非排他性

　　所謂的非排他性（non-excludability），就是一件商品在你使用的同時，不能排除他人使用，所以要排除他人未經付費而享用該財貨的排他成本很高，以至於沒有一個想要追求利潤極大化的私人企業願意提供此種商品。而公共財便具有這種特色。舉例而言，國防屬於公共財的一種，很難讓沒有支付稅金的人民不去享有國防的好處，因此產生搭便車（free rider）的情況。

　　而智財權的非排他性，則在智財權加以公開發表後出現。一旦智財權為他人所感知，則要排除他人重製、抄襲的機會極低。尤其當著作轉成數位型態，要利用電腦重製著作的容易度更大幅提升，而無法排他。除非在著作上附加科技保護措施，防止他人接近著作或是對著作進行重製，才有辦法增加著作的排他性，不過這也是增加排他成本下的結果。因此著作在事實上要去排除他人搭便車的情況，相當不容易，因此著作本身具有非排他性。

（三）非敵對性

　　再者，智財權具有共享性的特性，增加一個人的消費，其他人消費並不會減少，亦即非敵對性。所謂的非敵對性（non-rival），就是指可以讓

多人共用而不損及其中任何人的效用。一般的私有財（private goods）都只能獨享，例如某一份蛋糕已經被某人食用之後，他人便不得再吃那一塊被吃掉的部分。而智財權本身便具有共享性，如果有人正在欣賞電影《魔戒》，並無法排除他人也在其他地方欣賞《魔戒》。當然，如果有人到百事達租借《魔戒》的DVD回家觀賞，其他人便無法在同一時間借用同一片DVD，這是因為該著作附著於有體物，基於該有體物的獨享特性、排他性所使然，而非著作具有獨享特性，其他人仍然可以租借《魔戒》的其他DVD片，特此說明。

（四）讓創新者能夠回收投入

從以上智財權的特性可以知道，智財權具有無體性、非排他性與非敵對性。而這種不能排他和不具敵對性的財產，由於阻止他人享用的成本相當高，為了效率起見，這種財貨應由公眾所擁有，而非將該財貨私有化。

然而，我們今天為什麼又會賦予智慧無體財產權，使智財權成為私人財產的一種？這是因為產生智慧的成本相當昂貴，而重製智慧的成本卻相對低廉，如此容易形成搭便車的情況，也會造成市場中智財權的供應不足。此時政府所能採取的手法有三[2]：1.由政府提供智財權；2.政府對私人所提供的智財權加以補貼；3.智慧財產權的建立與保護。而智財權的出現，便是採取第三種做法，使智財權人對其智慧財產享有法律保護，以提供智財權人創作的誘因，繼續生產著作。如此，將著作成為私人財產後，才能鼓勵創作人進行創作，確保市場上的創作供應量充足。

三、對資訊產品過度保護的危險

不過，用法律保護了某些人的知識，就會限制了他人的知識創新，甚至影響資訊的流通。例如，軟體用著作權保護，卻不開放原始碼，影響了資訊的流通進步。而軟體用專利法保護，更是會威脅到其他潛在的創作者，影響知識的創新。

---

2 參考Robert Cooter, and Thomas Ulen, Law and Economics 119-122 (4th ed. 2004)。

第三節　言論自由與資訊內容

　　資訊法中，很多都涉及了憲法言論自由所處理的問題，包括色情資訊、誹謗言論、隱私權、政府資訊公開等。這些比較是資訊的內容面向，而資訊內容又可以分為好的、壞的、該公開的、不該公開的等。

一、資訊自願的流通

　　資訊內容到底該以何種標準來決定該不該流通？若以傳統言論自由的理論，如果是出版者自願出版的，那麼國家不應該限制，至少不應該事前限制。倘若資訊內容涉及色情、誹謗等，則可以用事後處罰的方式來限制之。亦即，原則上我們鼓勵資訊的出版、流通。

二、資訊非自願的流通

　　可是有一些資訊是非自願的流通。例如資訊隱私被侵害，導致自己不想被他人知道的資訊流通在外，此時法律就會禁止這些資訊流通。

　　但對於政府資訊或消費資訊，這種有利於民眾「知的權利」的資訊，儘管政府不願公開、廠商不願公開，我們還是會立法強迫這些資訊公開。

三、兩者的衝突

　　資訊被公開的人可能是非自願的流通出那些資訊，但是將他人資訊公開的人卻是自願的將資訊流通。這時，就會涉及兩者的衝突。到底我們對資訊的流通該採取何種立場呢？這可能最後得訴諸民情乃至個人價值觀的判斷。

　　例如，大法官以釋字第603號解釋宣告指紋資料庫違憲，就是認為其過度侵犯了個人的資訊隱私。但是，其論理是否有理？為何指紋會是一種隱私呢？這可能純粹是大法官的價值判斷。

第四節 資訊科技發展與法律回應

　　本書除了智慧財產權和資訊內容兩大主題外，還涵蓋了網際網路法的主要內容，尤其是包括電子簽章法、網路交易、網路契約等等。其實這些主題不必然涉及資訊的問題，而比較是傳統的交易、課稅等問題。只是由於網路資訊科技的興起，對於傳統問題必須有特別的規定。因而本書也將這些內容納入，一一分析在網路資訊科技發展下，一些傳統的交易、商業，會有哪些新的規範。故在此，本節最後想討論，資訊科技發展對法律的影響，以及法律的回應。此處探討的內容並不侷限在網路交易的部分，而是概括地討論資訊科技與法律的關係。

一、法律對網際網路的控制

　　一般皆會引用Lawrence Lessig發展出來的網路規範控制模式[3]。其認為網路生活受到四種控制，包括法律的控制、技術的控制、社會規範的控制及市場的控制。

　　在第一層次上，網路活動會受到法律、技術、社會規範及市場四者的控制（圖1-5）。但在第二層次上，傳統世界的法律，還可以影響到市場、技術和社會規範[4]（圖1-6）。所以，法律在此間扮演的角色特別重大。

　　例如，電子簽章法的通過，讓網路契約具有一般書面契約的效力，但在某種程度上也可能選擇、影響了技術的發展。

---

3 勞倫斯‧雷席格著，劉靜怡譯《網路自由與法律》，頁226-228，商周。
4 同註3，頁236。

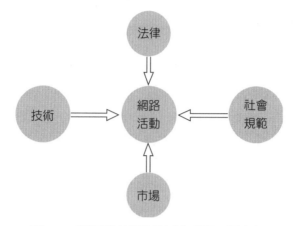

圖1-5　對網路的四種控制（第一層次）

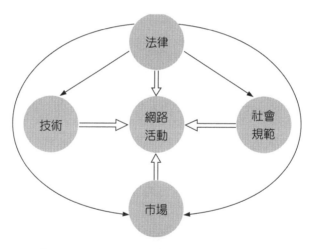

圖1-6　對網路的四種控制（第二層次）

二、法律對科技發展的回應

　　傳統上我們對於網路交易選擇不課徵任何稅收，主要的用意是想鼓勵網路交易這種電子商務模式。但等到電子商務發展成熟後，我們就決定要對網路交易進行課稅。亦即，科技發展初期，法律可能不會做出選擇，交

由市場或技術、社會規範等自由運作。但等到時機成熟時，法律可能就會介入控制。

但若法律過早介入資訊科技，可能就會影響到科技的發展。例如前面說到電子簽章法的通過，就有可能影響到電子簽章技術的選擇。也正是由於法律可能會影響科技的發展，所以電子簽章法才引入所謂的「科技中立」原則，對於電子認證的技術不加以限制。所謂科技中立原則，就是不挑選、不限制科技的種類方式，讓市場自由選擇大家想要的科技。

不過，在著作權法上，我們漸漸發現某些資訊科技的出現就是為了鼓勵盜版、提倡盜版，所以立法院也通過相關法律，開始禁止這些便利盜版的資訊科技。從這個角度看，某些科技走到一個程度，法律還是可能加以限制。這其實就像是傳統科技一樣，例如我們覺得槍枝會傷人，是不好的科技，所以我國決定加以管制流通。

三、法院和立法院的回應

科技不斷發展，除了剛開始法律保持科技中立外，最終法律還是要做出選擇。可是到底該由誰來對資訊科技做出何種判斷呢？

有可能是立法者高瞻遠矚，在資訊還沒真正運用時，就已經介入立法。不過大多數時候立法院都是慢半拍的，通常都是等行政機關或法院做出決定後，立法院才做出選擇。

例如，有時候可能立法院還未制定相關法律，但卻產生了爭議，而鬧到法院，此時法院可能就扮演了試金石的角色，初步的做出判決，試探社會各界的反應。倘若社會各界覺得法院的判決不妥，則可以用立法的方式修正法院的判決。亦即，立法院可能是採取觀望的態度，讓法院先做判決，在經思索後，才做出決定。看起來這種模式是不錯的選擇。

圖1-7　法律回應模式一

　　上述圖1-7模式一在英美法國家或許可行。由於美國資訊科技發達，許多相關問題，可能早我們十年前就出現。而美國的特色就在於法官有很大的造法空間，在美國國會尚未制定相關法律前，法院可以做出一些嘗試性的判決，而形成先例。

　　不過，在大陸法系國家，法官的造法空間不大，法院可能會說：由於沒有相關法律，而判斷一切合法。故若遲遲等待法院介入，也未必是種好的選擇。例如，我國商業電子郵件氾濫情形早就非常嚴重，卻因為沒有相關法律，法院也無從判決，故電子郵件管理的立法也因為立法機關的效率太低而遲遲不前。

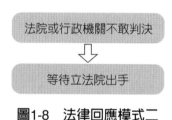

圖1-8　法律回應模式二

　　不過，以台灣的現況來看，其特色在於，在全球化浪潮下，我們非常喜歡參考先進國家的法律。尤其在資訊科技方面，不論立法院還是法院，都會參考歐美相關判決或立法。故實際上其模式，可能不是在觀望市場的反應，而是觀望外國的判決或立法，等外國有判決或立法後，我們台灣的法院和立法院才陸續跟進學習。

圖1-9　法律回應模式三

四、誰該做決定？

　　前面已說過，由於資訊各個面向之間會有很多爭議，而這些爭議到底該留給誰來做最終決定呢？是由法院先做決定？還是由立法院做決定？還是統統交由外國人去思考這個問題，我們只要等人家做出來後，才進一步跟進呢？這是我們在學習資訊法過程中，必須不斷檢討反省的議題。

PART *1*

智慧財產權

　　所謂的智慧財產權是什麼呢？一般的智慧財產權，可以分為四種，分別是著作權、專利權、商標權和營業秘密。

　　智慧財產權的概念，就是要用法律保護人民的智慧。這種知識是無形的，很容易被他人盜用，所以要用法律特別予以保障。基本上，我們可以把智慧財產權看做是一種人民和國家之間的交易，國家用一定期間的法律保障，去交換、鼓勵人民進行智慧創作，並鼓勵人民公開這些智慧，並等待保護期間之後，這些智慧就落入「公共所有」，成為全民共享。

一、著作權

　　要如何區分這四種智慧財產權呢？假設當初美國發明大王愛迪生寫了一本書，描述他如何發明電燈，那麼他對這本書就擁有著作權，任何人不可以未經他同意就出版、盜印，甚至改編成電視、電影等。但是，如果有人照著他書裡所描述的步驟，也一樣發明了電燈，這並沒有侵犯愛迪生的著作權，因為著作權只保障這本書的「表達」，卻不保障書裡面的「概念」。

二、專利權

　　如果愛迪生想要禁止別人生產他發明的電燈，那麼他就必須去向國家申請專利，等專利審查通過後，他把他如何發明電燈的方法登在專利公報上，就取得專利權，可以禁止別人用他專利裡面提到的方法生產電燈。甚至，如果有人只是改良他的方法而生產更好用的電燈，還是必須取得愛迪生的授權。

三、商標權

　　如果愛迪生向國家申請了一個「愛迪生日光」的商標，那麼就只有他能使用這個商標，來販售他的電燈產品。當其他工廠沒有利用愛迪生的專利，而是用了其他的方法，也發明了電燈，那麼其他的工廠就可以不用向愛迪生取得授權，一樣可以生產電燈。但是，這些工廠卻不可以用愛迪生

的商標「愛迪生日光」這個牌子，必須另外用其他的牌子。

四、營業秘密

　　如果愛迪生根本不想公開他到底是如何發明電燈，那麼他可以根本就不去申請專利，他可以自己生產電燈，而一樣可以獲得營業秘密的保護。其他工廠不能夠用不正當的手段，想去偷取愛迪生的商業機密。不過，因為愛迪生不肯公開他的知識，所以他冒了一個風險，那就是如果其他發明家並沒有竊取愛迪生的機密，而是自己在實驗室裡用一樣的方法生產出電燈，這時候愛迪生也不能夠禁止他們生產電燈。畢竟愛迪生不願意將知識公開去換取專利，而只願意用營業秘密的保護，那麼保障也比較少。

五、保護期限

　　至於這些智慧財產權的保護期間有多長呢？著作權的保護期間原則上是著作人死後五十年，專利原則上是二十年，商標原則上是十年一次，但每到十年一次都可以申請延長，而營業秘密則沒有保護期限，只要其秘密還是有經濟價值就值得保護。

第二章　網路著作權

　　網際網路的出現，讓著作權的保護受到很大衝擊。網路上，著作的複製成本更低、複製的量更大，且更難限制複製行為的發生。故本章欲對網路上的著作權問題，做一較清楚的剖析。在此之前，讀者最好先全盤了解著作權法的基本內容，才能更進一步釐清網路上著作權的爭議。

第一節　著作權法介紹

　　著作權法採取「創作完成主義」，亦即只要創作完成，就受到保護，不需要向政府申請或審查。因而，只要是著作權法保護的著作種類（文學、電影、音樂、電腦程式等），幾乎都受到著作權保護。

一、著作權體系

　　著作權體系，大概可以分為著作人格權和著作財產權。著作人格權有三種，著作財產權則有十一種。

　　著作權有保護期間的限制。就著作人格權而言，受永久保護。但若是著作財產權，一般保護至著作人死後五十年；如果著作人不是自然人，則保護至著作公開發表後五十年。

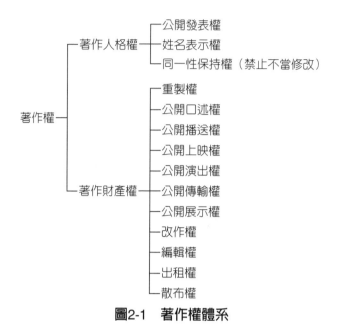

圖2-1　著作權體系

二、著作人格權

著作人格權不涉及財產，而乃是保障著作人個人的名譽、風格，其包括公開發表權、姓名表示權和禁止不當修改權。

三、著作財產權

我國著作權法中有十一種著作財產權。這十一種著作財產權，簡單地說，就是十一種賺錢的方式。例如，一部電影，一開始一定是在電影院上映，為了保護電影院上映的權利，就規定了「公開上映權」。在電影院上映完後，一定是轉到出租店出租，因而也規定了「出租權」。在出租店出租一陣子後，就可能在電視台上播放，因而也規定了「公開播送權」。將來，電影也可能在網路上直接收費播放，因而，也需要網路上的「公開傳輸權」。最後，電影也可能製作成盒裝的DVD直接在商店販售，因而也需要「重製權」來保護這片DVD不會任意被他人盜拷。另外還有「散布權」，誰能夠散布這些DVD，也是受到限制的。

四、合理使用

　　雖然著作權法規定了這麼多種財產權，想要儘量保護著作人所有賺錢的機會。不過，著作權法為了調和公益，在某些情況下，規定為了達到公共利益的目的，可以不需要取得著作權人的授權而直接使用。我們叫做「合理使用」。

　　合理使用在我國著作權法中規定在第44～66條。第44～64條，將具體的公益大於私利的情況寫出來，而規定不須取得著作權人的授權。例如，著作權法第52條就規定：「為報導、評論、教學、研究或其他正當目的之必要，在合理範圍內，得引用已公開發表之著作。」

　　而第65條則是一個概括規定，是為了怕前面列舉的十幾種合理使用的情形外，還有缺漏的，用一個概括規定，講出抽象的標準，只要達到這個抽象標準，都算是合理使用。

　　著作之利用是否合於第44～63條規定或其他合理使用之情形，應審酌一切情狀，尤應注意下列事項，以為判斷之基準：
1. 利用之目的及性質，包括係為商業目的或非營利教育目的。
2. 著作之性質。
3. 所利用之質量及其在整個著作所占之比例。
4. 利用結果對著作潛在市場與現在價值之影響。
　　所以，是否構成合理使用，需要上述列出的四個標準，綜合判斷。

第二節　網路著作權

一、網路上會侵犯的著作財產權

　　至於網路上會涉及哪些著作財產權？主要涉及的是「重製權」和「公開傳輸權」。所謂重製權，就是著作權人享有重製著作的權利，一般人若未經過著作人許可，而擅自重製其在網路上的數位著作，就會侵犯其重製權。而所謂「公開傳輸權」，就是著作權人有權將自己的著作放到網路上公開傳輸，一般人若未經過著作人許可，擅自將其著作放到自己的網站上公開傳輸或供人下載或轉寄與大家分享，都會侵犯他的公開傳輸權。

二、暫時性重製

（一）何謂暫時性重製

　　雖然網路上比較常發生的侵權是侵犯重製權的問題，不過，在「暫時性重製」的情況下，並不會侵犯他人的著作權。根據著作權法第22條的定義，所謂的暫時性重製，乃指「專為網路合法中繼性傳輸，或合法使用著作，屬技術操作過程中必要之過渡性、附帶性而不具獨立經濟意義之暫時性重製」；「網路合法中繼性傳輸之暫時性重製情形，包括網路瀏覽、快速存取或其他為達成傳輸功能之電腦或機械本身技術上所不可避免之現象」。這類的暫存，包括一般個人電腦中的RAM、Cache和網路服務提供者的中繼暫存Proxy Server。

　　我們使用電腦或影音光碟機來看影片、聽音樂、閱讀文章的時候，這些影片、音樂、文字影像都是先重製儲存在電腦或影音光碟機內部的隨機取存記憶體（RAM）裡面，再展示在螢幕上。同樣的，網路上傳送的影片、音樂、文字等種種資訊，也是透過RAM，達成傳送的效果。所有儲存在RAM裡面的資訊，會因為關機電流中斷而消失。換句話說，在開機的時候，處於重製的狀態，關機的同時這些資訊就消失了，這種情形就是一種暫時性重製的現象。

　　著作權法所稱的「重製」，就是把著作拿來重複製作而重現著作內容，不管重製的結果是永久的，或者是暫時的，都是重製，當然也就包含了前面所說的電腦RAM暫時性重製情形。

（二）暫時性重製與日常生活相關的問題

　　電腦RAM的重製，既然也算是一種重製，那麼當我們廣泛的使用電腦、影音光碟機來觀賞影片、聆聽音樂、傳遞資訊這些日常生活行為，會不會違法侵害別人的著作權呢？

　　為了釐清大家的疑慮，著作權法配合做特別的規定，明訂「在網路傳輸過程中，或者合法使用著作時，操作上必然產生的過渡性質或附帶性質

的暫時性重製情形」，不屬於重製權的範圍。也就是說，在這種情況下產生的暫時性重製，不會發生違反著作權法侵害重製權的問題。因此，一般人使用電腦或數位光碟機等機具的行為，雖然會發生暫時性重製的現象，但是不會產生違法的問題，在生活上不至於發生任何不利的影響，或者造成任何不便的情形。

大致來說，日常生活中下列行為所造成的「暫時性重製」，不違法也不會侵權：

1. 將買來的光碟，放在電腦或影音光碟機裡面，看影片、圖片、文字或聽音樂。
2. 在網路上瀏覽影片、圖片、文字或聽音樂。
3. 買來的電腦裡面已經安裝好的電腦程式而使用該程式，例如使用電腦裡面的Word、Excel程式。
4. 網路服務業者透過網際網路傳送資訊。
5. 校園、企業使用代理伺服器，因提供網路使用者瀏覽，而將資料存放在代理伺服器裡面。
6. 維修電腦程式。

而根據智慧財產局公布的說明，一般與「暫時性重製」有關的行為可分為表2-1所示之型態：

表2-1　暫時性重製型態

序　號	行為態樣	行為結果
一	安裝合法授權的電腦程式	合法
二	安裝盜版的電腦程式	符合合理使用的規定才不違法
三	安裝合法授權電腦程式後予以使用	合法
四	不知電腦安裝的是盜版程式而予以使用	合法
五	明知電腦安裝的是盜版程式而予以使用	符合合理使用的規定才不違法
六	在電腦或影音光碟機上使用合法授權之影音光碟	合法
七	不知是盜版的影音光碟在電腦或影音光碟機上使用	合法

表2-1　暫時性重製型態（續）

序　號	行為態樣	行為結果
八	明知是盜版的影音光碟在電腦或影音光碟機上使用	符合合理使用的規定才不違法
九	瀏覽網路上的資料	合法
十	重製BBS、網頁、電子郵件信箱中他人的著作	符合合理使用的規定才不違法
十一	未取得著作權人的授權而透過網際網路傳送其著作資料	符合合理使用的規定才不違法
十二	ISP業者透過網際網路傳送著作資料	合法
十三	搜尋引擎業者將網路資料下載至伺服器中進行索引及處理	符合合理使用的規定才不違法
十四	搜尋引擎業者提供網頁暫存檔服務（CACHE）	符合合理使用的規定才不違法
十五	校園、企業網路將網站資料放置於代理伺服器（PROXY）供網友瀏覽	合法
十六	使用網咖業者所提供之合法授權遊戲軟體	合法
十七	使用網咖業者所提供之盜版遊戲軟體	符合合理使用的規定才不違法
十八	自行攜帶合法授權之遊戲軟體至網咖安裝使用	合法
十九	不知遊戲軟體為盜版軟體自行攜帶至網咖安裝使用	合法
二十	明知為盜版遊戲軟體自行攜帶至網咖安裝使用	符合合理使用的規定才不違法
二一	透過P2P（交換軟體系統）業者下載授權重製之著作	合法
二二	透過P2P（交換軟體系統）業者下載未經授權重製之著作	符合合理使用的規定才不違法
二三	維修電腦程式	合法

（三）符合合理使用規定的「暫時性重製」情形

　　另外，在符合「合理使用」的情況下，暫時性重製當然也不違法。下述都是符合「合理使用」的暫時性重製：

1. 中央或地方機關為了立法和行政的目的，在合理範圍內重製著作當做內部參考資料時，所發生的暫時性重製行為。
2. 為了進行司法訴訟程序而重製著作時，所發生的暫時性重製行為。
3. 各級學校及學校裡的老師，為了教書，在合理範圍內重製著作時，所發生的暫時性重製行為。
4. 編製教科書或附屬之教學用品，在合理範圍內重製、改作或編輯著作時，所發生的暫時性重製行為。
5. 各級學校或教育機構，例如空中大學，在播送教學節目時所發生的暫時性重製行為。
6. 圖書館、博物館或其他文教機構應閱覽人供個人研究之要求，重製部分著作或期刊內單篇著作時，所發生的暫時性重製行為。
7. 中央機關、地方機關、教育機構或圖書館重製論文或研究報告等著作摘要時，所發生的暫時性重製行為。
8. 新聞機構做時事報導時，在報導必要範圍內利用過程中所接觸的著作時，所發生的暫時性重製行為。
9. 在合理範圍內，重製或公開播送中央機關、地方機關或公法人名義發表的著作時，所發生的暫時性重製行為。
10. 基於私人或家庭非營利之目的，使用自己的機器重製他人著作時，所發生的暫時性重製行為。
11. 為了報導、評論、教學、研究或者其他正當目的，在合理範圍內引用著作，所發生的暫時性重製行為。
12. 用錄音、電腦各種方法重製著作，以提供視覺障礙者和聽覺障礙者使用時，所發生的暫時性重製行為。
13. 中央機關、地方機關、各級學校或教育機構辦理各類考試而重製著作作為試題時，所發生的暫時性重製行為。
14. 舉辦不以營利為目的，不收取任何費用，也不支付表演者任何報酬的活動，而公開播送、公開上映或公開演出著作時，所發生的暫時性重製行為。
15. 廣播電台或電視台被授權播送節目，為了播送的需要，用自己的設備錄音或錄影時，所發生的暫時性重製行為。

16. 舉辦美術展覽或攝影展覽製作說明書而重製展出的著作時,所發生的暫時性重製行為。

17. 重製公共場所或建築物的外牆長期展示的美術或建築著作,所發生的暫時性重製行為。

18. 報紙、雜誌轉載其他報刊雜誌上有關政治、經濟或社會上時事問題的論述時,所發生的暫時性重製行為。

19. 重製政治或宗教上之公開演說、裁判程序中的公開陳述,以及中央機關或地方機關的公開陳述時,所發生的暫時性重製行為。

20. 其他合理使用的情形,例如:基於諷刺漫畫、諷刺文章的目的所做的暫時性重製行為;為了重建、改建或修建房屋,使用建築物的圖片,所做的暫時性重製行為等。

三、公開傳輸權

(一)何謂公開傳輸權?

　　公開傳輸權(right of public transmission)就是著作人享有透過網路或其他通訊方法,將他的著作提供或傳送給公眾,讓大家可以隨時隨地到網路上去瀏覽、觀賞或聆聽著作內容的權利。換句話說,就是作者可以將他的著作,不管是文字、錄音、影片、圖畫等任何一種型態的作品,用電子傳送(electronically transmit)或放在網路上(make available online)提供給公眾,接收的人可以在任何自己想要的時間或地點,選擇自己想要接收的著作內容。

(二)為什麼要賦予著作人公開傳輸權?

　　由於數位科技、電子網路及其他通訊科技的興起,任何著作都可以輕易地以數位(digital)形式存在或呈現,再藉由網路快速地傳送給許多人,對著作權人產生相當不利的影響。傳統的著作權法所賦予著作人的權利,無法充分地保護著作人的權益,世界智慧財產權組織(WIPO)因而在1996年通過了著作權條約(WIPO Copyright Treaty, WCT)及表演與錄音物條約(WIPO Performances and Phonograms Treaty, WPPT)兩項國際

公約，針對數位化網路環境，明訂應賦予著作人公開傳輸權。

　　為與國際接軌，促進資訊傳播與電子商務之蓬勃發展，提升著作人在數位化網路環境中之保護，所以修正我國著作權法，賦予著作人公開傳輸權，才能確實維護知識經濟及未來數位內容產業的正常發展，維持我國的競爭力。

（三）一般在網路上應注意的問題？

　　在網路上將文章、圖畫、音樂或影片等著作上載、下載、轉貼、傳送、儲存，都是屬於重製的行為，如果未經同意，將會侵害到著作財產權人的重製權。

　　著作人在網路上的權利，除了重製權之外，另外還享有公開傳輸權，所以重製別人的著作，放在網站上提供給大家瀏覽、觀賞或聆聽，除了要取得重製的授權外，還必須取得公開傳輸的授權。

　　凡是未經著作權人同意，把別人的著作放在網路上讓更多的人瀏覽、觀賞或聆聽，不但會造成侵害重製權的問題，還會侵害到著作財產權人的公開傳輸權。所以透過網路交換軟體將儲存在電腦中別人的著作檔案，主動提供網友下載，以及喜歡把各種資訊貼上網讓大家共享的人，要特別注意了，不要因為一時的疏忽，造成違反著作權法的困擾。

　　各個網站或BBS站的版主，對於網友貼上網的文章、圖畫、音樂或影片，如果不確定是經作者同意在網路上流通的，最好刪除，免得無端發生侵害公開傳輸權的糾紛。

（四）案例

　　甲購得某音樂的正版CD，覺得音樂非常好聽，乃將其音樂轉檔成MP3格式，放在自己的電腦以及手機內，以隨時聆聽，同時也放在其自己的部落格上，供網友可以下載該音樂。請分析說明甲的行為，包括轉檔、儲存在自己的電腦和手機內，以及放在部落格上供網友下載，是否構成對音樂著作權人那些權利的侵害？（101年警察法制人員）

1. 轉檔、儲存等行為

甲將音樂轉檔成MP3格式，屬於重製行為。根據著作權法第3條第1項第5款對重製之定義：「指以印刷、複印、錄音、錄影、攝影、筆錄或其他方法直接、間接、永久或暫時之重複製作。」故轉換檔案格式另存，也算是一種重製行為。另外，甲將該MP3格式檔案存在自己的電腦及手機內，也屬於重製行為。原則上，甲之行為侵害了該音樂之重製權。

不過，甲之行為可主張合理使用。根據著作權法第51條：「供個人或家庭為非營利之目的，在合理範圍內，得利用圖書館及非供公眾使用之機器重製已公開發表之著作。」因此，甲的轉檔、儲存行為，雖然都是重製行為，但甲是為了個人非營利之目的，而其所使用的轉檔及儲存機器，都是非供公眾使用之機器為之，則可符合第51條之條件，主張合理使用。

2. 放在部落格上供網友下載

甲將轉檔後之音樂放在自己的部落格上供人下載，放置在網路空間的部落格上，已經屬於重製行為。而開放給網友下載，則屬於公開傳輸行為。所謂公開傳輸，根據著作權法第3條第1項第10款之定義：「指以有線電、無線電之網路或其他通訊方法，藉聲音或影像向公眾提供或傳達著作內容，包括使公眾得於其各自選定之時間或地點，以上述方法接收著作內容。」

甲將音樂放在網站上供人下載，並非自己使用，而且網路無遠弗屆，散播速度快，對於公開傳輸權著作權法並沒有可以主張合理使用的明文。縱使甲欲主張合理使用著作權法第65條第2項的概括條款，由於在網路上的散播數量很大，在考量該條款所定之合理使用四因素時，均不利於主張合理使用。故甲無法主張合理使用，而侵害了音樂之重製權與公開傳輸權。

四、權利管理電子資訊

（一）何謂權利管理電子資訊？

所謂權利管理電子資訊，「指於著作原件或其重製物，或於著作向公眾傳達時，所表示足以確認著作、著作名稱、著作人、著作財產權人或其授權之人及利用期間或條件之相關電子資訊；以數字、符號表示此類資訊者，亦屬之」。

著作權的「權利管理資訊」就是指有關著作權利狀態的訊息，諸如著作名稱是什麼？著作人是誰？著作財產權係由何人享有？由何人行使？受保護的期間到什麼時候？有意價購著作財產權的人，應與何人聯繫洽商？欲利用著作的人，應向什麼人徵求授權？授權條件，例如金額、範圍等，又是如何？凡此種種與著作權管理相關的訊息，稱之為權利管理資訊。著作權利人標示的「權利管理資訊」，通常可以在書籍的版權頁、影片的聲明、唱片的封套上或將著作向公眾傳達時，或網頁的告知欄裡看到。將「權利管理資訊」以電子化的方式來標註時，即為「權利管理電子資訊」。

（二）為什麼要訂定權利管理電子資訊的相關規定？

一般來說，利用人是透過權利管理資訊了解著作相關權利的狀態、授權的範圍和授權的管道，從而得知如何才能合法利用著作；或者透過權利管理資訊顯示的授權管道，接洽取得合法授權而減少侵害他人著作權的風險。相對的，權利管理資訊也是著作財產權人對其權利狀態的聲明，以及提供合法授權管道的通告，可以說權利管理資訊是著作市場正常化的基礎。著作權專責機關於1998年開始宣導業界建立「權利管理資訊」制度，以協助利用人取得合法授權。

由於數位科技的進步，使文章、圖片、音樂或影片等著作經數位化後被放置於網路上，使用者可以很輕易地取得，而且快速傳播。如果著作權人在著作物上或向公眾傳達時所標註的權利管理電子資訊，遭人更動、竄改、移除，變成錯誤的訊息，其影響層面更廣及於後面無數的利用人。此種損人不利己的行為，不僅破壞了整個著作市場的秩序，損害著作財產權人的權利，也將造成廣大的利用人無法合法取得授權，危害很大。

　　世界智慧財產權組織（WIPO）針對此一問題，經過仔細的研究討論，在1996年通過的著作權條約（WIPO Copyright Treaty, WCT）及表演與錄音物條約（WIPO Performances and Phonograms Treaty, WPPT）兩項國際公約裡面，明文規定對於擅自竄改或移除權利管理電子資訊的行為，或將擅自竄改或移除權利管理電子資訊的著作物加以散布或進一步向公眾傳達的行為，應予制止。許多國家都陸續參照這兩個國際公約的標準，對權利管理電子資訊訂定保護規定。在現今網路無國界的時代裡，為確保著作市場的正常發展，我國著作權法亦將權利管理電子資訊納入保護，禁止未經允許擅自竄改或刪除之行為。

（三）權利管理電子資訊的相關規定

　　根據著作權法第80條之1規定，我們不可以隨意移除著作權人在其著作附上的權利管理電子資訊。「著作權人所為之權利管理電子資訊，不得移除或變更。但有下列情形之一者，不在此限：

　　一、因行為時之技術限制，非移除或變更著作權利管理電子資訊即不能合法利用該著作。

　　二、錄製或傳輸系統轉換時，其轉換技術上必要之移除或變更。

　　明知著作權利管理電子資訊，業經非法移除或變更者，不得散布或意圖散布而輸入或持有該著作原件或其重製物，亦不得公開播送、公開演出或公開傳輸。」

　　除了非得移除或變更，否則無法合法利用著作；或者因為錄製或傳輸系統轉換時，技術上必須要移除或變更的情況之外，未經著作權人許可，任何人都不可以移除或變更著作權人所標示的權利管理電子資訊。

　　事先知道著作原件或其重製物上的權利管理電子資訊，已經被非法移除或變更了，即不得再把這些著作原件或重製物散布出去，也不可以為了要散布而輸入到我國，當然也不可以為了要散布，而持有這些權利管理電子資訊被非法移除或變更的著作原件或重製物。

　　同樣的，在事先知道著作原件或其重製物上的權利管理電子資訊，已經被非法移除或變更的情況下，不可以再公開播送、公開演出或公開傳輸這些資訊不正確的著作。

違反前面所說的這幾種情況，不但要負民事責任，還有可能要負一年以下有期徒刑的刑事責任。

第三節　實例討論

 ### 問題1　網路上抓別人的文章當報告有無違法？

　　學生常常會為了交學校的期末報告，而去網路上抓別人的文章拿來交差，可能會侵犯哪些著作權呢？

　　首先，如果直接把別人的報告全部拿來用，只是把作者名字改掉，換成自己的名字，會侵犯了他人的「姓名表示權」。

　　如果網路上根本限制你下載利用，你自己存檔複製，也會侵犯了原作者的重製權。若拿來改寫，也可能會侵犯原作者的改作權。

　　但是，或許你也可以主張合理使用。不過，如果你是整篇報告直接剪貼，大概完全超出了合理使用的範圍。根據著作權法第52條規定：「為報導、評論、教學、研究或其他正當目的之必要，在合理範圍內，得引用以公開發表之著作。」你為了寫報告，只能在必要範圍內「引用」他人的文字，而不可全文剪貼。而且千萬記得，一定要註明引用出處。

　　或許你會想用第65條合理使用的概括規定，去綜合判斷上述四個判準，例如你使用的目的是為了學習、研究（第一點），你使用的方式對原著作的利益並不會影響（第四點）等。不過，通常全文剪貼或剪貼大部分內容，實在很難構成合理使用。

　　通常之所以你不會被處罰，純粹是因為原作者沒有發現你剪貼他的報告。

 ### 問題2　轉寄信有無違法？

　　我們常常會在網路上以E-mail轉寄他人所創作的文章、圖畫、音樂、影片，這樣有沒有違法？

　　在網路上轉寄他人所創作的文章、圖畫、音樂、影片著作,均會造成「重製」和「公開傳輸」他人作品之情形。

　　就重製的部分,如果僅僅轉寄給家人或特定的一、兩位朋友,可以認為是著作權法上之合理使用。但是,把這些作品轉寄給多數朋友時,即無法被認為是著作權法上之合理使用,除非轉寄內容屬於不受著作權法保護的法律、命令、公文、標語、表格等作品(請參照著作權法第9條規定),否則即有可能侵害他人的「重製權」。

　　而在網路上以E-mail轉寄他人所創作的文章、圖畫、音樂、影片等著作給許多人時,也會侵害著作權人的「公開傳輸權」。如果符合合理使用情況,不會有侵害著作權的問題,如果超越合理使用的範圍,則會發生侵害公開傳輸權的結果。

　　根據著作權法第61條規定:「揭載於新聞紙、雜誌或網路上有關政治、經濟或社會上時事問題之論述,得由其他新聞紙、雜誌轉載或由廣播或電視公開播送,或於網路上公開傳輸。但經註明不許轉載、公開播送或公開傳輸者,不在此限。」所以,報刊雜誌或網路上有關政治、經濟或社會上時事問題之論述,如果未禁止公開傳輸的話,以E-mail公開傳輸,屬於合理使用。在合理範圍內,用E-mail傳送政府機關公開發表的著作,也是合理使用。另外,著作權法第65條規定,依照利用之目的、著作之性質、利用之質量所占著作整體的比例、利用結果對市場之影響等等,作為判斷是否符合合理使用的標準。因此,在日常生活裡使用E-mail時,只要在符合一般人客觀的合理範圍內傳送文章、圖畫、音樂、影片,都有主張合理使用的空間。

　　在沒有確定原著作人是否同意轉寄前,最好不要任意轉寄他人在網路上的文章,而收到別人寄來的轉寄信也最好不要再轉寄出去。如果你真的很想轉寄什麼資訊與大家分享,最好利用「附上網址」(超連結)的方式轉寄,比較不會有侵犯著作權的問題。

 問題3　搜尋引擎侵權?

搜尋引擎常常會將網頁內容自動存檔,這樣有沒有侵害重製權?

　　網路服務業者提供的「搜尋引擎」服務，是透過軟體搜尋，將網路上所有資料下載儲存到其伺服器中，再透過自動編輯功能，使網友可以很快地找到所需要的資訊。此種下載儲存檔案的行為，當然是重製。然而網路業者事先未必取得所儲存檔案的著作財產權人的授權，有些人難免會產生是否會有侵害著作權的疑慮。

　　在國際社會著作權領域的實務上，認為「搜尋引擎」重製他人著作，雖未取得著作人的授權，但因其利用的目的，是為了使網路的傳輸更有效率，而且對所重製之資料並未產生「市場替代」之效果，可以認為是合理使用。國際組織「萬維網聯盟」（W3C）對於搜尋引擎的運作，列有詳細的技術規範。基本上，搜尋引擎只要符合該聯盟的技術規範所做的重製，應該都不會被認定為侵權行為。

第三章　音樂、影片盜版

　　由於資訊科技的演變，現在對著作權的侵害最嚴重的，就是音樂著作和電影著作的侵害，故本章將探討音樂、電影著作相關的著作權法問題。本章除整理有關音樂、電影相關盜版問題外，並對目前最熱門的MP3網路盜版爭議以及P2P問題，做一整理分析。

第一節　燒錄盜版、光碟

　　一般人常會用電腦來複製、燒錄電影和音樂檔案，這都可能侵害了重製罪。除非符合「合理使用」的規定外，燒錄他人的音樂、電影，應該取得著作財產權人的同意，否則就會發生侵害著作財產權的結果，必須負擔民、刑事的法律責任。

　　以前由於著作權法中規定，以「是否為營利目的」作為區分來處罰行為人。但是因為「是否為營利目的」這種內心的想法很難判斷，後來還有所謂的「三五條款」，亦即，重製在「三萬以下、五份以內」，不加以處罰。但是這樣的規定反而助長了盜版風氣。

　　後來2004年修改著作權法，廢除了上述規定，修改為：原則上只要重製，一律有罪。不過，若是個人的重製，在合理使用範圍內（例如著作權法第51條），則不在此限。此外，若重製的情況是透過燒錄光碟的方式，則不但罪刑加重，還屬於「非告訴乃論」，亦即就算沒有人提出告訴，檢察官仍然可以對其提起公訴。

圖3-1　音樂、電影盜版犯罪型態

一、買的人無罪

買盜版光碟的人是不會犯法的,不管你是請朋友幫忙燒片跟他買,還是自己去夜市買一片,甚至在網路上買盜版光碟,都是無罪的。這就是為什麼盜版一直無法遏止的原因。

二、製造盜版光碟的人

表3-1　著作權法第91條[1]

罪　名	重製罪	意圖銷售或出租之重製罪	意圖銷售或出租之重製光碟罪
法條依據	著作權法第91條第1項	著作權法第91條第2項	著作權法第91條第3項
主觀犯意	有重製之故意即可(不區分營利與非營利)	重製之故意意圖銷售或出租	重製光碟之故意意圖銷售或出租
客觀行為	以重製之方法侵害他人之著作財產權	以重製之方法侵害他人之著作財產權	以重製於光碟之方法犯第2項之罪
刑　責	處三年以下有期徒刑、拘役,或科或併科新臺幣七十五萬元以下罰金	處六月以上五年以下有期徒刑,得併科新臺幣二十萬元以上二百萬元以下罰金	處六月以上五年以下有期徒刑,得併科新臺幣五十萬元以上五百萬元以下罰金
免責規定	著作僅供個人參考或合理使用者,不構成著作權侵害		
告訴乃論與否	告訴乃論	告訴乃論	非告訴乃論

(一) 自己燒錄一片

自己燒錄一片電影光碟究竟違不違法,要看符不符合合理使用的規定,符合的話就不違法,反之則否。例如用自己的燒錄機,燒錄一片電影光碟給自己或家人看,到底是否屬於著作權法第51條「家庭錄製」之合理使用規定?實務上有司法判決認為是合理使用(台灣高等法院台中分院88

---

[1]　資料來源:吳尚昆《網路生活與法律》,頁153,三民,2005年1月。

年度上易字第2522號刑事判決）。如果不使用自己的機器，而用辦公室的燒錄機，或者請專門幫人燒錄的商店來燒錄，就不屬於合理使用，燒錄者就侵害電影著作人的著作財產權，雖然沒有刑事責任，仍然要負損害賠償的民事責任。

（二）燒錄了一片送給朋友

把燒錄好的一片光碟送給一位朋友，就比較有問題。送給朋友並不是給自己或家人看，這項燒錄電影光碟的行為，不是著作權法第51條規定的合理使用，應屬侵害重製權的行為，會構成著作權法第91條第1項的罪。

不過，第91條第1項屬於「告訴乃論」，必須權利人抓到你且對你提出告訴，你才會被處罰。所以儘管法律如此規定，一般私底下朋友互相幫忙燒片的情形仍然多見。

（三）為了販賣而大量重製光碟

若是為了販賣或出租大量盜版的目的而重製，罪責就比較重。若是在網路上大量重製，或者重製書籍，而沒有涉及燒錄光碟，屬於第91條第2項的罪。若是以燒錄光碟的方式，則構成第91條第3項的罪責。而且燒錄光碟這個部分屬於「非告訴乃論」，也就是說，不用等著作權人主張權利，檢察官就可以提起公訴，也就是一般所稱的公訴罪。

三、販賣盜版光碟的人

表3-2　著作權法第91條之1

罪　名	販售重製物	販售盜版光碟罪
法條依據	著作權法第91條之1第2項	著作權法第91條之1第3項
主觀犯意	明知為重製品	明知為盜版光碟
客觀行為	散布或意圖散布而公開陳列	散布或意圖散布而公開陳列
刑　責	三年以下有期徒刑，得併科新臺幣七萬元以上七十五萬元以下罰金	六月以上三年以下有期徒刑，得併科新臺幣二十萬元以上二百萬元以下罰金
告訴乃論與否	告訴乃論	非告訴乃論

　　販賣盜版光碟的人雖然沒有自己去製造，但是若明知道是盜版品還進行販賣或陳列，一樣有罪責。如果行為人為了意圖營利而將盜版的書和軟體陳列在貨架上，讓不特定的人來購買，這種公開陳列的行為，是侵害散布權（著作權法§87）。例如商店買了一批盜版的書或軟體，公開放在貨架上，要賣給顧客，此時，雖然還沒有人來買，也是法律所不許可的。此種盜賣光碟產品行為是屬於非告訴乃論（即一般所稱的「公訴罪」），而其他盜版品原則上屬於告訴乃論，如果著作權人不追究，也不提告訴，就不會發生犯罪被處罰的問題。

第二節　為什麼沒有音樂出租店？

一、音樂出租

　　為什麼市面上有電影出租店，卻沒有音樂出租店？

　　著作權法中有所謂的「第一次銷售原則」或「權利耗盡原則」，亦即買到合法的著作之後，要再轉賣給他人（著作權法§59）或出租給他人（著作權法§60），都是法律允許的。著作權法第60條規定，著作原件或其合法著作重製物之所有人，得出租該原件或重製物。所以，開漫畫店或出租店的人，只要去買一些書或漫畫回來，就可以開設出租店。

　　但是第60條但書規定，錄音及電腦程式著作不適用之。因為如果音樂和電腦程式可以出租的話，那麼有些人只要去租一次，回家後自己copy，那就沒有人願意去唱片行買CD，而會影響到音樂CD的市場。因此音樂人要求在著作權法裡加上這一條，讓買到合法CD的人，不可以隨意出租。

合法重製物 ┬ 原則上可以轉售、出租
　　　　　　└ 音樂、電腦程式不得出租

圖3-2　著作物出租

二、電影出租

　　另外，雖然第60條沒有禁止電影的出租，但實際上有些電影發行公司為了避免合法VCD外流，都不肯把VCD和DVD真的「賣」給出租店，而是以契約授權的方式，約定給出租店「暫時持有」，所有權仍掌握在電影發行公司，只是授權給出租店將VCD租給客人。所以出租店的VCD上都會印有「此影片之所有權屬於XX公司所有，非經書面同意之買賣授權皆屬侵權行為」。

　　所以，電影出租店並不能將出租用的VCD賣給客人。除非出租店是花比較高的金額，到市面上購買合法的VCD，這樣情形下出租店才可以在該片出租情形不佳下，以低價賣給客人。

第三節　防盜拷措施

一、防盜拷措施的起源

　　由於盜版光碟抓不勝抓，著作權人為了保護自己的權益，開始設計某些軟體，讓人沒辦法複製。這就是一般說的「防盜拷措施」。

　　這種防盜拷措施的功用就在於，若要用法律保護著作權，往往緩不濟急，著作權人還不如自己透過科技措施來保護自己。一般學理上叫做「科技保護措施」（technological measure）。我國的立法委員為了讓一般人能夠輕易理解這個詞的意思，所以改稱為「防盜拷措施」。著作權法第3條之定義：「指著作權人所採取有效禁止或限制他人擅自進入或利用著作之設備、器材、零件、技術或其他科技方法。」

　　例如，DVD就是採用了某種加密技術，簡稱為CSS，讓一般沒有獲得授權的機器，不能讀取DVD。但是，這種加密技術卻被一個挪威青少年破解，發明了DeCSS，並將之放到網路上散播[2]。這使得許多電影DVD的加密措施落空。所以著作權法才要特別規定，立法禁止破解防盜拷措施。

　　而著作權法第80條之2禁止兩種行為：（一）我們不該任意破解、破壞他人的防盜拷措施；（二）也不可以散播破解、破壞他人防盜拷措施的機器、設備、軟體。其規定如下：

　　「著作權人所採取禁止或限制他人擅自進入著作之防盜拷措施，未經合法授權不得予以破解、破壞或以其他方法規避之。

　　破解、破壞或規避防盜拷措施之設備、器材、零件、技術或資訊，未經合法授權不得製造、輸入、提供公眾使用或為公眾提供服務。」

二、數位權利管理系統

　　現在所研發的防盜拷措施，功能越來越強大。業者甚至可以透過更強大的防盜拷措施，來控制網路上的盜版行為。所謂的「數位權利管理系統」（Digital Rights Management System, DRMS）就是一種控制網路著作權的系統，它可以讓付費的人才能閱讀網路上的資料，而且還依據付費等級，規範閱讀資料等級。此外，閱讀資料完全無法「複製」，還會記錄你的閱讀紀錄等。

　　這樣的權利管理系統完全是為了著作權人的利益而設置，而且還能達到「完全差別取價」的效果，也就是對不同等級的人索取不同的價格，且絕對不會有搭便車的行為，看來似乎不錯。不過，其缺點在於，可能會過

2　挪威法院判決該青少年無罪，但相對地，美國加州最高法院卻判決將破解程式貼到網路上的行為不受美國言論自由保護。相關新聞，請參考陳世欽編譯／《美聯社》奧斯陸八日電，散布防盜拷破解碼無罪 奧斯陸法庭判竊盜罪不成立 好萊塢防盜拷努力受打擊，《聯合報》2003年1月9日第11版；湯淑君編譯／綜合舊金山26日電，盜程式不准張貼上網加州判決觸法波音福特認可保全商業機密大聲喝采，《經濟日報》2003年8月27日第9版。

度限縮著作權合理使用的空間[3]，且會有記錄個人閱聽紀錄而侵犯隱私的可能[4]，甚至會限制言論自由等，所以有學者傾向於懷疑或批判態度。

三、例外

因此，為了避免上述防盜拷措施過度限制的批評，第80條之2第3項又規定，下列情況不須受到限制：

1. 為維護國家安全者。
2. 中央或地方機關所為者。
3. 檔案保存機構、教育機構或供公眾使用之圖書館，為評估是否取得資料所為者。
4. 為保護未成年人者。
5. 為保護個人資料者。
6. 為電腦或網路進行安全測試者。
7. 為進行加密研究者。
8. 為進行還原工程者。
9. 其他經主管機關所定情形。

最後，這九款情況到底運作起來是否能夠兼顧各方利益，還需要視個案判斷，所以同條第4項規定：「前項各款之內容，由主管機關定之，並定期檢討。」

第四節　P2P交換平台爭議

一、個人使用有無違法？

就個人在網路上下載或上傳MP3的行為，究竟有無違法，在2001年4

3　Pamela Samuelson, *Intellectual Property and the Digital Economy: Why the Anti-Circumvention Regulation Need to Be Revised*, 14 Berkeley Tech. L. J. 519 (1999)；中文文獻方面，相關介紹討論可參考司徒嘉恆《數位權利管理系統的法律與經濟分析》，中央大學產業經濟所碩士論文，2003年6月。

4　Julie E. Cohen, *DRM and Privacy*, 18 Berkeley Tech. L. J. 575(2003).

月1日發生成大MP3事件後,國內相關的討論很多[5]。有認為其行為或可符合著作權法第51條:「供個人或家庭為非營利之目的,在合理之範圍內,得利用圖書館及非供公眾使用之機器重製已公開發表之著作。」也有認為其不符合「非營利」、「非供公眾使用之機器」、「超出合理使用範圍」而不符合[6]。而其中一個有趣的爭點集中在:「已公開發表之著作」是否限於「合法之著作」[7]?

該案後來以和解收場,不過以事後成大學長及其家長的公開道歉聲明[8]來看,的確是觸犯了著作權法。一般皆認為,個人未經授權即重製音樂MP3,即違反了著作權法第22條和第91條。

由於成大MP3爭議後,全國人民都可能成為犯罪者,故著作權法於2003年7月1日開始,曾一度修正列出明確標準,亦即採取個人非意圖營利時,重製量在「五份以內、三萬以下」,即不用受到著作權法第91條的處罰。不過這個規定一出來,反而造成民眾肆無忌憚地繼續下載,且認為只要在三萬元以內,就不會觸法。結果,美國對此並不滿意,因而繼續對台灣施壓,故在2004年8月立法院開臨時會審查國會減半修憲案時,突然通過著作權法修正案,廢除「意圖營利」與「非意圖營利」的區別,把「五份以內、三萬以下」的文字刪除,而改為「在合理使用」範圍內,不受處罰。這樣的規定似乎是正本清源,回歸著作權法第65條合理使用的審查。但究竟哪些態樣屬於合理使用?

二、網路交流平台有無違法?

除了個人盜版外,目前網路上還有一些網站,提供他人下載盜版音樂或提供交流平台。倘若是直接提供檔案下載的網站,本身就已經侵犯著作

---

5 例如,請參考〈成大學生宿舍搜索事件法律問題之探討〉,《台灣本土法學雜誌》第23期,頁53以下,2001年6月。

6 蔡明誠〈從成大MP3事件論著作權之侵害及限制問題〉,《台灣本土法學雜誌》第23期,頁55-56,2001年6月。謝銘洋〈成大MP3事件相關著作權法問題探討〉,《月旦法學雜誌》第73期,頁80-84,2001年6月。

7 蔡明誠認為已公開發表之著作,解釋上應限於合法授權之著作,同上,頁58-59。謝銘洋則認為不限於合法授權之著作,同註6,頁83。

8 http://www.ifpi.org.tw/apology.htm.

權。但是若僅提供交流平台，本身並沒有提供檔案下載，此時究竟有無法律責任，尚有爭議。

（一）混合式和分散式

音樂網站交流平台有兩種架構：

1. 混合式架構

係雖採用P2P之分散式檔案共享設計，但為爭取搜尋效率，仍設有伺服器提供檔案資訊之索引，以提高搜尋效率；亦即使用者個人電腦透過中介之網路連線服務，連接至伺服器，將分享之檔案索引上傳至伺服器以建立資料庫，供其他使用者索引查詢。伺服器本身不儲存檔案內容，僅扮演媒介之角色，告知使用者何處有其所欲下載之檔案，檔案內容之傳輸仍係發生於使用者與使用者間。

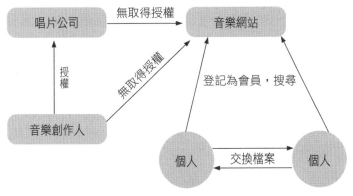

圖3-3　混合式P2P架構圖

2. 分散式P2P架構

係未設置伺服器來執行檔案名稱或索引之管理，使用者係自行向其他使用者搜尋相關檔案，所有之搜尋及傳輸均發動及完成於使用者之間。

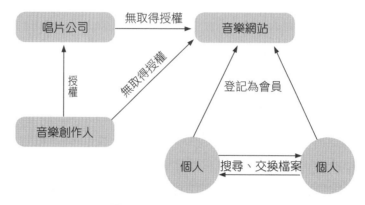

圖3-4　分散式P2P架構圖

（二）美國案例

　　美國2000年的*A&M et al. v. Napster*[9]案，該國法院認為這種混合式P2P網路音樂交換平台網站本身雖然沒有進行音樂盜版，但卻幫助消費者進行音樂盜版，而被判處「輔助侵權」和「代理侵權」，並遭到關站的命運[10]。後來的Aimster案[11]雖未正式進入判決，不過法院在下達禁制令時，也是以輔助侵權為由，後來Aimster未等到訴訟即倒閉。

　　另外，*UMG v. MP3*案，則是MP3.com在未得到授權的情況下，就把數萬張CD轉成MP3置於自己的網站上，若會員能夠用自己購買的CD經過「Beam-it」軟體認證後，則可以在任何電腦線上收聽自己所擁有的CD音樂。但最後被判決直接侵權[12]。

　　另外其他案子卻合法。在*MGM v. Grokster*案[13]中，被告是三家公司，包括Kazaa、Morpheus、Grokster。在初審中三家公司勝訴，法院認為其

---

9 *A&M et al. v. Napster*, 239 F.3d 1004 (9th Cir. 2001). 中文方面對於Napster的興起與運作的詳細介紹，可參考蔡文英譯《媒體新勢力》，商智文化，2001年12月。
10 相關中文介紹，可參考范曉玲〈網路音樂「同儕共享」與「合理使用」——從*Napster*案談起〉，《月旦法學雜誌》第78期，頁210-213，2001年11月。馮建宇〈從MP3法律爭議論網路著作權保護之未來〉，《月旦法學雜誌》第74期，頁115-139。劉尚志、陳佳齡〈網際網路與電子商務法律策略〉，頁79-106，元照出版，2000年。
11 *In re Aimster Copyright Litigation*, 334 F.3d 643 (7th Cir. 2003).
12 相關中文介紹，同註11，頁110-111。
13 *MGM v. Grokster*, 259 F. Supp. 2d 1029 (C.D. Cal. 2003).

無法控制使用者的盜版行為，也無從監督，當使用者想要分享未授權的檔案給朋友時，Grokster無法介入阻止。所以不構成輔助侵權和代理侵權[14]。本案上訴到最高法院，已於2005年6月27日做出判決，認為這種新型的分散式P2P軟體一樣違法。

而近來美國方面在著作權人團體的遊說下，更可能制定對付網路P2P檔案傳送的法律，而這樣的法律，對網路傳輸的影響為何？台灣會不會也跟著引進這些制度，值得繼續觀察研究。

（三）台灣案例

台灣針對未合法授權即提供音樂供人下載的網站，已經有判決認為其違法，具代表性者為「天馬音樂網站」案[15]。

至於台灣的Kuro和EZpeer兩大音樂交換平台網站，其和音樂著作權人協會經歷協商失敗後，進入了訴訟程序。而到現在為止，已經做出一審判決，但該案則繼續上訴中。

法院之前曾經做過兩個關於Kuro的案子，一個勝訴（滾石控告Kuro侵害其唱片封面著作權案）[16]，一個敗訴（Kuro控告中華電信停止代收會員費案）[17]。

滾石控告Kuro侵害其唱片封面著作權案

滾石控告Kuro在其網站上未經授權即放上滾石唱片的封面縮小樣圖。滾石認為這樣算是侵害其唱片封面的重製權與公開傳輸權。但法院判決Kuro飛行網勝訴。主要理由在於，Kuro本身也有經營合法唱片買賣，故在網站上置放唱片封面算是對其合法業務的推銷，屬於合理使用的範疇。

筆者疑問：實際上就算Kuro本身有進行合法唱片買賣，但是就唱片

---

14 相關中文介紹，可參考鄧迺騰〈以比較法之角度看業者架設網站並提供他人免費檔案交換軟體以便其在網際網路中傳輸他人著作之行為的評價〉，《智慧財產權月刊》第64期，頁115-121。
15 台北地方法院92年度易字第1261號。
16 台北地方法院刑事判決92年度易字第1969號。
17 台北地方法院民事判決92年度重訴字第1257號。

封面在其網站上的功用，是為了導引消費者進行合法唱片買賣嗎？事實上IFPI也曾經基於同樣的理由提起上訴。理由如下：「1.IFPI所屬唱片公司並無與飛行網有任何經銷合約，亦無透過飛行網以網路販賣正版CD。2.飛行網將唱片專輯封面置於其網站，是變相偷渡為其所經營之侵權P2P平台（Kuro）宣傳，真實目的並非販賣正版CD。」[18]不過後來上訴仍然敗訴。

Kuro控告中華電信停止代收會員費案

中華電信原本與Kuro簽約替Kuro代收會員費，但是當音樂著作權人協會開始控告Kuro後，中華電信認為Kuro的業務有違法可能，故決定片面解除契約，不再幫Kuro代收會員費，故引發Kuro控告中華電信毀約。但最後法官判決中華電信勝訴。主要理由為：Kuro的行為的確可能違法，中華電信基於情事變更，有權解除契約。

筆者疑問：雖然可能違法，但實際上還未被判決違法，中華電信真的可以因此解約嗎？

表3-3 音樂網站法律責任比較

類　型	說　明	美國代表	美國法下的法律責任	台灣代表
直接提供下載	直接供人下載或線上收聽的音樂網站	MP3.com iTune	直接侵權	天馬音樂網 KKBOX iTune
P2P＋搜尋平台	提供搜尋平台的交換軟體	Napster	輔助侵權	Kuro
P2P	純粹交換軟體，不提供搜尋平台，也不監督	Kazaa Morpheus Grokster	輔助侵權	EZpeer

---

18 【IFPI新聞稿】93年4月23日，http://www.ifpi.org.tw/P2P/IFPI的公開聲明—美術著作.htm。

（四）EZpeer案和Kuro案

1. 可能違法情形

　　有若干學者進行分析，認為我國雖沒有美國的代理侵權和輔助侵權的規定，但可以有兩種策略將Kuro入罪。一種策略是套用刑法規定，因為著作權法重製罪乃有刑事責任，故可將Kuro的行為當做消費者違反著作權法第91條的幫助犯或教唆犯。另一種策略則是擴張解釋著作權法第87條第2款的規定。第87條乃是「視為侵害著作權」的規定，其中第2款規定「意圖散布」、「陳列」盜版品。本款雖然指的行為乃是實體世界中商店或小販販售盜版品的行為，但有學者認為可擴張解釋為網路上的行為，Kuro在網路上提供網友盜版管道，很類似在實體世界中的「陳列」盜版品。

2. EZpeer一審無罪

　　士林地方法院於2005年6月30日做出92年度訴字第728號，對EZpeer案做出一審裁判。法官認為EZpeer究竟是分散式架構還是混合式架構並不重要，重點在於本案乃刑事判決，既然刑事上有所謂的「罪刑法定主義」，在相關法律未明確規定系爭行為是否違法前，法院不適合對這個爭議問題做出決定，而應留待立法院做出政策選擇。

3. Kuro一審有罪

　　台北地方法院則於2005年9月14日做出92年度訴字第2146號判決，判決Kuro相關負責人有罪。該案中，法院認為Kuro負責人以透過自己的員工，成為假會員的方式，在網路上以假會員身分提供其他會員下載檔案，故雖然Kuro作為交換平台本身似乎未介入會員間的行為，但法院認為其根本就已經介入了，故構成共同正犯。

4. 兩案到二審都和解收場

　　這兩個案子到二審的時候，都和解收場，Kuro和EZpeer同意支付給音樂著作權人團體授權金，而修改其原本的P2P架構。結果大致是傾向於保護著作權人。

三、對公眾提供可公開傳輸或重製著作之電腦程式

雖然Kuro和EZpeer這種網站本身沒有侵權行為，但是一種類似「幫助侵權」的行為，由於我國著作權法有刑事責任（二年以下有期徒刑、五十萬以下罰金），為了杜絕爭議，所以乾脆立法寫清楚，這樣的幫助行為也是違法的。

2007年6月，立法院修正著作權法第87條，對像Kuro這類網站，雖然沒有直接侵權，但把它納入幫助侵權的範圍，明文規定其違法：「七、未經著作財產權人同意或授權，意圖供公眾透過網路公開傳輸或重製他人著作，侵害著作財產權，對公眾提供可公開傳輸或重製著作之電腦程式或其他技術，而受有利益者。（著§87 I⑦）」「前項第七款、第八款之行為人，採取廣告或其他積極措施，教唆、誘使、煽惑、說服公眾利用者，為具備該款之意圖。（著§87 II）」

四、行政介入權

由於在Kuro和EZpeer的案子中，雖然Kuro一審敗訴了，但卻不肯停止其行為，還是繼續做廣告宣傳，廣招會員，繼續侵害音樂著作和錄音著作。因而，該次修法，也增加了著作權法第97條之1：「事業以公開傳輸之方法，犯第九十一條、第九十二條及第九十三條第四款之罪，經法院判決有罪者，應即停止其行為；如不停止，且經主管機關邀集專家學者及相關業者認定侵害情節重大，嚴重影響著作財產權人權益者，主管機關應限期一個月內改正，屆期不改正者，得命令停業或勒令歇業。」亦即，不用等到三審確定，只要一審判決有罪，就可以要求停止其行為，若不停止，可以命令停業或勒令歇業，避免損害擴大。

第五節　數位機上盒之侵權

近年來出現各式新興之數位侵權型態，提供民眾便捷管道至網站收視非法影音內容，例如：部分機上盒透過內建或預設的電腦程式專門提供使

用者可連結至侵權網站，收視非法影音內容；或是於網路平台上架可連結非法影音內容的APP應用程式，提供民眾透過平板電腦、手機等裝置下載後，進一步瀏覽非法影音內容。此類機上盒或APP應用程式業者常以明示或暗示使用者可影音看到飽、終身免費、不必再付有線電視月租費等廣告文字號召、誘使或煽惑使用者利用該電腦程式連結至侵權網站，並收取廣告費、月租費或銷售利益之行為，已嚴重損害著作財產權人之合法權益，進而影響影音產業與相關內容產業之健全發展，應視同惡性重大之侵權行為而予以約束規範。

　　立法院於2019年4月通過修法，於著作權法第87條增訂第8款：「有下列情形之一者，除本法另有規定外，視為侵害著作權或製版權：……八、明知他人公開播送或公開傳輸之著作侵害著作財產權，意圖供公眾透過網路接觸該等著作，有下列情形之一而受有利益者：

　　（一）提供公眾使用匯集該等著作網路位址之電腦程式。

　　（二）指導、協助或預設路徑供公眾使用前目之電腦程式。

　　（三）製造、輸入或銷售載有第一目之電腦程式之設備或器材。

　　「前項第七款、第八款之行為人，採取廣告或其他積極措施，教唆、誘使、煽惑、說服公眾利用者，為具備該款之意圖。（著§87 II）」

　　且違反此條將有刑事責任：「有下列情形之一者，處二年以下有期徒刑、拘役，或科或併科新臺幣五十萬元以下罰金：……四、違反第八十七條第一項第七款或第八款規定者。（著§93）」

第四章　資料庫保護

現在網路越來越發達，透過網路、電腦建立的資料庫越來越多，資料庫的內容也越來越大，但是，法律該如何保護這些資料庫呢？

首先，資料庫受不受到著作權法的保護？如果不受保護，是否可以受到其他法律的保護，包括公平交易法、民法、刑法？還是該學習歐洲，給予資料庫特別的保護呢？

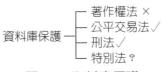

```
                 ┌─ 著作權法 ×
                 ├─ 公平交易法 ✓
資料庫保護 ───────┤
                 ├─ 刑法 ✓
                 └─ 特別法？
```

圖4-1　資料庫保護

第一節　著作權法「編輯著作」

一、著作權法

著作權法第7條規定：「就資料之選擇及編排具有創作性者為編輯著作，以獨立之著作保護之。」

法條的意思，就是要保護一些編輯著作。但並不是所有的編輯著作都受到保護，必須資料的「選擇」、「編排」具有創作性者，才能受到保護。

例如，一般的六法全書，裡面選編的都是法條，而法條其實是不受著作權法保護的（著作權法§9），但是編出來的六法全書卻會受到保護。因為，即使編輯著作裡面的資料是不受著作權法保護的，但是只要這些法條的選擇、編排具有創作性，就可以受到保護。

問題1　電話簿是否為編輯著作？

　　傳統最常見的資料庫就是電話簿，或者學校的通訊錄。這種東西就是編輯品，而裡面的資料只是個人的姓名、電話、住址，都不受到著作權的保護。但將這些資料編輯起來，會不會成為著作權法上的「編輯著作」而受到保護呢？

　　以美國1991年的*Feist Publications v. Rural Service Co.*（1999）案例來看，是不會的。美國法院認為，雖然編輯這些電話簿很辛苦，花了很多時間，構成所謂的「辛勤蒐集原則」（industrial collecting principle）或「揮汗原則」（sweat and brow principle），但因為這些電話簿或通訊錄，其實只是按照一定的規則，將一定範圍內的通訊方式編輯起來，並沒有太大的創作性，所以不受到保護。

 問題2　資料庫是否為編輯著作？

　　一般網路上的資料庫是否為編輯著作呢？

　　要受到著作權法上的保護，必須資料的「選擇、編排」具有創作性。可是一般網路上的資料庫，其實選擇、編排不具有太大的創作性，因為電腦運算功能強大，整理資料的能力很強，所以網路上提供的資料庫特色就是強調其「大」、「無所不包」。也就是說，在資料的選擇上，比較沒有刪選，只是儘量把所有能蒐集到的資料都放進來，如此一來，就不能被當做著作權法第7條獨立的編輯著作予以保護。

 案例：法源資料庫 v. 月旦法學知識庫

　　元照出版有限公司於94年10月欲建立「月旦法學知識庫」，委託大鐸資訊股份有限公司擔任系統撰寫、建置、維護的工作。資料庫內容的法規、實務判解由元照出版有限公司內部負責人員負責，其相關負責

人員另聘僱三名外包人員並提供「法源法律網」帳戶、密碼給該三名外包人員，下載「法源法律網」資料庫中已由該資料庫專業人員篩選、整理、節選、編排過的「判解函釋」及「裁判書查詢」項下之資料，逐筆以複製、貼上及另存新檔指令方式，非法重製資料庫內之資料成為純文字檔案。之後並由委託建置系統的大鐸資訊股份有限公司將由「法源法律網」的文字內容中出現該公司的公司名稱、連絡方式與彙編者等基本資料於撰寫系統時，代換為元照出版公司所有及該公司基本聯繫資料。

（智慧財產法院97年度刑智上訴字第41號刑事判決）

智慧財產法院97年度刑智上訴字第41號刑事判決（99/4/22）

事實

一、甲○○原為元照出版有限公司（下稱元照公司）總經理，亦為實際負責人，丙○○原為元照公司數位開發部門經理，戊○○原為元照公司數位開發部門主任、丁○○則原為元照公司顧問。民國94年10月間，甲○○以元照公司之名義，欲建置線上法學資料庫，並定名為「月旦法學知識庫」，即指派丙○○負責「月旦法學知識庫」之建置工作，並分由其部門之戊○○負責知識庫中有關法規、實務判解資料之蒐集及建置，不知情之數位開發部門系統管理人員己○○則負責期刊文獻資料之蒐集及建置，並將該線上知識庫之電腦系統軟體撰寫、建置、維護等工作，委由不知情之大鐸資訊股份有限公司（下稱大鐸公司）庚○○、辛○○、壬○○等人負責。

甲○○、丙○○、戊○○、丁○○等人陸續分別或共同開會討論「月旦法學知識庫」之任務分派、系統架構，收錄內容及建置流程等業務，其等均明知法源資訊股份有限公司（下稱法源公司）所建置之「法源法律網線上資料庫網站」（網址：http://www.lawbank.com.tw/，下稱法源法律網），係指針對法學、法制類主題之相關資料，以一定之資料結構有系統地將此類大量複雜多樣的資料加以收集、整理、篩選，依資料類型予以分類、編排，儲存在電腦（伺服器）中，俾供不特定人或收費之會員利用網際網路連線，經由法源法律網所編排之方式或以裁判書案號、行政函

釋文號，或以相關法條，或以關鍵字，或以特定類別等不同之搜尋方式，以現有之連線查詢技術，在短時間以高效率檢索，並選擇出其所需資料之法學資料庫。法源法律網提供搜尋資料庫之要項，約可區分為「法規類別」、「法規查詢」、「判解函釋」、「論著索引」、「裁判書查詢」、「英譯法規」等，其中「判解函釋」項下「司法判解」可查詢之各司法機關（含大理院、最高法院、司法院、大法官會議、公懲會、行政法院及各級法院）之會議決議全文、要旨，「行政函釋」項下可查詢各行政機關公文全文、要旨，「裁判書查詢」項下，則可查詢之各級法院裁判書類全文、要旨，上開資料，均為法源公司聘僱法律專業人員，就各司法機關會議決議、行政機關之公文內容及各法院數量極鉅之裁判書全文中加以篩選、分析，針對每篇文書進行全盤理解歸納後進行選擇及編排，剔除不具法學上收藏價值之行政公文或加註不予適用暨理由，再行選擇擷取其中較具有價值之文句以為要旨（裁判書部分有註記「（裁判要旨內容由法源資訊整理）者」，行政函釋部分則為資料來源屬彙編以外者，均屬法源公司所整理），註記相關法條暨適用法條版本後依資料類型予以分類、編排，例如：「行政函釋」部分，即區分為如附件一之A所示「民政類」等36類別，法源公司就其所蒐集之公務機關公文資料予以篩選，如係單純派令等不具法學或行政上收藏價值之公函，即未予收錄，而如附件二所示已停止適用之函釋或判例，則需加以註解說明，復依其內容分析後，依上述36種類別屬性予以思維創造，每件公文函釋可能隸屬於其中一種類別，或隸屬二種以上類別（如附件四之一至五的A部分資料），並將公文主旨或理由重要部分擷取為要旨，註記相關法條及其適用版本，顯然法源公司必須聘僱法律或其他領域之專業人員，就資料之選擇及編排具有創作性，為法源公司擁有著作權之編輯著作。上開著作未經著作權人即法源公司之同意或授權，不得擅自重製或公開傳輸，亦不得出於銷售牟利之意圖為之。甲○○、丙○○、戊○○、丁○○等人亦明知「法源法律網」中各項資料末端附記之「法源資訊編」、「法源資訊整理」、「裁判要旨內容由法源資訊整理」、「法源資訊股份有限公司臺北市○○○路○段150號6樓」、「E-mail：lawbank@lawbank.com.tw TEL：000-0-0000-0000」、「著作權所有未經正式書面授權禁止轉載節錄法源資訊股份有限公司」等文字，為

法源公司向使用者傳達表明並確認著作、著作名稱、著作人、著作財產權人之權利管理電子資訊，不得任意移除或變更。甲○○、丙○○、戊○○、丁○○等人竟因不及在預定上線日前完成建置「月旦法學知識庫」中「全國法規」、「實務判解」線上資料庫之內容，而基於意圖銷售之犯意聯絡，自95年6月間某日起，由丁○○提供自己所申請之一組法源法律網帳號密碼及另一組從不詳圖書館中所知悉之法源法律網帳號密碼，交由戊○○自95年6月間某日起至同年10月17日止，以重製每件資料庫內之會議決議、公文、裁判書類全文及要旨等資料新臺幣（下同）0.7至0.8元不等之代價，僱用不知情之李依珊、洪佩君、陳瑩真等三人，在其等臺北縣住處及就學之實踐大學等處，使用丁○○提供之上開帳號密碼登入「法源法律網」後，讀取法源法學資料庫中「判解函釋」及「裁判書查詢」項下之資料，逐筆以複製、貼上及另存新檔指令方式，非法重製資料庫內之資料成為純文字檔案，李依珊、洪佩君、陳瑩真等三人，再將前揭非法重製之電磁記錄，陸續以電子郵件寄送至戊○○所使用之電子郵件信箱內，再由戊○○將前揭電磁記錄接續寄送予認為元照公司業已取得法源公司授權而不知情之大鐸公司王○○，戊○○並以電子郵件告知王○○為簡化工作加速資料庫建置，而要求王○○以字串替代之方式將戊○○所寄送之電磁記錄中之「法源資訊編」代換變更為「月旦法學知識編」、「法源資訊整理」代換變更為「月旦法學知識編審」，並將「法源資訊股份有限公司臺北市○○○路○段150號6樓」、「E-mail：lawbank@lawbank.com.tw TEL：000-0-0000-0000」、「著作權所有未經正式書面授權禁止轉載節錄，法源資訊股份有限公司」等文字予以代換變更為「以上版權為元照出版公司所有2006 All Rights Reserved」、「地址：100臺北市○○路18號5F電話：（02）0000-0000傳真（02）0000-0000」（詳細代換變更情形詳如附件三所示），王○○乃告知不知情之大鐸公司軟體工程師辛○○撰寫、修正相對應之電腦應用程式，再以辛○○撰寫之轉檔程式執行代換完成之檔案，將戊○○所傳送前揭非法重製之資料庫編輯著作檔案變更法源公司權利管理電子資訊（所非法重製之情形例示如附件四所示），接續上傳至實際由甲○○負責之「智勝文化事業股份有限公司」、「知識達圖書發行有限公司」向臺北市○○區○○街250號「是方電訊股份有限公司」

透過主機代管契約承租機櫃之電腦伺服器,及連外5Mbps之寬頻線路,以此方式接續建置「月旦法學知識庫」,而以此方式,非法重製法源公司擁有著作權之編輯著作內容中之資料約達13萬8千筆,嗣再由庚○○以大鐸公司名義,向私立中國文化大學之圖書館經辦人員洽談授權該校師生使用該「月旦法學知識庫」之資料庫,俟該教育機關試用期滿後收費。嗣經警持臺灣臺北地方法院核發之搜索票於95年10月17日前往元照公司位於臺北市○○路8號5、6樓之辦公處所搜索扣得電腦主機(含鍵盤、滑鼠、電源線)5台、電腦螢幕3台,另於是方公司扣得主機板Blade Server99G RP08 1台、電腦主機PCA00000-00000台,並於大鐸公司扣得月旦法學知識庫系統硬碟1顆,而查悉上情。

　　(略)

(一)法源法學資料庫中「判解函釋」子資料庫屬編輯著作:

　　1.……故再就法源公司法學資料庫資料之選擇收錄、要旨之編撰、法學資料異動之說明、法規範基礎與其版本之編撰、法學資料之類型設定與內容編排分析如下:

(1)資料之選擇收錄:

　　①法源法學資料庫於建置「判解函釋」子資料庫之最高法院民事、刑事裁判、最高行政法院裁判;高等法院暨其分院(含)以下之各級法院民事、刑事裁判、高等行政法院暨其分院裁判;各主管機關單位行政函釋(含訴願決定書)等三類法學資料時,由法源公司所屬專業法律人員自公報、彙編、司法院網站之「司法院法學資料檢索系統-裁判書查詢」項下或各主管機關單位網站中,針對其中較具參考價值者加以蒐集/選擇,收錄於「法源法學資料庫」之「判解函釋」子資料庫中。

　　②又關於行政函釋部分,並非所有資料來源所產出之資料,均一概未經選擇即予收錄。所收錄者,僅挑選具有法規範效力或具有一般性、普遍性,可供各界參考引用,作為權利義務主張之基礎者。

　　③法源公司就前揭選擇極具專業性之智慧投注,不同之法學資料之建置者自有其不同之專業考量,必有相異之選擇結果,如此「一定程度之創作性」即在其中顯現,並非僅是辛勤勞力之機械操作結果。

　　④依上揭告訴人98年9月14日刑事陳報(二)狀附件一第10至28頁所

示，法源公司與植根法律網於法學資料之選擇上各有不同，均各自有選擇上一定程度之創作，足徵不同的法學資料之建置者、不同的從事選編法學資料工作之人員，即各有其不同之專業考量、判準，必有相異之選擇結果，也因此其「一定程度之創作性」即顯現其中，所謂的創作性也就是在這裡，不同之人就有其不同之考量、不同之判準，毫無一定之「制式標準」可循。

(2)關於要旨之編撰：

　　①法源公司於建置最高法院民事、刑事裁判、最高行政法院裁判；高等法院暨其分院（含）以下之各級法院民、刑事裁判、高等行政法院暨其分院裁判；行政函釋等三類法學資料時，如原始資料有要旨者，由法源公司所屬專業法律人員審閱取捨後再收編；原始資料無要旨者，則由法源公司所屬專業法律人員就各該筆法學資料編撰要旨。其撰寫方式及內容並非人人相同而毫無二致，表現在不同專業人員之身上自有不同之專業考量、分析與撰擬而必有相異之結果，如此「一定程度之創作性」即顯見於其中。

　　②有關法源公司要旨之製作，並非只是單純機械式的節錄或直接複製部分文句，而係由法源公司所屬專業法律人員需詳閱資料全文後，以其專業判斷該資料之內涵後，憑渠等所受研習、訓練及其自身法學素養，在符合該資料內容之前提下，撰寫其要旨，而不同從事撰寫要旨之人絕無從為相同之「表達」，以告訴人98年9月14日刑事陳報（二）狀附件一第32、33頁所示為例，法源公司與植根法律網皆有選錄之臺灣高等法院92年度保險上字第21號民事判決，兩者間就該司法判解之要旨編撰即各有其不同之判認與表達，自各有其一定程度之創作性存在。又如附件一第42、43頁所示為例，法源公司與植根法律網皆有選錄之行政院公共工程委員會94年7月25日工程企字第09400265410號函，原函釋內容並無任何要旨，而係由法源公司所屬專業法律人員詳閱函釋全文，以其專業判斷該資料之內涵後，撰寫該要旨。是前揭有關要旨之編撰情形，於法源公司所有之「判解函釋」子資料庫中比比皆是，堪認有其一定程度之創作性存在。

(3)法學資料異動之說明：

　　①就最高法院民事、刑事判例、最高行政法院判例；最高法院、最高

行政法院之決議；行政函釋等三類法學資料，如因法規修訂、廢止或情事變遷，經主管機關發布為不再援用等情形，法源公司會回溯於原該筆資料上加註說明，此加註說明之表達方式，亦為法源公司所屬專業法律人員智慧之加值創作，如此編撰「一定程度之創作性」即顯見於其中。

　　②以上揭告訴人98年9月14日刑事陳報（二）狀附件一第44至49頁所示為例，對於法源公司與植根法律網皆有選錄之判解函釋資料，於該資料嗣後有所異動時，各自即有不同方式之表達，絕非所謂資料異動之簡單註記，二者亦非完全援引自司法院或各行政機關之公報內容之情形，其各自之回溯整編工作，乃係各就原已創作之編輯著作，再進一步編輯，堪認確有原創性。

(4)法規範基礎與其版本之編撰：

　　①法源公司就各筆法學資料，由所屬專業法律人員編審其適用之法條及其版本，由於不同的人員所認定之法規範基礎未盡相同，如此編撰「一定程度之創作性」即顯見於其中。

　　②按民事類及行政類之司法裁判，僅於判決理由項下依其裁判內容而分別論及相關所應適用之現行法規；而於刑事類之司法裁判，除有上開之論述外，於判決書末頁亦附有該論罪科刑之新或舊的刑事法律規範。另於各類行政函釋資料部分，則係於主旨或說明內容中，敘及解釋、裁量或處分等行政行為所依據之行政法規範基礎。然查法源公司所有之「判解函釋」子資料庫中，就各筆判解函釋之法學資料，除彙整、選輯各該判解函釋內容中業已明白提及之法規範基礎外，法源公司並再由其所屬專業法律人員選輯未見於各該判解函釋內容中，卻仍屬相關重要之法規範基礎，並再編審就渠等法學資料所適用之法規範基礎及其版本，是以有關法規範基礎與其版本之審編，亦可認定法源公司自有其一定程度之創作性存在。

(5)法學資料之類型設定與內容編排：

　　①法源公司將其「判解函釋」子資料庫中之「行政函釋」部分，區分為「民政類」等36類別，並就所蒐集之行政函釋資料予以篩選其中具參考價值者，加以收錄，其不具參考價值者，則未予收錄，並經審閱分析其內容後，依上述36種類別屬性予以歸類，每件函釋或可能隸屬於其中一個或跨多個類別，此種類別之「表達」乃法源公司所研創，絕非在建置過程中

所得經驗，逐步「發現」之成果。而各筆資料之歸類則係法源公司所屬專業法律人員之智慧判斷，縱使認定上述36種類別之分類不具創作性而不受保護，同一筆資料於不同人亦可能有不同之分類，自有其創作性。

②法源公司於編排資料時，研創各類資料之編排規則。如每一行之字數、段落縮排方式、欄位名稱、呈現格式等，依照不同類之資料而有不同之設計。此等編排方式係法源公司為使資料於網頁呈現時，能兼顧資料之正確、完整、美觀及使用、瀏覽之便利性，所精心研創，自有其創作性。

③依司法院秘書長98年3月5日祕台資二字第0980003127號函說明二（三）「購買廠商現有的外機關資料」者，係指行政函釋、法律問題、論著索引，而該資料格式並非司法院所指定，而是告訴人所創作，經司法院逕引為契約相關文件之規範，僅係司法院作為驗收確認資料內容之依據而已，不得反以此使告訴人所創作之資料格式，喪失其創作性而成為公共所有。

④有關該36類行政函釋類別，遍觀各級政府機關、部門，甚至法學資料出版業者、數位資訊業者，在法源公司如此分類以前，從未有相同之分類，而有關法源公司目前之36類行政函釋類別，事實是法源公司經過時間之演變及逐步更正、審校、修訂而成。

⑤另有關「編排方式」部分，並非「係一般人皆會採取之編排方式，就行政函釋、會議決議或裁判書既有或法律界所習慣之編排體例為之」，蓋國內未有人將法學資料數位化之前，各類出版媒體均無此種編排方式，法源法學資料庫之各類資料編排方式乃法源公司所創，實不能因法源公司所創之編排方式，廣為各界所接受援用而成為習慣，就否定其創作性。又只須檢視與法源公司同屬法律資料庫業者——植根公司，其20餘年來所創作之資料編排格式，即可知明顯與法源公司不同（參告訴人98年9月14日刑事陳報（二）狀附件一：法源法學資料庫「判解函釋子資料庫」與植根法律網資料分類、選擇收錄方法、及格式編排比較表），使用檢索結果，對於資料取得之精確度，差異立見，更足證資料庫之選擇與編排，確有其創作性之存在。

2.按著作權法所保障之著作，係指屬於文學、科學、藝術或其他學術範圍之創作；又就資料之選擇及編排具有創作性者為編輯著作，以獨立之

著作保護之，著作權法第3條第1項第1款、第7條第1項分別定有明文。故除屬於著作權法第9條所列之外，凡具有原創性，能具體以文字、語言、形象或其他媒介物加以表現而屬於文學、科學、藝術或其他學術範圍之人類精神力參與的創作，均係受著作權法所保護之著作。而所謂原創性，廣義解釋包括狹義之原創性及創作性；創作性則並不必達於前無古人之地步，僅依社會通念，該著作與前已存在之作品有可資區別的變化，足以表現著作人之個性為已足；而編輯著作為著作之一種，自仍須具備上開關於「著作」之基本要素，亦即經過選擇、編排之資料而能成為編輯著作者，除有一定之表現形式外，尚須其表現形式能呈現或表達出作者在思想上或感情上之一定精神內涵始可，同時該精神內涵應具有原創性，且此原創性之程度須達足以表現作者之個性或獨特性之程度。又舉凡著作、資料，其他獨立素材之集合，以一定之系統或方法加以收集選擇即由一大群資料中擷取應用其部分資訊、編排整理即由一大群資料中擷取應用其部分資訊，並得以電子或其他方式以較高之效率檢索查詢其中之各數筆資料者為資料庫，且被收編之資料與資料庫本身即分屬不同之保護客體，不論原始收編資料是否受著作權之保護，只要對所收編資料之選擇及編排具有創作性而具有前開「著作」之基本要素，即應受到著作權法關於編輯著作相關規定之保護，經濟部智慧財產局94年4月15日電子郵件940415號函亦同此見解。

3.有關編輯著作之創作高度：

(1)按過去我國實務關於著作權保護要件之見解，誠如最高法院81年台上字第3063號民事判決意旨：「按著作權法所稱之著作，係指屬於文學、科學、藝術或其他學術範圍之創作，著作權法第三條第一項第一款定有明文。是凡具有原創性之人類精神上創作，且達足以表現作者之個性或獨特性之程度者，即享有著作權。苟非抄襲或複製他人之著作，縱二創作相同或極相似，因二者均屬創作，皆應受著作權法之保護」，即明示我國著作權法所稱著作概念，係指具有原創性之人類精神上創作，且達足以表現作者之個性或獨特性之程度者。

又台灣台北地方法院83年自字第250號刑事判決意旨：「著作權法所稱之著作，係指著作人所創作之精神上作品，而所謂之精神上作品除須為

思想或感情上之表現且有一定之表現形式等要件外，尚須具有原創性始可稱之，而此所謂之原創性程度，固不如專利法中所舉之發明、新型、新式樣等專利所要求之原創性程度（即新穎性）要高，但其精神作用仍須達到相當之程度，足以表現出作者之個性及獨特性，方可認為具有原創性，如其精神作用的程度甚低，不足以讓人認識作者的個性，則無保護之必要，此乃我國著作權法第一條之所以規定該法之制定目的，係為『保障著作人之權益，調和社會公共利益，促進國家文化發展』，而為調和社會公共利益，若精神作用程度甚低之作品，縱使具備有『稀少性』及『特殊性』，然因不具有原創性，並非著作權法所稱之著作，不應受該法之保護，以避免使著作權法之保護範圍過於浮濫，而致社會上之一般人民於從事文化有關之活動時，動輒得咎……」，對於著作權保護要件之闡明，比前揭最高法院判決之理由更為詳細，並引用憲法基本權保障及著作權法第1條之立法目的作為論述基礎。

　　依前揭所舉我國過去二則實務判解，可知所謂「個性」或「獨特性」之見地，大部分引用過去德國學理所謂「個性」與「創作高度」之專門用語，認為受保護之著作必須在其內容或形式上足以表現出創作者之個性（按：個人特徵），並具備一定的創作高度（按：該創作必須「顯然超越一般創作者所能創作之程度」）。然由於上述保護要件相當嚴格，因而屢遭批評，後發展出所謂「小錢幣」原則，認為只要在資料之蒐集、編排上具有最低程度之創作高度，即可獲得保護，甚至對於蒐集事實性資料之電子資料庫（惟本案之「法源法學資料庫」內容，非屬此種電子資料庫，併予陳明。），學者認為其與傳統之資料庫在保護上不應有所不同，亦應有「小錢幣原則」之適用，亦即只要具備較低之創作度，即應可受到保護。

　　近來我國實務則體察國際間關於著作權保護要件，認為「創作只要具備最低程度之創作或個性表現，即可受到保護」之發展趨勢，陸續引用為判決依據，此有臺灣高等法院臺中分院92年度上更（一）字第267號判決要旨：「……受著作權法保護之著作，必須具備『原創性』，亦即該著作僅須具有最少限度之創意性（minimal requirement of creativity），且足以表現著作個性或獨特性之程度，即屬著作權法所保護之著作。依此，著作

的創作程度要求不高，只要有人類精神智慧之投入，不論是大師作品，抑或是小兒塗鴉，均得為著作權法所保護之著作。又著作雖不因其僅與他人創作在前之著作有本質上之類似，且不具備新穎性而被拒絕為著作權之保護，但原創性則為著作之創作屬於著作人之原因，亦即必須是著作人獨自思想感情之表現，而非抄襲、改竄、剽竊或模仿自他人之著作，具有原創性者始受著作權之保護。而原創性乃指著作人自己智巧勞力之投注，並非著作思想之創新，而值得抄襲之處，即是原創性之證據。又就資料之選擇及編排具有創作性者為編輯著作，以獨立之著作保護之（參見著作權法第10條第1項）。本件自訴人所編著之『教學講義內容』係自訴人透過蒐集選擇，並且加以編排而具有創作性，乃屬編輯著作，故依著作權法第10條之規定，著作人於著作完成時享有著作權，自訴人自應取得著作權法之保障。……自訴人依其他既存之著作，依其編排理念與方式，統整各書而為精神上勞動之成果，其對於素材之選擇或配置所須之創作性，雖較一般著作為低，但編輯著作本已具有微量之『原創性』，表現一定創作之最少程度即可，此與著作物『原創性』須表現具有個性的精神內涵，達於較高之創作程度不同。」可稽。

　　又著作權專責機關經濟部智慧財產局亦採此見解，揆諸該局98年4月27日電子郵件980427a函釋：「按著作權法（以下簡稱本法）所稱之『著作』，本法第3條第1項第1款明定屬於指文學、科學、藝術或其他學術範圍之『創作』。因此，著作符合『原創性』及『創作性』二項要件時，方屬本法所稱之『著作』。所謂『原創性』，係指為著作人自己之創作，而非抄襲他人者；至所謂『創作性』，則指作品須符合一定之『創作高度』，至於所需之創作高度究竟為何，目前司法實務上，相關見解之闡述及判斷相當分歧，本局則認為應採最低創作性、最起碼創作（minimal requirement of creativity）之創意高度（或稱美學不歧視原則），並於個案中認定之。」，足徵「創作只要具備最低程度之創作或個性表現，即可受到保護」。

　　綜上，被告元照公司、甲○○、乙○○之辯護人陳家駿律師於98年8月10日刑事聲請調查證據（二）狀第1至6頁否認只需具備最低程度之創作即可受我國著作權法保護之論述，其辯護意旨之有關創作高度之論據洵非

的論，自不可採。

　　4.法源公司建置之「法源法律網」資料庫，係以電磁記錄之方式收編多項法學資料，且以一定之系統或方法加以編排區隔，供使用者索引查詢各筆資料，其屬電子方式之法學資料庫，而「法源法律網」中「判解函釋」、「裁判書查詢」等項下可得查詢之資料，均係由法源公司針對使用者之使用習慣、資料之屬性等，規劃設計資料類別，擬定類別之架構及名稱，並對於行政機關之公函進行篩選，若係單純派令等不具法學或行政上收藏價值之公函，即未予收錄，而如附件二所示已停止適用之函釋或判例，則均加以註解說明，並且就所蒐集之公務機關公文資料篩選，依其內容分析後，依所分類之上述36種類別屬性予以思維創造，每件公文函釋可能隸屬於其中一種類別，或隸屬二種以上類別（如附件四之一至五之A部分資料所示）；而「判解函釋」及「裁判書查詢」項下可得查詢之行政函釋、法律座談會及裁判書類要旨，亦均係由法源公司責成法律專業人員加以整理製作，供使用者透過關鍵字查詢，列出含有該關鍵字的要旨，透過查詢結果所呈現的決議或發文時間、字號、日期、要旨，再選擇所想要閱讀的行政函釋、會議決議或裁判書之本文。是該資料庫的分類、特定類型的行政函釋之選擇與歸類、特定的行政函釋之類型的設定與安排（呈現行政函釋內容後所得出的發文單位、發文字號、發文日期、資料來源、相關法條、法條版本、要旨）、行政函釋要旨的製作，或可以關鍵字搜尋要旨內容以便迅速檢索之設計等，顯然均係經告訴人法源公司聘僱專業人員在資料選擇與分類上加以創作、編排，足可明白彰顯告訴人法源公司之創作性。揆諸前揭說明，自應認為告訴人法源公司建置之「法源法律網」電子資料庫之內容，符合編輯著作之要件，應以著作權予以保護。

二、特別法保護

　　我國雖然沒有特別立法保護資料庫，不過隨著網路時代的興起，電子資料庫越來越多，其商業價值也越來越大。很多網路上的大型資料庫，都投注了很多的資金去經營，而且也有很高的商業價值。卻因為不符合「創作性」的要件，而不受保護。若我們不立法保護，是否會阻礙這些資料庫

的建置呢？因而，有些國家就選擇用特別法予以保護之。

　　1996年歐盟「資料庫保護指令」就給資料庫特別保護。其採取了「雙軌制」。

```
           ┌─符合創作性者，以編輯著作保護50年
雙軌制 ─┤
           └─不符合創作性，但付出「重大投資」者，保護15年
```
圖4-2　資料庫保護雙軌制

　　所謂的雙軌制，就是說，原本符合資料之選擇、編排，具有創作性者，仍然屬於著作權法上的編輯著作，可以受到完整的保護。如果沒有創作性者，但因為投入了重大投資，其在質和量上都有重大投資時，就賦予15年比較短期的保護。

第二節　公平交易法不公平競爭

　　資料庫雖然不受到著作權法保護，但在我國，卻可以用公平交易法來保護。

一、不公平競爭

　　「公平交易法」，主要的規範目的是要維持「競爭秩序」。而這又包括兩方面：一是「獨占、結合、聯合行為」：擔心市場被少數廠商壟斷，避免廠商勾結、損害消費者的權益，也就是希望市場上有多一點的廠商進行競爭；二是「不公平競爭」：擔心廠商利用不當競爭行為，傷害其他的廠商。

```
              ┌─獨占、結合、聯合行為
公平交易法 ─┤
              └─不公平競爭
```
圖4-3　公平交易法架構

在所謂的「不公平競爭」，公平交易法規定了很多具體不公平的競爭行為。為免掛一漏萬，所以在第25條又規定了一個「帝王條款」，即：「除本法另有規定者外，事業亦不得為其他足以影響交易秩序之欺罔或顯失公平之行為。」

其規定「有足以影響交易秩序之欺罔或顯失公平之行為」，都會受到處罰。也就是說，只要是公平交易法的主管機關，認為廠商的競爭行為有點不當，但是在其他地方又找不到條文可以處罰廠商時，就會用這條帝王條款。

二、我國案例

在我國，就出現過幾個用公平交易法保護資料庫的案例。該主管機關認為侵害他人資料庫者，構成了公平交易法第25條的不公平競爭。

雅虎盜用蕃薯藤「新站介紹」

雅虎和蕃薯藤都是國內著名的入口網站，也就是要搜尋網站，就要到入口網站去搜尋。而很多新站為了能讓別人搜尋到，就會到入口網站「登錄」。蕃薯藤就設計了一個「新站介紹」的功能，將每個網站登錄時所寫的一些網站簡單介紹，整理排列出來。而雅虎卻抄襲了蕃薯藤的「新站介紹功能」。

由於蕃薯藤的這些新站介紹，只是將新站登錄者登錄的資料加以編寫，沒有太大的創作性，並不算著作權法的編輯著作，所以雅虎抄襲蕃薯藤的介紹並沒有侵害著作權。但公平會卻認為雅虎的抄襲行為「足以影響交易秩序、顯失公平」而用公平交易法第25條予以處罰[1]。

「家天下」網站案

公平會認為：「檢舉人等所屬網站上之不動產租賃資料，均由該等事業或因信譽卓著，屋主自願提供房屋租聘資料或為投入大量人力、物力、

1　(90)公壹字第8911842-010號。

時間，以長期建立之商譽，由眾多仲介經紀人、業務員談訪、招攬客源，並實際確認不動產之地點、面積、屋齡、使用及產權情形後，再由行政人員分類、整理、匯總、建檔等，歷經周折、反覆之程序，使登載於該等事業之網站上。惟被處分人未做任何之努力與付出，復未徵得檢舉人等之同意，即擅自以註明資料來源之方式複製檢舉人等所擁有之資料，大量擴充為己身網站內容，使檢舉人等之網站功能遭到取代，不無誤導有意買賣、租賃房屋之消費者捨棄檢舉人等之途徑，而取被處分人之網站登陸租售資料」，乃屬「詐取他事業網站所刊載之不動產租售資料，混充為己身網站之資料，以達自身經濟目的之行為」，合屬詐取他人之努力成果，業已侵害市場效能競爭本質，具商業競爭倫理分難性，為足以影響交易秩序之顯失公平行為，違反公平交易法第25條之規定。[2]

104人力銀行資料案

　　找工作時，很多人都會到著名的104人力銀行上登記資料，也會在上面搜尋其他公司徵人的資料。104人力銀行彙整了很多這樣的資料，卻被另一家「XX人力銀行」盜用。後來，公平交易委員會就用所謂的「不公平競爭」，處罰這家「XX人力銀行」[3]。

　　不過，要留意的是，這個案件倒不是直接盜用資料，而是用「網頁盜連」的方式，盜用他人的資料庫，讓別人以為這個資料是「XX人力銀行」整理的，但其實只是「XX人力銀行」去「盜連」104人力銀行的網站。盜連的問題，我們會在另一章做介紹，不過，原則上也都是用公平交易法來處罰。

第三節　付費資料庫的保護

　　上面所講的資料庫之所以會被盜用，其實是因為那些資料庫是「公

2　(90)公壹字第8911842-010號。
3　(89)公壹字第8907239-006號。

開」的，所以才會發生資料被盜連或取用。現在其實有很多資料庫都是要
付費才能使用，根本不是公開的，所以比較不會被直接盜用。

一、防盜拷措施

　　這些需要付費才能使用的資料庫，其實是用「電腦程式」的方式，寫
了一套保護軟體，規定必須付費取得「帳號、密碼」，才能進入資料庫使
用。如果沒有付費取得帳號密碼，根本就無從進入。

　　這種保護軟體，其實就是著作權法第80條之2所講的「防盜拷措
施」，或一般所謂的「科技保護措施」。根據著作權法第80條之2規定，
一般人不得任意破解他人的防盜拷措施。

　　不過，既然資料庫並不算是著作權法第7條的編輯著作，那麼可以用
著作權法第80條之2的防盜拷措施的保護規定嗎？這似乎是個問題。

二、刑法電腦犯罪章

　　就算不能用著作權法防盜拷措施的保護，應該也可以用刑法中「妨礙
電腦使用罪」中的一些規定。

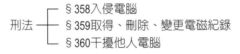

刑法 ┬ §358入侵電腦
　　 ├ §359取得、刪除、變更電磁紀錄
　　 └ §360干擾他人電腦

圖4-4　刑法電腦犯罪

　　根據刑法第358條的規定，未經他人同意，不得「無故輸入他人帳號
密碼、破解使用電腦之保護措施或利用電腦系統之漏洞，而入侵他人之電
腦或其相關設備。」而第359條又規定，不得「無故取得、刪除或變更他
人電腦或其相關設備之電磁紀錄」。

　　所以，如果須付費使用的網路電子資料庫，你不付費取得帳號密
碼，而去破解它，就會觸犯刑法的規定。

三、契約和著作權法

此外，還須注意的是，付費資料庫裡面的內容，若本來就是受到著作權保護的，在使用資料庫時，仍然要注意不可侵害該內容的著作權。例如，國內就有一個案例，一個清大學生用學校買的資料庫，將大量文章下載後儲存，然後重製，這一行為已經違反了校方與資料庫提供者間的契約約定，另方面也侵害了資料庫內容的著作權。

第四節　資料庫的蒐集、利用

雖然有以上這些保護資料的法律，不過仍要注意，在資料庫建置時，有時候也可能會侵害個人資料保護法或著作權法。

一、個人資料保護法

「個人資料保護法」是為了保護個人的資料不被隨意蒐集、濫用。而有些資料庫蒐集的資料，可能就是個人資料法禁止蒐集的個人資料，若業者不察，有時候可能會不小心觸法。

二、國家圖書館期刊遠距傳輸

（一）圖書館可否掃描報紙及期刊？

著作權法第48條規定，圖書館可以應讀者要求，複製已公開發表著作的一部分，或期刊裡的單篇著作給讀者，但每人以一份為限。此外，為了保存資料的必要，或者就絕版或難以購得之著作，其他圖書館沒有藏書，也可以複製一份。除了這三種情況之外，圖書館不可以任意掃描他人著作或期刊，作為資料庫提供付費下載服務。

著作權法第48條之1規定，碩士或博士論文、刊載在期刊中的學術論文，以及已公開發表之研討會論文集或研究報告，這三類作品所附的「摘要」，教育機構或圖書館可以重製。因此，圖書館只能將上述論文或研究

報告所附的摘要，掃描進電腦作成資料庫，提供讀者檢索或查閱。至於摘要以外的全文，未經著作權人同意前，是不可以掃描並提供收費下載服務的。

（二）國家圖書館可否提供期刊遠距傳輸服務？

　　圖書館將館藏書籍數位化，係重製之行為；數位化後再將其上載於網路，提供遠距傳輸服務，則係公開傳輸的行為，除符合合理使用之情形外，均應取得著作財產權人之同意或授權，否則即屬侵害重製權及公開傳輸權的行為，須負法律責任。

　　圖書館欲將其館藏的著作數位化，首先要確認哪些著作已進入公共領域（著作權保護期限已過）？哪些著作還享有著作權，仍受著作權法的保護？對於公共財產的著作，可以數位化後提供遠距傳輸服務，不會發生侵害著作權的問題。對於享有著作權的著作，可以依照合理使用的規定，以數位化的方式重製其所附的摘要，作成資料庫提供讀者檢索或查閱。但是，如果要在摘要以外的範圍，將著作掃描進電腦，作成資料庫，必須取得著作財產權人重製權的授權。如果還要把做好的資料庫放在網路上提供遠距傳輸服務的話，就必須另外取得公開傳輸權的授權，才不會發生違反著作權法的侵權糾紛。

第五章　網頁連結和網頁標記

　　一般製作網頁時，通常會「超連結」到他人的網站或網頁，而且會給這個網頁下一個名字，稱為「網頁標記」。超連結的方式有很多，有些卻是違法的，但到底違反什麼法律卻不是很清楚。另外，有時候網頁標記也可能會有違法問題。故本章將討論這兩種網頁製作上的問題。

第一節　網頁連結

　　網頁連結的問題，是網站設計者必須留意的問題。在網路上我們常常會連結他人的網站，可是在設計「超連結」時，必須留意「超連結的方式」，否則就會不小心觸法。

一、四種連結方式

```
          ┌── 超文字連結（hypertext reference）
          ├── 深層連結（deep link）
超連結 ────┤
          ├── 視框連結（frame link）
          └── 圖像連結（image link）
```

圖5-1　超連結種類

（一）超文字連結

　　所謂的超文字連結，就是一般的連結方式，也就是你點選該連結後，會完全取代原本的畫面，或跳出一個新視窗來，連結到新的畫面。這樣的連結方式最保險，最不會出問題，因為你只是連結到一個新的網站去，而且是一個新的視窗，與你原本在看的網站脫離關係，不會有混淆的狀況。

（二）深層連結

　　深層連結的意思是說，連結他人的網站，並沒有連結到該網站「首

頁」，而是直接連結到子網頁去。此時會有問題，通常一般的網站會在首頁刊登很多「廣告」和「訊息」，因為很多網站的營運收入是靠廣告維生。如果連結他人的子網頁，而不連結首頁，那麼對被連結的網站來說，看他們廣告的人變少了，他們賺錢的機會也少了。

　　不過以目前的運作來看，做深層連結似乎沒有觸法。尤其一般入口網站分為「網站」搜尋和「網頁」搜尋。網頁的搜尋、連結，就是所謂的深層連結。不過深層連結因為未進入他人首頁及進入其網站內部，有可能被認為侵害他人的「姓名表示權」（著作權法§16）。

入口網站 ─┬─ 網站搜尋、連結
　　　　　　└─ 網頁搜尋、連結（深層連結）

圖5-2　入口網站提供的連結方式

（三）視框連結

　　最有問題的就是視框連結了。所謂的視框連結，就是在設計網頁時，做「框架頁」的功能。例如，在網頁左邊是目錄，是不會變動的，上面則是標題，也是不會動的。而右邊則是內容。在點選目錄時，目錄不動，標題不動，右邊的內容卻會動。所謂的框架連結，就是在連結他人網站時，左邊的目錄還是自己的，上面的標題也是自己的，最重要的是，「網址」也是自己的，右邊的內容卻連結到其他人的網頁上。

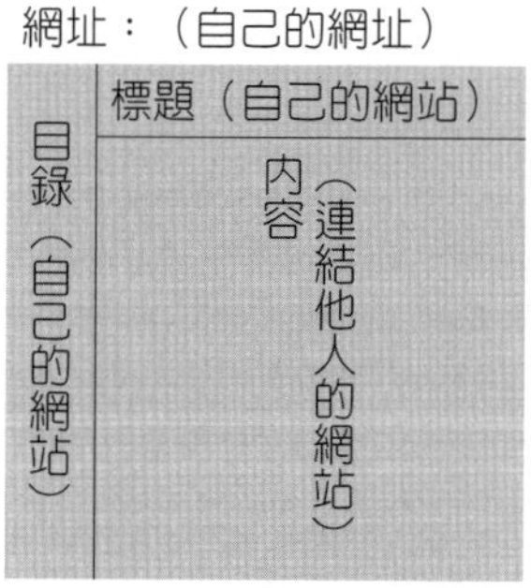

網址：（自己的網址）

目錄（自己的網站）	標題（自己的網站）
	內容（連結他人的網站）

圖5-3　視框連結

　　視框連結的問題在於，這種方式會讓網友以為他還在本網站上，而沒有連結到他人網站去。這樣做有故意利用他人網站的資源，當做自己網站內容的一部分。此種行為乃利用他人的網頁內容，讓他人誤以為是自己的網頁內容，可能構成公平交易法的不公平競爭行為。

　　另外，此種方式已違背了網頁設計者的原先設計，違反了「著作內容同一性」（著作權法§17）。

（四）圖像連結

　　圖像連結，則是透過某種網頁程式技術，將別人網頁上的圖片，連結到自己網頁上的圖片。也就是說，並沒有完全連結到他人的網頁，而只是利用他人的圖片。對使用者來說，根本看不出來有做連結。

　　這種圖像連結比視框連結更誇張，不連結他人的網頁，而直接連結他人的圖片，讓使用者以為是這個網站的圖片。這就是某些「貼圖區」會一直宣告「禁止盜連」的原因了。

圖5-4　圖像連結

　　未經他人同意及擷取他人網站內的圖像，有侵害他人之「重製權」與「公開傳輸權」。不過，如果擷取他人的圖像是在合理使用範圍內，就不違法。

二、法律責任整理

　　現將上述四種類型可能的法律責任整理如下。之所以是「可能」，因為目前台灣法院尚無具體案例。

表5-1　超連結法律責任

超連結方式	違　法	說　　明
超文字連結	無	
深層連結	無，或者著作權法第16條	一般入口網站都有使用到深層連結，似乎沒有觸法。不過深層連結因為未進入他人首頁及進入其網站內部，有可能被認為侵害他人的姓名表示權（著作權法§16）或同一性保持權（著作權法§17）。
視框連結	著作權法第22條或第17條公平交易法	一、此種方式已違背了網頁設計者的原先設計，違反了「著作內容同一性」（著作權法§17）。 二、此種行為乃利用他人的網頁內容，讓他人誤以為是自己的網頁內容，可能構成不公平競爭行為。
圖像連結	著作權法第22、26條之1	未經他人同意即擷取他人網站內的圖像，有侵害他人之重製權與公開傳輸權。但若符合合理使用，則不違法。

三、案例

統一超商案[1]

　　本案事實：被告積架公司利用超連結之技術將包含統一超商公司服務標章之網頁內容連結到積架公司，致積架公司之網頁內容與統一超商之網頁內容完全相同，而使人誤認如起訴書附表所示註冊登記之服務標章圖樣係網址登記者取得商標專用權，進而使消費者對該商標所表彰之商品或服務來源產生混淆誤認之餘；尤其是積架公司所申請登記之網域名稱為「7-eleven.com.tw」，與統一超商公司申請登記之網域名稱為「7-11.com.tw」幾乎相同，一般人豈能辨別其分屬不同登記者。

　　不過，本案檢察官乃是用「商標法」的刑事責任加以起訴。法院認為

1　台灣高等法院台中分院刑事判決90年度上易字第215號。

被告自己的網站上並沒有販售與統一商超所售物品相同或類似之物品，不構成商標法混淆的要件。又，本案中的視框連結並不是典型的視框連結，其雖然保留原網址，但是內容完全移到統一超商網站內，也就是畫面上只有統一超商網站的內容，沒有被告自己的網頁，只是網址才是被告的。這與一般的視框連結網頁，仍有部分是被告的而會造成混淆有所不同。法院因而判決被告無罪。

有關視框連結的法律問題，應該從是否違法著作權法或公平交易法來處理，但因為檢察官以商標法起訴而被駁回，所以目前尚不知道台灣法院的立場。

部落格超連結盜版音樂或電影

 ### 問題：對盜版網站提供超連結侵害公開傳輸權？

乙某明知「玩命快遞」等3部電影，均係美商廿世紀福斯影片股份有限公司等享有著作財產權之視聽著作物，未經前開享有著作財產權人之同意或授權，不得擅自以公開傳輸方法侵害他人之著作財產權。詎其基於幫助他人公開傳輸之犯意，自98年1月14日起，在其所申請之雅虎奇摩部落格內，張貼上開影片片名之超文字連結，使不特定人得以透過該超文字連結，連結前往置放有上開盜版電影之大陸地區網站，以觀看上開盜版電影，而侵害美商廿世紀福斯影片股份有限公司等之視聽著作財產權。因認被告涉犯著作權第92條之幫助擅自以公開傳輸之方法，侵害他人之著作財產權罪嫌云云。

（智慧財產法院刑事判決99年度刑智上訴字第61號刑事判決）

台灣現在很多部落格的站長，在製作網站上，會用超連結的方式，連結到他人的音樂或影片。這些音樂和影片是別人在網站上提供的，不是這個部落格的站長所上傳，部落格的站長只是用超連結的方式連結到自己的網頁。但是在台灣，很多地方法院判決，都認為只要在自己的部落格超連結到他人的盜版音樂或電影，也視同是自己在提供盜版音樂電影，而認為

屬侵害著作權的「公開傳輸權」。

　　所謂的公開傳輸，根據著作權法第3條第1項第10款的定義，「指以有線電、無線電之網路或其他通訊方法，藉聲音或影像向公眾提供或傳達著作內容，包括使公眾得於其各自選定之時間或地點，以上述方法接收著作內容。」而此所謂「向公眾提供或傳達著作內容」，包括以超連結的方式提供嗎？

　　在台灣法院判決中，已有判決認為提供盜版超連結已經構成直接侵犯公開傳輸權[2]。這些判決認為，提供超連結本身，就已經算是向公眾提供或傳達著作內容，而構成公開傳輸。不過，這幾份判決都是刑事簡易判決，可能是因為在刑事責任的壓力下，被告容易和檢察官達成認罪協商或同意進行簡易判決，而自己認罪。而既然被告同意認罪，法官就沒有仔細檢討超連結行為是否真的構成公開傳輸權。

　　但也有少數判決，法官認為提供盜版超連結並不構成公開傳輸[3]。法院之所以認為不構成公開傳輸，乃是引用智慧財產局的釋函，認為提供超連結並不是公開傳輸行為。智慧財產局的解釋上，做過兩個釋函。

　　一、所詢「在網站上提供電影或歌曲之下載連結處，並未於伺服器內存放任何可直接下載的檔案，讓會員直接存取」一節，如果明知他人網站內的著作是盜版作品或有侵害著作權之情事，而仍然透過鏈結的方式，提供予公眾，則有可能成為侵害著作財產權人公開傳輸權之共犯或幫助犯，由於著作權係私權，行為有無涉及侵權？應於發生爭議時，由司法機關依具體個案事實調查認定之，併予指明（經濟部智慧財產局95年12月13日電子郵件951213函釋）。

　　二、依著作權法規定，「公開傳輸」則是指以有線電、無線電之網路或其他通訊方法，藉聲音或影像向公眾提供或傳達著作內容，包括使公眾得於其各自選定之時間或地點，以上述方法接收著作內容。又所謂「向

2　例如，台灣彰化地方法院95年易字923號判決（2006/11/16）、台灣板橋地方法院96年簡字487號判決（2007/3/23）。

3　台灣台南地方法院刑事判決96年度簡上字第569號（2008/3/4），其推翻了台灣台南地方法院刑事簡易判決96年度簡字第2898號（2007/9/29）認為被告提供超連結行為已屬於侵害公開傳輸權的認定。另外，台灣台北地方法院刑事判決96年度易字第1749號（2008/6/30）則也認為，超連結本身並非公開傳輸行為。

公眾提供」，不以利用人有實際上之傳輸或接收之行為為必要，只要處於可得傳輸或接收之狀態，就構成「向公眾提供」。於個人網站上擺放網頁音樂播放器，提供歌曲音樂網址連結，供不特定人士線上串流試聽音樂之行為，如僅係將他人網站之網址轉貼於網頁上，藉由網站連結之方式，使其他人可透過該網站進入其他網站之行為，因未涉及「公開傳輸」他人著作，原則上不致於造成對他人公開傳輸權之侵害。不過仍應注意篩選連結的網站，如果明知他人網站內的著作是盜版作品或有侵害著作權之情事，而仍然透過連結的方式，提供予公眾，則有可能成為侵害公開傳輸權之共犯或幫助犯，將會有侵害著作權之危險，宜特別注意。至於個人網站提供音樂，供不特定人於線上聆聽，縱未提供他人下載，其已構成「公開傳輸」，屬於侵害他人之音樂、錄音著作之正犯，而須負著作權法第六、七章之民刑事責任（經濟智慧財產局96年6月25日電子郵件960625號函釋）[4]。

　　智慧局這兩份釋函，認為提供盜版超連結本身，並不是公開傳輸行為。只是在特定條件下，行為人明知該網站內容盜版，仍然提供超連結，則可能會和真正公開傳輸者構成共同正犯或幫助犯。但要構成共同正犯，必須有犯意聯絡和行為分擔；要構成幫助犯，也必須有幫助認識。

　　本書認為，提供超連結的人，並沒辦法控制被連結網頁的內容。真正侵害公開傳輸權的，是提供盜版內容網頁的管理者，而非提供超連結的人。我國法院在處理超連結問題時，似乎都未能正確地適用相關法律。目前為止，僅有台灣台南地方法院刑事判決96年度簡上字第569號判決、台灣台北地方法院刑事判決96年度易字第1749號，認為提供超連結並非直接構成公開傳輸，而僅可能為公開傳輸的幫助行為，其論理較為正確。

4　經濟部智慧財產局95年12月13日電子郵件951213函釋、經濟智慧財產局96年6月25日電子郵件960625號函釋。

判決閱讀

智慧財產法院99年度刑智上訴字第61號刑事判決（99/11/4）

（一）公訴意旨另略以：倪幸玉明知如附表所示「玩命快遞」等3部電影，均係財團法人臺灣著作權保護基金會會員美商廿世紀福斯影片股份有限公司等享有著作財產權之視聽著作物，未經前開享有著作財產權人之同意或授權，不得擅自以公開傳輸方法侵害他人之著作財產權。詎其基於幫助他人公開傳輸之犯意，自98年1月14日起，在其所申請之雅虎奇摩部落格（網址：//tw.myblog.yahoo.com/akina610）內，張貼上開影片片名之超文字連結，使不特人得以透過該超文字連結，連結前往置放有上開盜版電影之大陸地區網站，以觀看上開盜版電影，而侵害美商廿世紀福斯影片股份有限公司等之視聽著作財產權。因認被告倪幸玉涉犯著作權第92條之幫助擅自以公開傳輸之方法，侵害他人之著作財產權罪嫌云云。

（二）按犯罪事實應依證據認定之，無證據不得認定犯罪事實；不能證明被告犯罪者，應諭知無罪之判決，刑事訴訟法第154條第2項、第301條第1項分別定有明文。本件公訴意旨認為被告倪幸玉涉有著作權第92條之幫助擅自以公開傳輸之方法，侵害他人之著作財產權之犯行，係以卷附財團法人台灣著作權保護基金會鑑識報告1份、網頁資料28幀、雅虎奇摩帳號申設人資料、台灣固網股份有限公司書函各1份、上開影片著作財產人證明（網頁資料）3份為其所憑之論據。訊據被告倪幸玉則堅決否認其事，辯稱：本件公開傳輸之行為係由大陸地區不詳人士架設之56.com及Youkou網站所為，非屬中華民國領域內，架設該等網站及將上開影片置放於該網站之人是否中華民國人民，亦均屬不明，著作權法第92條非屬最輕本刑3年以上有期徒刑之罪，因此本件之正犯得否為我國刑罰權之處罰對象亦有疑義，基於幫助犯從屬性原則，被告自無成立幫助犯之餘地，又上開網站若有以公開傳輸之方法，侵害告訴人之著作，亦係於被告於部落格內為本件網頁單純指向之連結前即已完成，被告亦不可能就上開影片一一查知授權情形，難認被告主觀上有何侵害著作權之故意等語。

（三）經查：

1.被告確實有向雅虎公司申請奇摩網頁部落格，並製作「akina高雄趴

趴go～」（網址：//tw.myblog.yahoo.com/akina610），建立超連結至大陸地區不詳人士架設之56.com及Youku網網站，使不特定之人得進入其所設置之上開部落格，超連結至上開大陸網站免費觀賞如附表所示之影片；而如附表所示之影片，係美商廿世紀福斯影片股份有限公司、美商哥倫比亞影片股份有限公司享有著作權之視聽著作，根據民國82年7月16日簽署生效之「北美事務協調委員會與美國在臺協會著作權保護協定」及我國於91年1月1日加入世界貿易組織（WTO）後所簽署之「與貿易有關之智慧財產權協定」（TRIPS）之約定，依著作權法第4條第2款規定，均屬受我國著作權法保護之著作物，現仍於著作權存續期間內，且未經著作權人授權於網路上公開傳輸等情，為被告所不否認，核與證人即財團法人臺灣著作權保戶基金會調查專員江文博於警詢及原審審理中證述明確，並有財團法人臺灣著作權保戶基金會鑑識報告、被告部落格之網頁資料、影片著作財產權人證明之網頁資料各1份在卷可稽。是以，如附表所示之影片確受有我國著作權法之保護，而被告所申請設立之上開部落格，亦有置放上開電影連結，不特定人均可開啟該部落格，並點選該電影連結，而前往大陸地區之56.com或Youku網站欣賞上開影片。

2.惟本件被告是否構成犯罪，仍應審究其於網站僅提供網路語法連結，使不特定人於網際網路可自行點閱連結至系爭播放器，該特定人並可自行操作聆聽音樂著作之行為，是否屬於著作權法第92條公開傳輸此構成要件所涵攝之範圍：

(1)依據經濟部智慧財產局96年6月25日電子郵件960625號函文：「一、依著作權法規定，『公開傳輸』則是指以有線電、無線電之網路或其他通訊方法，藉聲音或影像向公眾提供或傳達著作內容，包括使公眾得於其各自選定之時間或地點，以上述方法接收著作內容。又所謂『向公眾提供』，不以利用人有實際上之傳輸或接收之行為為必要，只要處於可得傳輸或接收之狀態，就構成『向公眾提供』。二、於個人網站上擺放網頁音樂播放器，提供歌曲音樂網址連結，供不特定人士線上串流試聽音樂之行為，如僅係將他人網站之網址轉貼於網頁上，藉由網站連結之方式，使其他人可透過該網站進入其他網站之行為，因未涉及『公開傳輸』他人著作，原則上不致於造成對他人公開傳輸權之侵害。不過仍應注意篩選連結

的網站，如果明知他人網站內的著作是盜版作品或有侵害著作權之情事，而仍然透過連結的方式，提供予公眾，則有可能成為侵害公開傳輸權之共犯或幫助犯，將會有侵害著作權之危險，宜特別注意。至於個人網站提供音樂，供不特定人於線上聆聽，縱未提供他人下載，其已構成『公開傳輸』，屬於侵害他人之音樂、錄音著作之正犯，而須負著作權法第六、七章之民刑事責任。另您所提之『保密動作』，所指為何？尚不明確，如其仍可供特定之多數人上網聆聽，仍屬『公眾』之範疇，而屬『公開傳輸』之行為，仍須取得著作權人之授權，否則即屬非法侵害著作權。」查被告於其部落格僅係提供上開電影連結之網路語法連結，其部落格網站內並無視聽著作，以及相關著作內容，本院認為不該當「公開傳輸」之要件。

　　（略）

　　(3)查被告與本件侵害系爭著作財產權真正行為人，依據起訴意旨所提出之證據資料，無從認定為具有犯意聯絡及行為分擔之共同正犯。至於被告是否成立從犯部分，按刑法第七條規定：「本法於中華民國人民在中華民國領域外犯前二條以外之罪，而其最輕本刑為三年以上有期徒刑者，適用之。但依犯罪地之法律不罰者，不在此限。」。查上開網址末端區域碼以及本案侵害著作財產權之電影播放電腦程式，均不在中華民國領域內，且著作權法第92條非最輕本刑為3年以上有期徒刑之罪；再者，製作上開電影播放電腦程式並將之置放於網際網路，致不特定人得以使用之提供者，是否屬於本國人民，其是否於中華民國領域內製作並提供電腦程式，均屬不明，且檢察官就此亦未舉證證明。是以，本案正犯得否屬於我國刑法權之處罰對象，正犯係何人，亦皆有疑義，本於幫助犯從屬性原則，被告自無由另行成立幫助犯。

　　(4)檢察官雖主張：被告在自己部落格上提供盜版電影之超連結，就行為面觀察，它有助於瀏覽其部落格內容之不特定人（下稱利用人），使利用人點擊超連結後，連結到影片視窗，觀看盜版電影。但利用人觀看盜版電影之行為，是完成大陸地區該不詳人民公開傳輸著作之目的，不會構成公開傳輸行為。若利用人進一步下載，則會構成重製罪，但不會構成公開傳輸罪，除非利用人再進一步將影片提供於網路等向公眾提供著作，否則不會構成公開傳輸，而此顯非被告提供連結之認知範圍。結論：被告並

不會對利用人從事公開傳輸犯行直接助力。且就行為結果面觀察，係盜版影片（著作）因不特定人之利用「被告所提供之超連結」而助長盜版影片在網站被他人接收著作內容。足見被告所幫助之正犯是在56.com及Youku網網站置放（公開傳輸）盜版電影（著作）之大陸地區不詳人民。又按「本法於中華民國人民在中華民國領域外犯前二條以外之罪，而其最輕本刑為三年以上有期徒刑者，適用之。但依犯罪地之法律不罰者，不在此限。」刑法第7條定有明文。參酌最高法院71年度台上字第8219號刑事判例意旨，及最高法院90年度台上字第705號、89年度台非字第94號之法律意見，均見中華民國人民大陸地區犯罪，仍是在中華民國領域內犯罪，而無刑法第7條之適用。本件被告之幫助公開傳輸犯行之實施行為地在台灣地區，而正犯之犯罪行為地在大陸地區，至於犯罪結果之發生地則大陸、台灣二地都有，依刑法第4條規定「犯罪之行為或結果，有一在中華民國領域內者，為在中華民國領域內犯罪。」本案是在中華民國領域內犯罪，我國法院對被告之犯行有管轄權等語。然查，在被告之部落格網頁之電影連結處按鍵點押者，並非被告，而係其他瀏覽被告部落格網頁之第三人，是被告於其部落格網頁提供上開電影之網路連結時，該播放器之視聽著作顯然尚未傳輸至我國領域內，即無犯罪結果發生可言。況查，被告所幫助之人為進入其部落格並點選連結之人，並非於56.com及Youku網置放盜版影片之人，而何人進入被告部落格並點選連結，且是否有人進入被告部落格並點選連結，檢察官亦均未提出證據以資證明。故檢察官上開主張就此所指，仍非可取。

第二節　匯集侵權影片網址之軟體或數位機上盒

從上面討論可知，法院認為，提供侵權內容超連結的人有無侵權，要看提供連結的人是否知道該內容本身侵權。如果很明顯提供連結的人知道所連結到的網頁是侵權的，也會構成侵權。而2019年4月，著作權法修法，將匯集整理各種侵權網頁的網址並提供連結的人，明確規定也是一種違法行為。

　　近年來出現各式新興之數位侵權型態，提供民眾便捷管道至網站收視非法影音內容，例如：部分機上盒透過內建或預設的電腦程式專門提供使用者可連結至侵權網站，收視非法影音內容；或是於網路平臺上架可連結非法影音內容的APP應用程式，提供民眾透過平板電腦、手機等裝置下載後，進一步瀏覽非法影音內容。此類機上盒或APP應用程式業者常以明示或暗示使用者可影音看到飽、終身免費、不必再付有線電視月租費等廣告文字號召、誘使或煽惑使用者利用該電腦程式連結至侵權網站，並收取廣告費、月租費或銷售利益之行為，已嚴重損害著作財產權人之合法權益，進而影響影音產業與相關內容產業之健全發展，應視同惡性重大之侵權行為而予以約束規範。

　　立法院於2019年4月通過修法，於著作權法第87條第1項增訂第8款：「有下列情形之一者，除本法另有規定外，視為侵害著作權或製版權：……八、明知他人公開播送或公開傳輸之著作侵害著作財產權，意圖供公眾透過網路接觸該等著作，有下列情形之一而受有利益者：

　　（一）提供公眾使用匯集該等著作網路位址之電腦程式。

　　（二）指導、協助或預設路徑供公眾使用前目之電腦程式。

　　（三）製造、輸入或銷售載有第一目之電腦程式之設備或器材。

　　前項第七款、第八款之行為人，採取廣告或其他積極措施，教唆、誘使、煽惑、說服公眾利用者，為具備該款之意圖。

　　前項第七款、第八款之行為人，採取廣告或其他積極措施，教唆、誘使、煽惑、說服公眾利用電腦程式或其他技術侵害著作財產權者，為具備該款之意圖。」

　　且違反此條將有刑事責任。著作權法第93條規定：「有下列情形之一者，處二年以下有期徒刑、拘役，或科或併科新臺幣五十萬元以下罰金：……四、違反第八十七條第一項第七款或第八款規定者。」

第三節　網頁標記

一、定義

　　所謂的Meta tag，就是「網頁標記」。在寫網頁時，每一個網頁，都會有一個「名字」，這就是所謂的「網頁標記」。一般的網路瀏覽器上面會顯示網址，而畫面下端則會顯示「網頁標記」。

　　而入口網站的搜尋引擎，往往可以透過搜尋「網頁標記」來找到相關的網頁。例如，當你想要搜尋「資訊法律」的網頁，只要鍵入關鍵字，入口網站的搜尋引擎就會搜索所有「網頁標記」中有「資訊法律」的網頁。

二、違法態樣

 問題：使用「網頁標記」會有什麼違法態樣呢？

　　有些人為了讓自己的網頁較容易被搜索到，在網頁標記寫上一些有名的詞彙，卻跟網頁內容無關。透過這樣的方式，能夠讓其被搜索到的機會增加，這種行為是否會違法？

　　或有認為可能違反商標法。傳統在判斷商標權有無被侵害上主要是判斷兩商標是否近似並構成混淆；但網路標記並未顯現在網頁上，如何判斷其近似性？消費者沒看到如何致生混淆？

 案例：網際萬客隆購物網站案

　　實務上曾認為此種行為違反公平交易法第24條。公平交易委員會曾經認定，宇江資訊有限公司以「網際萬客隆購物網站」作為其「電腦原文書專賣區」網頁的網路標記，雖整體觀之，網路使用者尚不至對系爭網頁服務來源產生混淆，但網路使用者以「萬客隆」作為搜尋字串搜尋時，搜索引擎會自動將前述屬於宇江公司網頁標記的「網際萬客隆購

物網站」列為搜尋結果，致網路使用者於最初看見此網站時，可能誤認是萬客隆公司所經營的購物網站而點選進入。此舉顯係就萬客隆公司所建立之商譽，增加系爭網頁被列為搜尋結果之機率及網頁被擊中之次數，增加招攬廣告或交易機會，以達詐取他人努力之成果，構成公平交易法第24條「顯失公平之不公平競爭手段」[5]。

行政院公平交易委員會處分書（89）公處字第090號

（略）

理由

一、關於系爭「電腦原文書專賣區」網頁上之「INTERNET MAKRO」及「網際萬客隆購物網站」等表示，涉有違反公平交易法第20條第1項第2款規定乙節：

（一）按公平交易法第20條第1項第2款規定，事業就其所提供之商品或服務，不得有以相關事業或消費者所普遍認知之他人姓名、商號或公司名稱、標章或其他表示他人營業、服務之表徵，為相同或類似之使用，致與他人營業或服務之設施或活動混淆者。所謂混淆，係指對服務之來源有誤認誤信而言。

（二）查萬客隆公司為經營超大型百貨服務，在全省大都市均設有超大型百貨倉儲，且定期大量印製大篇幅海報、透過報章廣告宣傳促銷。經濟部智慧財產局及本會皆認定萬客隆公司所有之「萬客隆」及「MAKRO」商標及服務標章，為相關事業或消費者所普遍認知之表徵。

（三）萬客隆公司為經營超大型百貨服務之事業，其有提供書籍銷售服務，而被處分人為經營銷售電腦相關軟硬體設施之事業，並售有電腦書籍，故萬客隆公司與被處分人為銷售書籍之同業競爭者，且萬客隆公司已於八十九年一月一日成立網站〈定址為：http://www.makrotw.com.tw〉。查系爭「電腦原文書專賣區」網頁，上端為「INTERNET MAKRO」及「網際萬客隆購物網站」等表示，餘為有關電腦原文書書名及價格之資

---

5 行政院公平交易委員會處分書（89）公處字第090號；蔡淑美《企業網路經營法律實戰》，頁82-83，永然文化，2002年6月。

訊；整體觀之，系爭「INTERNET MAKRO」及「網際萬客隆購物網站」等表示，應係表彰該網頁主題。次查「MAKRO」，雖「多在我國為相關事業及消費者所普遍認知之表徵，惟「MAKRO」乙字在德語中，意指「大」、「多」、「宏觀」，故「MAKRO」不僅為萬客隆公司之公司名稱、商標及服務標章，其亦為普通名詞，故「MAKRO」乙字，是否表彰商品或服務來源，須視具體情況而定。如「INTERNET MAKRO'」或「MAKRO'S INTERNET」，系爭「MAKRO」表示，並非普通名詞而係語法中之所有格形式，故其當表彰商品或服務來源。惟「INTERNET MAKRO」表示，系爭「MAKRO」表示，僅係普通名詞使用方式，故尚難遽認系爭「INTERNET MAKRO」係表示萬客隆公司所經營之網站或與萬客隆公司有關係之事業所經營之網站。換言之，被處分人為「INTERNET MAKRO」表示，意旨網路之包羅萬象，而「MAKRO」在此僅為普通名詞之使用方式，尚不具有識別力或次要意義之特徵，其無法表彰服務來源，使相關事業或消費者用以區別不同之服務。故尚難認被處分人系爭「INTERNET MAKRO」之表示，係以相關事業或消費者所普遍認知之萬客隆公司所有「MA KRO」服務標章，為相同或類似之使用。惟中文「萬客隆」乙詞，尚非一普通名詞，而係萬客隆公司特創之「MAKRO」音譯，且「萬客隆」為該公司之公司名稱、商標及服務標章。換言之，「萬客隆」尚非普通名詞，其為萬客隆公司之公司名稱、商標及服務標章，且亦為相關事業或消費者所普遍認知之表彰，而「網際萬客隆購物網站」意指萬客隆公司（惟此不必然限於萬客隆股份有限公司，尚可指其他公司名稱或行號之特取名稱為萬客隆之公司或行號，如萬客隆塑膠股份有限公司、萬客隆家具行等）所經營之網際購物網站或與萬客隆公司有關係之事業所經營之網際購物網站。故被處分人系爭「網際萬客隆購物網站」表示，係無正當理由以相關事業或消費者所普遍認知之他人表徵，為相同或類似之使用。

　　（四）惟整體觀之系爭「電腦原文書專賣區」網頁，被處分人已於系爭網頁上明顯表示「本公司將陸續增加供應超低價電腦原文書以饗讀者，歡迎參觀選購如果您要本公司代購任何原文書，請您利用服務信箱與本公司聯絡本公司報價已含運費」、「郵政劃撥帳號：31238863，戶

名：陳建志」及「宇江資訊有限公司」，且陳建志君為被處分人之負責人，故所稱「本公司」應係指被處分人，而非係萬客隆公司；又系爭網頁定址為「http://www.imakro.com/shopping/books」，顯見被處分人之網域名稱為「imakro.com」並非係「makro.com」，故尚不致使相關事業或消費者對系爭服務來源產生混淆。換言之，被處分人雖以「網際萬客隆購物網站」之表示作為系爭「電腦原文書專賣區」網頁標題，惟整體觀看係爭網頁，即可知系爭網頁所稱本公司為「宇江資訊有限公司」尚非係指「萬客隆股份有限公司」，又係爭網域名稱係「imakro.com」並非係「makro.com」，故系爭網頁尚無使相關事業或消費者誤認系爭服務來源為萬客隆公司所提供。故被處分人以「網際萬客隆購物網站」表示作為網頁標題，尚不致使相關事業或消費者認識系爭網頁為萬客隆公司所提供之服務，核無公平交易法第20條第1項第2款之情事。

二、關於被處分人以「網際萬客隆購物網站」表示，作為網頁之標題標籤（TITLE TAG），涉有違反公平交易法第24條規定乙節：

（一）公平交易法第24條規定：「除本法另有規定者外，事業亦不得為其他足以影響交易秩序之欺罔或顯失公平之行為。」

（二）按網路使用者利用搜尋引擎搜尋特定網站或網頁時，僅需鍵入搜尋字串或關鍵字（即搜尋資料的相關詞彙），搜尋引擎即自動搜詢，並列出搜尋結果。惟搜尋結果清單僅顯示出相關網站或網頁之標題標籤（即TITLE TAG，其係以 HYPERTEXT MARKUP LANGUAGE，超文件標示語言，寫成，下稱TITLE TAG），有些搜尋網站還會顯示相關網站或網頁之簡介或網址，以被處分人「電腦原文書專賣區」網頁為例，系爭網頁 TITLE TAG 為「網際萬客隆購物網站」，故各搜尋網站清單上即顯示「網際萬客隆購物網站」超鏈結。而網路使用者僅能先以搜尋結果清單上所顯示之相關網站或網頁TITLE TAG、簡介或網址，初步判斷該等網站或網頁，是否為其所要找尋之資料檔，再將游標移置該網站或網頁超鏈結，點選進入。

（三）網站或網頁不單可提供資訊，其還可刊登廣告及提供電子交易服務。網站或網頁被擊中次數（HIT）越高，表示瀏覽器向網路伺服器要求下載之檔案數越高（每一個被閱讀的檔案，都算一次擊中次數），則

網路使用者瀏覽該網站或網頁次數就越高,該網站站主即可索取較多廣告刊登費用,且倘系爭網站或網頁尚有提供交易資訊或電子交易服務,則其交易機會自然增加。換言之,搜尋結果清單所顯示之網站或網頁TITLE TAG、簡介或網址,係網路使用者用以決定是否點選進入該網站或網頁之判斷依據,倘網站或網頁被擊中,則表示網路使用者已進入瀏覽系爭網站或網頁,網站站主即可收取較高廣告費用或增加與網路使用者達成交易決定之機會,故網站或網頁TITLE TAG、簡介或網址如何表示其內容,係網路使用者決定是否瀏覽該網站或網頁之判斷依據。倘事業無正當理由以相關事業或消費者所普遍認知之他人表徵,為相同或類似之使用,作為其網站或網頁TITLE TAG,以增加網站或網頁被擊中次數,則其行為涉有不公平競爭之情事。

（四）「萬客隆」既為相關事業或消費者所普遍認知之表徵,且「萬客隆」乙詞並非係普通名詞,而被處分人卻無正當理由以「網際萬客隆購物網站」作為系爭「電腦原文書專賣區」網頁TITLE TAG,雖整體觀之系爭網頁,網路使用者尚不至對系爭網頁服務來源產生混淆,然網路使用者以「萬客隆」作為搜尋字串搜尋時,搜尋引擎會自動將被處分人系爭「電腦原文書專賣區」網頁之TITLE TAG,即「網際萬客隆購物網站」,列為搜尋結果,故當網路使用者最初看見「網際萬客隆購物網站」或「網際萬客隆購物網」超鏈結時,可能認為係萬客隆公司所經營之網際購物網站,進而點選進入。換言之,被處分人以「網際萬客隆購物網站」作為「電腦原文書專賣區」網頁之TITLE TAG,顯藉萬客隆公司所建立之商譽,增加系爭網頁被列為搜尋結果之機率及網頁被擊中之次數（HIT）。故被處分人以「網際萬客隆購物網站」作為「電腦原文書專賣區」網頁之TITLE TAG,顯係攀附萬客隆公司商譽,增加交易機會,以達榨取他人努力成果之情事,核有足以影響交易秩序之顯失公平情事,違反公平交易法第24條規定。

三、綜上,被處分人核已違反公平交易法第24條規定;經審酌違法行為動機、目的、預期不當利益、對交易秩序危害程度及持續期間、所得利益、事業規模及經營狀況、市場地位、以往違法情形及違法後態度等因素,爰依同法第41條前段規定處分如主文。

第六章　網域名稱

　　架設一個網站，一定要申請一個網址。每個網站都會有一個位置，也就是IP位置（internet protocol address），例如140.112.155.126就是所謂的IP位置。但是一般IP位置都是一串數字，專供電腦判讀，一般人不易記憶，所以就發展出「網域名稱」（domain name），例如「www.wunan.com.tw」就是一個網域名稱。透過網域名稱伺服器（Domain Name System, DNS），將網域名稱對應到IP位置。所以，一般上網輸入網址後，電腦自動連結對應的IP位置，尋找網頁。

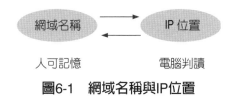

圖6-1　網域名稱與IP位置

　　網域名稱該向誰申請呢？如果發生爭議，又該由誰來解決呢？

第一節　網域名稱管理

一、非政府機構管理

　　全球的網域名稱分配，乃是由1998年成立的「網際網路名稱與號碼分配組織」（Internet Corporation for Assigned Names and Numbers，簡稱為ICANN）管理的。其是一個私人非營利性的組織，負責全球網域名稱的分配與管理。

　　台灣則是分配網址最後面為tw的位置，管理機構是「財團法人台灣網路資訊中心」（Taiwan Network Information Center，簡稱為TWNIC）。其公布了一個管理辦法，以便申請網域名稱。

二、契約原則

網域名稱的問題，是以「契約」的方式，由申請人和TWNIC之間訂立契約關係。原則上若註冊人與TWNIC之間發生爭議，是由契約的相關法律來做處理。不過，若涉及網域名稱的爭奪戰，涉及到第三人時，也可以透過其他法律解決，包括公平交易法。

三、網域名稱的申請

網域名稱的申請採取的原則，乃是「先申請、先發給」或「先到先選」原則（first come, first served）。

但因為採取這樣的原則，就引發了很多網域名稱「搶註冊」的問題，也就是一般所說的「網路蟑螂」（cyber squatter）。例如，有些人會在剛開放網域名稱申請時，就把很多朗朗上口的、有名的英文字，統統去申請註冊登記。等到其他公司想要發展自己的網站去註冊時，才發現公司名稱已經被人先註冊了。此時，這些大公司只好花大錢去向網路蟑螂買回自己的網域名稱。

四、網域名稱的類型

網域名稱通常最左邊是www（world wide web），即全球資訊網。從右到左依序為「頂級網域名稱」、「第二層網域名稱」及「第三層網域名稱」。如以www.wunan.com.tw為例，tw指的是區域位址台灣，com指的是公司，而wunan則是公司名稱五南。

（一）國　家

最右邊的，是頂級網域名稱，也就是區域簡稱，為國家代碼。例如台灣為.tw，日本為.jp，香港為.hk，中國為.cn。而由於美國是最早發展網路的，所以美國網址不須加上.us，例如www.amazon.com指的就是美國網址。

表6-1　頂級網域名稱

台灣	.tw
日本	.jp
香港	.hk
中國	.cn
美國	省略

（二）網站屬性

第二層則為類別通稱，也就是指網站的「屬性」。分別是：

「.com.tw」和「商業.tw」指的是公司

「.gov.tw」和「政府.tw」指的是政府機構

「.edu.tw」和「教育.tw」指的是教育機構

「.net.tw」和「網路.tw」指的是網路服務者

「.org.tw」和「組織.tw」指的是財團法人、社團法人、基金會等

「.idv.tw」指的是個人

後來則開放七個第二層網域名稱：

「.biz.tw」指的是商業用途

「.name.tw」指的是個人申請之姓名

「.info.tw」指的是資訊

「.pro.tw」指的是專業機構

「.coop.tw」指的是合作機構

「.aera.tw」指的是航空界

「.museum.tw」指的是博物館

目前，相較於上述「屬性型」網域名稱，也有所謂的「泛用型」網域名稱，就是直接跳過.com或.gov等「屬性」部分直接註冊，如：www.yahoo.tw。

（三）第三層網域名稱

第三層網域名稱就是真正所申請的獨特名字，例如蕃薯藤是yam，雅

虎是yahoo等等。這一層級的網域名稱屬於自己設計的部分，也是最容易
發生爭議的部分。

（四）中文網域名稱

現在，也可以開放中文的網域名稱，第二層和第三層網域名稱都可以
用中文，所以可以註冊「雅虎.商業.tw」這種網址。

第二節　相關法律

一、商標法

商標法規定，對於已經註冊的商標，他人拿去當做網域名稱使用，或
者用近似的拼字方法註冊為網域名稱，都被「視為」侵害商標權。至於沒
有註冊的著名標章或是公司名稱，則需要透過公平交易法來保護。

第70條規定：「未得商標權人同意，有下列情形之一者，視為侵害
商標權：

一、明知為他人著名之註冊商標而使用相同或近似之商標或以該著名
商標中之文字作為自己公司名稱、商號名聲、網域名稱或其他表彰營業主
體或來源之標識，致減損著名商標之識別性或信譽者。

二、明知為他人之註冊商標，而以該商標中之文字作為自己公司名
稱，網域名稱或其他表彰營業主體或來源之標識，致商品或服務相關消費
者混淆誤認者。」

例如，非麥當勞關係企業或未經麥當勞公司授權，網站使用包括
「麥當勞.商業.tw」為網域名稱，可能讓網路使用者誤認為與麥當勞有
關。另外，故意以類似他人商標之拼音或寫法而登記網域名稱，例如：
m-ms.com.tw，使人誤以為是「mm巧克力」公司之網站。

二、公平交易法

公平交易法第22條針對的是對沒有註冊為商標的「著名」商號的保

護。一個公司或企業雖然沒有註冊為商標，可是卻很有名，其他人若以這些有名的姓名、商號、公司名稱等去註冊網域名稱，而造成混淆，就會被處罰。

（一）公平交易法第22條

第1項規定：「事業就其營業所提供之商品或服務，不得有下列行為：

一、以著名之他人姓名、商號或公司名稱、商標、商品容器、包裝、外觀或其他顯示他人商品之表徵，於同一或類似之商品，為相同或近似之使用，致與他人商品混淆，或販賣、運送、輸出或輸入使用該項表徵之商品者。

二、以著名之他人姓名、商號或公司名稱、標章或其他表示他人營業、服務之表徵，於同一或類似之服務為相同或近似之使用，致與他人營業或服務之設施或活動混淆者。」

台灣的法院即曾經判決認為，網域名稱即屬於公平交易法第22條所定的表示網域所有人營業、服務之「表徵」[1]。而且，法院認為就算是「不類似」的使用，也被禁止。

（二）公平交易法第25條

另外，公平交易法第25條是一個概括規定，如果第21～24條都不適用時，也可以用第25條來處罰不公平的競爭行為。不過，台灣法院曾經判決認為，如果前面已經有條文可以使用，就不需要再用第25條，因為第25條是一個補充性的概括規定[2]。

公平交易法第25條規定：「除本法另有規定者外，事業亦不得為其他足以影響交易秩序之欺罔或顯失公平之行為。」

此外，公平交易委員會認為下列情形屬「反向網域名稱爭奪」行為，如投訴至公平會，將會予以駁回：

1　台灣台中地方法院89年度訴字第3399號判決。
2　台灣台北地方法院90年度國貿字第16號判決。

1. 事實上商標及服務標章並沒有影響到網域名稱的註冊即使用，或者影響
層面屬於正常的商業競爭。
2. 被投訴人註冊使用該網域名稱並非出於惡意，而投訴人利用行政程序解
決的目的，只是為了要不合理地剝奪被投訴人的網域名稱。
3. 事實上投訴人已經建立自己的網站，同時在被投訴人的網域名稱註冊以
前，已經註冊了完全不同的網域名稱。
4. 引起爭議的網域名稱註冊時，請求保護的商標還沒有在本國註冊沒有經
過任何主管機關認定為著名的商標。

三、案例

台灣雅虎案[3]

（一）事　實

　　台灣雅虎電子商務股份有限公司向台灣網路資訊中心註冊「雅虎.商
業.台灣」、「台灣雅虎.商業.台灣」、「台灣雅虎電子商務.商業.台
灣」、「Yahoomall.com.tw」、「Yahoogroup.com.tw」及「Yahoocafe.
com.tw」網域名稱，因而被正宗的美商雅虎公司提出告訴，認為其有刻意
誤導、混淆正宗雅虎的意圖。

台灣台中地方法院民事判決89年度訴字第3399號（2000/12/28）

　　原　告　美商雅虎公司即YAHOO!INC.
　　被　告　台灣雅虎電子商務股份有限公司
　　（略）
　　理　由
　　一、原告主張：（一）原告係舉世聞名之網際網路媒體公司，首創
「Yahoo」及「雅虎」等名稱，其網路業務迄今已拓展至電子郵件、廣
告、電子商品、通訊，直效行銷等廣泛領域，且有九種語言、十八個不同

3　台灣台中地方法院89年訴字第3399號民事判決。

版本之網站，並為原告創造可觀之網路廣告收益。唯因原告知名度甚高，而使「Yahoo」及「雅虎」多次遭不肖商人在台搶先申請商標或服務標章註冊，幸蒙前經濟部中央標準局（現為「經濟部智慧財產局」）以原告及創辦人楊致遠廣受國內外報章雜誌報導，且全球電腦網際網路資訊發達，網路使用者以千萬計，上開「Yahoo」、「雅虎」應為消費大眾所知悉，而撤銷多起商標及服務標章之註冊，故「Yahoo」及「雅虎」已屬中華民國境內之著名標章。（二）被告明知「Yahoo」及「雅虎」等名稱係原告首創，而為原告之營業及服務表徵，欲攀附原告之商譽，擅以「雅虎」及「Yahoo」作為公司名稱特取部分申請設立「台灣雅虎行銷股份有限公司」，並登記公司英文名稱為「Yahoomall (Taiwan) Corporation」，且於原告申請假處分制止後，更變更公司名稱為「台灣雅虎行銷股份有限公司」，並繼續使用上開英文名稱。被告並使用「www.yahoomall. com.tw」、「shopping@yahoomall. com.tw」、「www.yahoogroup.com. tw」、「www. yahoocafe.com.tw」等網域名稱及電子郵箱地址，並向台灣網路資訊中心登記上開英文網域名稱及「雅虎.商業.台灣」、「台灣雅虎.商業.台灣」、「台灣雅虎電子商務.商業.台灣」等中文網域名稱，且在對外文宣、網際網路大量使用「Yahoogroup」、「雅虎」、「雅虎集團」、「台灣雅虎企業集團」及「台灣雅虎集團服務網」、「Email: yahoo.play@msa.hinet.net」、「www.yahoo.play.com.tw」、「台灣雅虎數位生活網站」、「台灣雅虎數位生活股份有限公司」等名稱。為此依公平交易法第30條、第20條第1項第2款、第24條請求除去侵害及防止侵害。

　　二、按事業就其營業所提供之商品或服務，不得以相關事業或消費者所普遍認知之他人姓名、商號或公司名稱、標章或其他表示他人營業、服務之表徵，為相同或類似之使用，致與他人營業或服務之設施或活動混淆；事業亦不得為其他足以影響交易秩序之欺罔或顯失公平之行為。事業違反本法之規定，致侵害他人權益者，被害人得請求除去之；有侵害之虞者，並得請求防止之。公平交易法第20條第1項第2款、第24條、第30條分別定有明文。被告台灣雅虎電子商務股份有限公司（公司英文名稱Yahoomall (Taiwan) Corporation），以「雅虎」、「Yahoo」、「Yahoomall」及「Yahoogroup」為其公司中、英文名稱之特取部分，

並使用「雅虎」、「Yahoo」、「Yahoomall」及「Yahoogroup」等字樣為其中、英文網域名稱及電子郵箱地址之特取部分，並向台灣網路資訊中心登記「雅虎.商業.台灣」、「台灣雅虎.商業.台灣」、「台灣雅虎電子商務.商業.台灣」、「Yahoomall.com.tw」、「Yahoogroup.com.tw」及「Yahoocafe.com.tw」等網域名稱，業據原告提出被告公司基本資料查詢表、被告公司宣傳資料、搜尋引擎網頁資料、名片、電子郵件、英文信函等證據為證，且為被告所不否認，是原告此部分之主張堪認為真正。是本件所應審究者，係被告台灣雅虎電子商務股份有限公司使用原告公司之「雅虎」、「Yahoo」或其他近似之名稱是否違反公平交易法之規定，原告進而可禁止被告使用上開名稱？

　　三、按：

　　（一）公平交易法第20條所稱之「表徵」，係指某項具識別力或次要意義之特徵，其得以表彰商品或服務來源，使相關大眾用以區別不同之商品或服務；所謂識別力，指某項特徵特別顯著，使相關事業或消費者見諸該特徵，即得認定其表彰商品或服務為某特定事業所產製或提供（「行政院公平交易委員會處理公平交易法第20條原則」第四點參照，下稱處理原則）。凡：1.姓名；2.商號或公司名稱；3.商標；4.標章；5.經特殊設計，具識別力之商品容器、包裝、外觀均為本法第20條之表徵（處理原則第八點參照）。判斷表徵是否為相關事業或消費者所普遍認知，應綜合審酌下列事項：1.以該表徵為訴求之廣告量是否足使相關事業或消費者對該表徵產生印象。2.具有該表徵之商品或服務於市場之行銷期間是否足使相關事業或消費者對該表徵產生印象。3.具有該表徵之商品或服務於市場之銷售量是否足使相關事業或消費者對該表徵產生印象。4.具有該表徵之商品或服務於市場之占有率是否足使相關事業或消費者對該表徵產生印象。5.具有該表徵之商品或服務是否經媒體廣泛報導足使相關事業或消費者對該表徵產生印象。6.具有該表徵之商品或服務之品質及口碑。7.當事人就該表徵之商品或服務提供具有科學性、公正性及客觀性之市場調查資料。8.相關主管機關之見解（處理原則第十點參照）。判斷是否造成第20條所稱之混淆，應審酌下列事項：1.普通知識經驗之相關事業或消費者，其注意力之高低。2.商品或服務之特性、差異化、價格等對注意力之影響。

3.表徵之知名度、企業規模及企業形象等。4.表徵是否具有獨特之創意。審酌表徵是否為相同或類似之使用，應本客觀事實，依下列原則判斷之：1.具有普通知識經驗之相關事業或消費者施以普通注意之原則。2.通體觀察及比較主要部分原則。3.異時異地隔離觀察原則。

　　（二）次按公平交易法第20條、第24條侵害他人表徵之規定，其立法意旨在遏止仿冒等不公平之競爭，以維交易秩序。公司法第18條：「公司不得使用與同類業務公司相同或類似名稱」、「公司名稱標明不同業務種類者，其公司名稱視為不相同或不類似」等規定，並未涉及不公平競爭之概念，故公司使用與他人公司相同或類似之名稱，縱未違反公司法之規定，倘所設立在先之公司名稱已為相關大眾所共知時，足以產生混淆或發生攀附名聲或引人錯誤聯想之情事，仍不得以未違反公司法為由，排除公平交易法之適用。又網際網路世界須以網域名稱（Domain Name）作為類似門牌地址（address）之識別碼，因網際網路上之個人、公司行號、政府機關網站難以計數，網路使用者即須藉網域名稱連結特定之網站。倘特定網域所有者選定「特定名稱」，表彰其事業或活動之屬性，以使網路使用者因其公司名稱、商標、服務標章而對網域名稱發生聯想，即有利於網路使用者進入其網站，進而增加交易機會或其他商業利益。因此，事業在網際網路世界使用公司名稱或網站名稱為其網域名稱，即有指引網路使用者以識別其商品或服務之功能，此在商業性質之網站或購物網站尤然，故網域名稱自屬公平交易法第20條所定之表示網域所有人營業、服務之表徵。從而，倘他人之公司名稱、網頁名稱、網域名稱等表彰商品或服務之表徵已為相關事業或消費者所共知，而其他事業就其營業所提供之商品或服務使用相同或類似之名稱，足與他人商品或服務混淆，被害人依公平交易法第30條、第20條之規定請求除去其侵害或防止，即無不合。

　　四、經查：

　　（一）原告公司創辦人楊致遠自1994年創設國際網際網路資訊檢索網站，以電腦軟體作為搜尋引擎，將網際網路各類資訊加以編排、連結，並於同年6月間以外文「Yahoo」為網站名稱，網域名稱（Domain Name）則命名為「www.yahoo.com」，其後並以之作為公司名稱之特取部分，復於美國等世界多國申請註冊。且原告除陸續在日本、加拿大等國設立分

公司外，並於1998年5月4日設立「雅虎中文」網站（網域名稱「chinese.yahoo.com」）、1999年1月28日設立「雅虎台灣」（網域名稱「www.yahoo.com.tw」）、「雅虎香港」（網域名稱「www.yahoo.com.hk」）等網站，1999年9月24日設立「雅虎中國」網站（網域名稱「www.yahoo.com.cn」），有原告提出之原告公司內部資料、搜尋網站網頁資料及相關報章雜誌報導可徵。足證「Yahoo」及「雅虎」等文字係原告公司自1994年起使用作為公司名稱之特取部分、網站名稱、網域名稱，具有識別力，足以表彰原告之營業或服務，自屬公平交易法第20條之表徵。

（二）原告公司設立上開以「Yahoo」為名之網站後，經營成功，幾經國內外報章廣泛宣傳報導，我國報章雜誌於1996年5月楊致遠來台訪問時，亦以大篇幅顯著報導，且全球網際網路資訊發達，使用網路之消費者以千萬計，該「Yahoo」標章自為國內消費者所熟知，有原告提出之經濟部中央標準局中台異字第861116號服務標章異議審定書及第870153號商標異議審定書可按。又「雅虎」為原告公司「Yahoo」標章之中文譯音，原告公司在華人世界均同時使用「Yahoo」及「雅虎」之中、英文文字，作為公司名稱之特取部分、網站名稱、網域名稱，而其設立之「雅虎台灣」網站（網站英文名稱同為「Yahoo！」）上網人數，在1999年2月份即達到0000000人次，其中來自台灣之網路使用者達47.11%，其後每年迅速增加，至2000年5月份已達到00000000人次，其中來自台灣之網路使用者達53.66%，又來自台灣之網路使用者瀏覽上開「雅虎中文」、「雅虎香港」、「雅虎中國」（網站英文名稱均為「Yahoo！」）及英文「Yahoo」網站之網頁者，亦非少數，此有原告提出之統計資料可按，參以我國網際網路科技發展迅速、使用普及、年齡及職業分布廣泛，且近年來媒體相關報導有增無減，況網際網路資訊難以計數，內容廣泛，網路使用者常須仰賴網路搜尋引擎以檢索資料，進而連結至相關網站，故設有網際網路資訊檢索系統之網站自易為網路使用者熟知。原告設立以「Yahoo」及「雅虎」為名之網際網路資訊檢索網站，已在全球網際網路市場享有極高知名度，且為華文世界深受歡迎之搜尋引擎，故綜合參酌主管機關經濟部智慧財產局（前身經濟部中央標準局）之見解、媒體所為關於原告公司之報導，暨原告公司在網際網路世界已享盛譽、網路市場消

費者使用習慣及我國網路市場發展現況等一切情事，自足認原告公司之「Yahoo」及「雅虎」均屬相關事業及消費大眾所共知之著名表徵。

（三）被告台灣雅虎電子商務股份有限公司以「雅虎」、「Yahoo」、「Yahoomall」及「Yahoogroup」為其公司中、英文名稱之特取部分，並使用「雅虎」、「Yahoo」、「Yahoomall」及「Yahoogroup」等字樣為其中、英文網域名稱及電子郵箱地址之特取部分，並向台灣網路資訊中心登記「Yahoomall.com.tw」、「Yahoogroup.com.tw」及「Yahoocafe.com.tw」、「雅虎.商業.台灣」、「台灣雅虎.商業.台灣」、「台灣雅虎電子商務.商業.台灣」等網域名稱，已如前述。而上開文字，係使用原告用於公司名稱、網站名稱及網域名稱之「Yahoo」及「雅虎」等營業表徵，無論通體觀察、比較主要部分、或異時異地隔離觀察，或以具有普通知識經驗之相關事業或消費者普通注意之程度判斷，均屬相同或類似於原告公司上開表徵之使用。又被告台灣雅虎電子商務股份有限公司係於所從事之電子商務、行銷、廣告等業務上使用上開表徵，惟原告公司既屬網際網路市場具有高知名度及相當規模之事業，以僅具普通知識經驗之相關事業或消費者之注意力，因被告公司提供之商品或服務特性同藉網際網路或相關市場為宣傳，因而攀附原告之商譽，減少廣告費用、獲得交易上之優勢，甚或誤導大眾認為二造間有密切關係，進而產生混淆，影響交易秩序，或剝奪原告公司在網際網路所為電子商務（e-commerce）、行銷、廣告等業務擴展之空間。此由原告提出之被告公司說明書，載明：「電子商務在流通業上的發展』、『雅虎及亞馬遜在網路行銷通路上的成功……」、「加盟台灣雅虎是創業的最佳捷徑……在台灣雅虎我們已建立成熟的電子商務機制，而透過與國內各大入門網站，台灣雅虎有最便捷之方式幫助你介入電子商務之無線商機」等語，暨網路使用者致原告之電子郵件，載明：「我是住在台中的學生，最近在找打工時發現一家『台灣雅虎行銷股份有限公司』www.yahoomall.com.tw，不知道與貴公司是否有任何關聯性？」、「Yahoomall是貴公司最新的電子商務公司嗎？」、「今日前往一家『台灣雅虎行銷股份有限公司』應徵，該公司欲從事電子商務，但感覺上類似老鼠會，且打著Yahoo關係企業之名號，請問是否與貴公司有關？」、「日前於台中市廣三百貨公司外，接受『台灣雅虎公司』

的問卷調查,想請問貴公司除了在網頁上作使用者調查外,有否與其他公司合作另做調查及贈獎活動」、「……本人想問的是這家雅虎行銷公司聲稱是為貴公司的分支,以強調該公司的可信度,但是今天此公司的做法,可信度大打折扣,想問　貴公司是否有和這家公司合作,因為時間緊迫,希能於近日收到回應」等內容,益足徵之。

　　(四)綜上,被告以「雅虎」、「Yahoomall」為其公司中、英文名稱之特取部分,並以「雅虎」、「Yahoo」、「Yahoomall」及「Yahoogroup」等字樣為其中、英文網域名稱及電子郵箱地址之特取部分,向台灣網路資訊中心登記「雅虎.商業.台灣」、「台灣雅虎.商業.台灣」、「台灣雅虎電子商務.商業.台灣」、「Yahoomall.com.tw」、「Yahoogroup.com.tw」及「Yahoocafe.com.tw」等網域名稱,違反公平交易法第20條第1項第2款「事業不得以相關事業或消費者所普遍認知之他人公司名稱、標章或其他表示他人營業、服務之表徵,為相同或類似之使用,致與他人營業或服務之設施或活動混淆」之規定,原告本於同法第30條之規定主張排除侵害,請求判決如主文第一、二、三項所示,為有理由,應予准許。

(二)判　決

　　台灣雅虎公司違反公平交易法第21條,應該向TWNIC取消註冊「雅虎.商業.台灣」、「台灣雅虎.商業.台灣」、「台灣雅虎電子商務.商業.台灣」、「Yahoomall.com.tw」、「Yahoogroup.com.tw」及「Yahoo-cafe.com.tw」網域名稱之登記。

第三節　TWNIC網域名稱爭議處理辦法

　　在台灣發生網域名稱爭議時,由註冊機關TWNIC規定了解決爭議的辦法,當事人可依據該辦法,向「資訊工業策進會科技法律中心」或「台北律師公會」這兩個單位提出申訴。TWNIC本身則不介入爭議處理。

一、流程

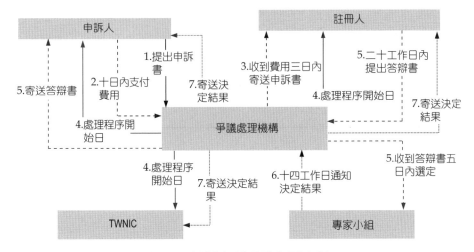

圖6-2　網域名稱爭議處理流程

二、申訴

（一）可提出申訴的三種理由

　　爭議處理辦法第5條第1項規定，有三種理由可以對網域名稱提出申訴：

　　「一、網域名稱與申訴人之商標、標章、姓名、事業名稱或其他標識相同或近似而產生混淆者。

　　二、註冊人就其網域名稱無權利或正當利益。

　　三、註冊人惡意註冊或使用網域名稱。」

　　而第5條第2項規定，認定前三款事由時，應參酌雙方當事人所提出之證據及其他一切資料。

（二）有無權利或正當利益

在判斷註冊人是否對該網域名稱有權利或正當利益上，必須參酌：

「一、註冊人在收到第三人或爭議處理機構通知有關該網域名稱之爭議前，已以善意使用或可證明已準備使用該網域名稱或與其相當之名稱，銷售商品或提供服務。

二、註冊人使用該網域名稱，已為一般大眾所熟知。

三、註冊人為合法、非商業或正當之使用，而未以混淆、誤導消費者或減損商標、標章、姓名、事業名稱或其他標識之方式，獲取商業利益者。」

（三）是否惡意註冊或使用

在判決是否惡意註冊或使用網域名稱時，得參酌下列各款情形：

「一、註冊人註冊或取得該網域名稱之主要目的是藉由出售、出租網域名稱或其他方式，自申訴人或其競爭者獲取超過該網域名稱註冊所需相關費用之利益。

二、註冊人註冊該網域名稱，係以妨礙申訴人使用該商標、標章、姓名、事業名稱或其他標識註冊網域名稱為目的。

三、註冊人註冊該網域名稱之主要目的，係為妨礙競爭者之商業活動。

四、註冊人為營利之目的，意圖與申訴人之商標、標章、姓名、事業名稱或其他標識產生混淆，引誘、誤導網路使用者瀏覽註冊人之網站或其他線上位址。」

三、爭議處理機制的選擇

爭議處理辦法第10條規定：「本辦法之規定，不妨礙當事人向法院提出有關網域名稱之訴訟。」

因為這條規定，所以當事人除了利用TWNIC的爭議處理程序之外，還可以到公平會提出檢舉，也可以到一般的法院訴訟。而法院在審理相關案件時，即曾經明白表示不受爭議處理辦法的約束，甚至也不受公平會的

處理原則。請參見下述nba案。

```
                    ┌── 透過爭議處理程序申訴
        爭議處理 ───┼── 向公平會檢舉
                    └── 向法院起訴
```

圖6-3　網域名稱爭議救濟途徑

四、案例──nba案[4]

（一）事　實

　　在台灣，最有名的網域名稱案例，就是www.nba.com.tw案。NBA是大家所熟悉的美國職業籃球，也就是美國national basketball association的簡稱。台灣有一個人，做了一個「網路書店聯盟」（network bookstore alliance，簡稱「網書聯」）的網站，其英文縮寫也是nba，因此在網際網路剛開始運作時，就去註冊了www.nba.com.tw這個網址，而且也有在營運。美國職籃雖然本身只是個協會，但也授權某些公司進行販賣職籃周邊商品的業務。某個賣NBA周邊產品的公司「美商NBA產物股份有限公司」想註冊www.nba.com.tw這個網址，卻發現早就被註冊走了。該家公司原本想向「網書聯」網站購買這個網址，但「網書聯」卻不願意賣這個網址。後來該公司只好提出告訴，希望透過訴訟取得這個網址。

（二）被告抗辯理由

　　「網書聯」認為，每個國家都可以有自己的國家籃球協會、國家書籍協會等等，這些協會的英文縮寫都是nba，我們不應該為了美國的NBA就特別把nba這個縮寫留給美國人。而且，「網書聯」在經營這個網站，並沒有販賣籃球相關商品的意圖。被告認為，若以「網域名稱爭議處理辦法」第5條規定，「網書聯」的縮寫也是nba，其早就開始經營該網站，且

4　台灣台北地方法院民事判決90年度國貿字第16號（2002/2/21），台灣高等法院民事判決91年度國貿上字第4號（2002/11/5）。

根本不想把網址賣給美國公司來看，應該具有正當利益，且並非惡意。而原告未採用「網域名稱爭議處理程序」，而直接向法院提起訴訟，就是因為其知道若用該程序不會勝訴。

（三）法院判決

　　但法院卻判決網書聯敗訴。其認為，nba是一種著名的表徵，可以適用公平交易法第20條（現行第22條）。雖然網書聯的使用和NBA籃球一點關係都沒有，不構成第20條所規定的「相同或類似之使用」，但法院認為第20條禁止範圍包括「不類似」的使用。最後，法院認為或許網書聯沒有違反「網域名稱爭議處理辦法」第5條的規定，認為其不需要理睬「網域名稱爭議處理辦法」，因為該辦法並不是國家制定的法律。總之，法院最後判決網書聯敗訴，不可以再使用www.nba.com.tw這個網址。

（四）思　考

　　若根據「網域名稱爭議處理辦法」或公平交易委員會所認定的「反向網域名稱爭奪」，原告大概都會輸，故只好跳過這兩個機制，直接向法院起訴。但是，如果網域名稱的管理交給非政府組織，為何法院可以不理睬該單位的「網域名稱爭議處理機制」呢？既然當初為了鼓勵網路發展，採取所謂的「先來先選」原則，怎可到後來又不予尊重呢？

台灣高等法院民事判決91年度國貿上字第4號（2002/11/5）

　　上　訴　人（被告）　　陳建志即網書聯
　　上　訴　人（被告）　　銓文電腦排版有限公司
　　理　　由
　　（略）
　　二、本件被上訴人主張：伊乃美國職業籃球各球隊之執行總公司，以「NBA」及原判決如附表一所示圖樣等標誌，經營美國職籃各球隊之籃球比賽，並由其負責宣傳、策畫、執行及發送，且多面化發展業務，開發書籍、運動器材、服飾、帽帶等多樣化商品，廣泛行銷各消費市場。於我國境內，被上訴人自七十五年開始，亦已以「NBA」及如原判決附表

一所示圖樣等標誌，取得多數商標及服務標章之註冊登記，指定使用於不同商品和營業種類，至今皆在有效期限內或申請延展註冊期間中，而「NBA」字樣，更已足為公平交易法上所稱之表徵。詎上訴人銓文公司利用財團法人台灣網路資訊中心，對網域名稱無實質審查規範，採「先占登記」之特性，搶先註冊「www.nba.com.tw」為網域名稱，並在網頁上打著「NBA」名號，招募股東，意圖出售系爭網域名稱。此事於八十九年間，為被上訴人所知悉，未避免被上訴人商譽及NBA籃球比賽在廣大球迷心目中之形象遭到破壞，故被上訴人於同年四月一日，致函上訴人銓文公司，請求其立即停止使用該網域名稱對外募集資金，並辦理註銷該網域名稱。惟於磋商期間，上訴人銓文公司復將系爭網域名稱移轉與上訴人陳建志，冀圖在形式上切斷上訴人銓文公司於網站上高價出售「NBA」網域名稱之惡意。基於上訴人使用系爭網域名稱，致與被上訴人營業或服務之活動混淆，違反公平交易法第20條第1項第2款之規定；且上訴人使用系爭網域名稱，剝奪被上訴人使用消費者原已熟悉之名稱、標章及企業表徵進入電子商務之機會。並藉被上訴人商譽，增加其網站被列為搜尋結果之機率及網頁被瀏覽之機會，造成「NBA」表彰被上訴人營業及服務之識別力的淡化、減弱，違反公平交易法第24條之規定，是依據公平交易法第30條之規定，請求如原判決主文第一、二項所示；並依同法第34條之規定，請求如原判決主文第三項所示之判決等語。

　　三、上訴人則以：眾所周知之「NBA」名稱，係指美國職業籃球協會（National Basketball Association），非指被上訴人美商NBA產物股份有限公司；且被上訴人於我國雖有商標註冊在案，但若按一般人之通念，仍非屬著名企業名稱，何況是形成一般大眾所知悉，並可謂其是國內著名之企業表徵及標章。而商標係為表彰商品來源的標識；網址名稱則為網路上的通訊地址，二者性質上有差異；且網址名稱與商標權間，規範性質有別，非謂商標權之取得，即當然取得該當網址名稱之使用權。上訴人陳建志所享有「nba」網址名稱，應無違反公平交易法第20條第1項第2款之情事；上訴人陳建志所享有「nba」網址，係作為網路書店入口網站使用，並於網站首頁上，明白表示本網站係獨立經營且與任何公司無涉，猶更於網站首頁上為「network bookstore alliance」、「網路書店聯盟」之顯示，

依一般人之認知，絕無與被上訴人表彰同一或類似的商品或服務之可能；另nba三字，亦僅為網書聯英文之縮寫，與被上訴人相同僅出於巧合；又就系爭網域名稱之使用，既係作為網路書店入口網站之使用，與被上訴人所為公司營業登記項目相較，應無具有相互競爭狀況之可言，並不適用公平交易法第20條第1項第2款。上訴人陳建志對系爭網域名稱之使用狀態，對於被上訴人所營業項目相較，本質上，在在均無存有相互競爭行為之可能。上訴人陳建志亦無該當公平交易法第24條之「欺罔」或「顯失公平行為」要件；另系爭網域名稱之使用，亦「無襲用他人著名之商品或服務表徵」、亦「無積極攀附他人商譽之情事」；況上訴人陳建志所成立之網書聯工作時資本額僅為二十萬元，未能與被上訴人之跨國企業之「市場力」相抗衡，能否適用公平交易法，亦有疑問。網域名稱註冊後具有一定之排他性，上訴人網書聯個人工作室以其創意建構網站，並先於被上訴人註冊系爭網域名稱之正當利益，應予保護。上訴人陳建志亦無違反「網域名稱爭議處理辦法」第5條規定之情形。又縱被上訴人欲於我國從事電子商務，亦不一定要利用系爭網域名稱；上訴人並無阻礙被上訴人進入電子商務市場之意圖。且上訴人銓文電腦排版有限公司，並非系爭網域名稱之使用者，被上訴人以銓文電腦排版有限公司為被告，亦屬無據。而被上訴人就原判決請求登載新聞紙之頭版，有違編輯自由原則等語。資為抗辯。

四、本件被上訴人主張其以「NBA」及如原判決附表一所示圖樣，於我國取得十餘項服務標章、商標專用權，現仍於權利有效期間內，或刻正申請延展中；而上訴人銓文公司前向財團法人台灣網路資訊中心登記，取得「www.nba.com.tw」網域名稱使用權利，嗣又將該權利移轉與上訴人陳建志，是前述網域名稱，現由上訴人陳建志所登記使用，並經被上訴人委由律師函請上訴人停止使用系爭網域名稱等事實，業據其提出服務標章註冊證、商標註冊證、財團法人台灣網路資訊中心「www.nba.com.tw」網域名稱登記資料、理律法律事務所函等為證，並為上訴人所不爭執，堪信為真實。惟上訴人則否認其就系爭網域名稱之使用，有違反公平交易法之情事，並以前揭情詞置辯。茲就兩造之主張及抗辯，何者為可取，分述於次：

（一）就公平交易法第20條第1項第2款部分：

1.按公平交易法第20條第1項第2款規定：「事業就其營業所提供之商品或服務，不得有下列行為：以相關事業或消費者所普遍認知之他人姓名、商號或公司名稱、標章或其他表示他人營業、服務之表徵，為相同或類似之使用，致與他人營業或服務之設施或活動混淆者。」。又「本法第20條所稱表徵，係指某項具識別力或次要意義之特徵，其得以表彰商品或服務來源，使相關事業或消費者用以區別不同之商品或服務。前項所稱識別力，指某項特徵特別顯著，使相關事業或消費者見諸該特徵，即得認知其表彰該商品或服務為某特定事業所產製或提供。第一項所稱次要意義，指某項原本不具識別力之特徵，因長期繼續使用，使相關事業或消費者認知並將之與商品或服務來源產生聯想，該特徵因而產生具區別商品或服務來源之另一意義。」（行政院公平交易委員會處理公平交易法第20條原則四參照），故事業就其營業所提供之服務，不得以相關事業或消費者所普遍認知之他人商標、標章等，為相同或類似之使用行為，致與他人營業或服務之設施或活動相混淆，至為顯然。

2.依據被上訴人所提出，卷附AC Nielsen 1998年針對亞洲十八個城市七到十八歲男孩和女孩進行的市場調查顯示，籃球是台灣青少年最喜愛玩的運動、最喜愛觀看的運動，其中超過八成受訪者聽過「NBA」，其中十三到十八歲男孩高達98%比例，女孩超過96%比例聽過「NBA」；且根據DMB&B 1995年11月至1996年4月針對全球四十四個國家十五到十八歲青少年進行之調查，其對「NBA」品牌認識達76%，台灣地區則為90%，亦有該報告在卷可稽；另卷附經濟部智慧財產局中台異字第800758號、第820498號商標審定書、中台評字第830356號商標評定書，亦屢次提及「NBA」為被上訴人公司首先使用於節目製播及衣著等商品之標章，除於世界多國獲准註冊外，並於我國取得註冊、NBA 表彰之籃球節目除在全世界電視網播出外，迭在我國三大電視公司播出，業具相當知名度，為國內一般消費者所熟知、及NBA 籃球賽早已風靡我國，商標信譽已為國內消費大眾所知悉，以上均足證被上訴人所取得之「NBA」標章及商標，早已為我國相關消費者所普遍認知，且具有識別力足以表彰服務、商標之來源等情，有被上訴人所提出之亞洲新新人類研究、被上訴人商標及標章註冊登記資料、經濟部中央標準局中台評字第830356號商標評定書

等可稽。則揆諸前揭說明，被上訴人主張「NBA」為公平交易法第20條第1項第2款所稱之表徵，足堪信為真實。且縱如上訴人所稱一般人周知之「NBA」係指美國職業籃球協會而非被上訴人，惟公平交易法所保護之表徵，僅須相關交易對象見到系爭表徵時，有相當人數會將其與被上訴人所提供之特定商品、營業或服務產生聯想即為已足，而不必確知被上訴人之確實主體或名稱，故上訴人辯稱消費者所認識者係美國職業籃球協會而非被上訴人，「NBA」字樣並非表徵云云，自無足採。

3.上訴人陳建志自認其係以系爭網域名稱從事網路書店聯盟之網路服務，並提出網書聯網站首頁為證，而被上訴人以「NBA」字樣所取得服務標章之範圍，亦包括「書籍之零售」，有經濟部智慧財產局第00000000號服務標章註冊證在卷可稽，則上訴人陳建志自係使用「www.nba.com.tw」此一與被上訴人所有之「NBA」表徵相同之網域名稱，從事與被上訴人以該表徵所提供之服務之相類服務，而此一使用之結果，勢將使消費者混淆被上訴人及上訴人陳建志所提供之服務。從而，被上訴人主張上訴人於網際網路上，使用被上訴人所有之表徵，致使消費者混淆服務提供者，違反公平交易法第20條第1項第2款之事實，尚非無據。

4.再公平交易法第20條所稱相同或類似之使用，相同係指文字、圖形、記號、商品容器、包裝、形狀、或其聯合式之外觀、排列、設色完全相同而言；類似則指因襲主要部分，使相關事業或消費者於購買時施以普通注意猶有混同誤認之虞者而言（行政院公平交易委員會處理公平交易法第20條原則五參照），是公平交易法第20條第1項第2款之規定，係指不得為相同或類似之使用行為而言，並不以相同或類似之商品或服務為限，故縱認被上訴人以「NBA」表徵所從事之業務範圍中，係以提供運動競賽、娛樂資訊為主，而難及於書籍販售，依據前述之說明，上訴人陳建志以該表徵從事網路服務，亦違反公平法第20條第1項第2款之規定。

5.又公平交易法第20條所稱混淆，係指對商品或服務之來源有誤認誤信而言（行政院公平交易委員會處理公平交易法第20條原則六參照），上訴人銓文公司於被上訴人提起本件訴訟時，雖已非系爭網域名稱之使用人，然查上訴人銓文公司於取得系爭網域名稱後，曾利用系爭網域名稱刊登廣告，提供網頁閱覽者參加其所將成立之其他公司，以販賣系爭網域名

稱獲利之機會，亦有被上訴人提出之網頁內容影本在卷可稽，是上訴人銓文公司曾利用被上訴人所有之「NBA」表徵提供服務，招募股東，縱其服務之內容與被上訴人之業務範圍無涉，亦足使消費者對服務之來源產生混淆，至為顯然。從而，被上訴人主張上訴人銓文公司曾違反公平交易法第20條第1項第2款之規定，自屬有據。

　　6.判斷是否造成公平交易法第20條所稱之混淆，應審酌具普通知識經驗之相關事業或消費者，其注意力之高低、商品或服務之特性，差異化，價格等對注意力之影響、表徵之知名度、企業規模及企業形象等、表徵是否具有獨特之創意等項（行政院公平交易委員會處理公平交易法第20條原則十一參照）。上訴人雖復辯稱其使用「NBA」字樣作為網域名稱，純屬巧合，並無混淆之意圖；且被上訴人亦得以其他網域名稱進入電子商務市場，上訴人並無阻礙被上訴人權利云云，然上訴人系爭網域名稱招募股東之網頁上表示「如果你是熱愛nba的球迷」、「nba的二九個球隊……你最喜歡的球員」……等語，揆諸前揭說明，客觀上足生混淆之結果，灼然可見，從而，上訴人前述所辯，並無可取。

　　7.末按「事業違反本法之規定，致侵害他人權益者，被害人得請求除去之；有侵害之虞者，並得請求防止之。」「被害人依本法之規定，向法院起訴時，得請求由侵害人負擔費用，將判決書內容登載新聞紙。」公平交易法第30條、第34條分別定有明文。本件上訴人陳建志既違反公平交易法第20條第1項第2款之規定，則被上訴人依據前述法條請求除去、並預為防止侵害如原判決主文第1、2項所示，即有所據；上訴人銓文公司既曾違反公平交易法第20條第1項第2款之規定，已如前述，且核以若上訴人陳建志依原判決主文第2項履行後，上訴人銓文公司得再隨時搶占登記系爭或類似網域名稱之事實，則被上訴人主張有預為防止上訴人銓文公司侵害其表徵，請求如原判決主文第一項所示，自有理由。至請求上訴人將判決書登報部分，則符合前述公平交易法第34條之規定，亦屬有據。

　　（二）就公平交易法第24條部分：

　　1.按公平交易法第24條「除本法另有規定者外，事業亦不得為其他足以影響交易秩序之欺罔或顯失公平之行為」之規定，係不公平競爭行為之概括規定，而此項規定之重點在於禁止事業有「足以影響交易秩序」之

「欺罔或顯失公平」之行為。而是否足以影響交易秩序，則應以其行為是否妨礙事業相互間自由競爭，及是否足使交易相對人因而作對行為人有利之選擇作為判斷原則。

2.被上訴人主張上訴人就該系爭網域名稱註冊使用，致誤導消費者原已熟悉之名稱、標章及企業表徵，剝奪消費者進入被上訴人電子商務之機會；並藉以增加其網站被列為搜尋結果之機率及網頁被瀏覽之機會；並造成「NBA」表彰被上訴人營業及服務之識別力的淡化、減弱，並違反公平交易法第24條之規定等語，經查本件上訴人使用「NBA」之英文名稱，用於系爭網域名稱上，招募股東之網頁上表示「如果你是熱愛nba的球迷」、「nba的二九個球隊……你最喜歡的球員」……等語，客觀上足生混淆之結果，有如前述，是其行為有使相當數量之相對人（包括消費者及競爭對手）在重要事項上有受到誤導之虞。是上訴人以被上訴人之表徵「NBA」為其網域名稱，應屬積極行為之高度抄襲，並有意引人誤認與被攀附者間有某種關係，其有欺罔及顯失公平之情事，有違公平交易法第二十四條之規定，至為明顯，被上訴人之主張，非無可取。

3.原判決認本件上訴人之行為，已違反公平交易法第20條第1項第2款之規定，不應再適用同法第24條加以論斷，無適用公平交易法第24條之餘地，蓋公平交易法第24條為不公平競爭之一般規定，而公平交易法第20條，則為特別規定，彼此間係為法條競合關係云云，但我國判例究採法條競合說或請求權競合說，尚未儘一致。為求符合立法意旨及平衡當事人之利益起見，對於本件情形，應認為債權人得就其有利之法律基礎為主張。是本件被上訴人主張上訴人除違反公平交易法第20條第1項第2款外，同時違反同法第24條之規定，自有可取，原判決認無適用公平交易法第24條之餘地，尚有未洽。

（三）上訴人雖辯稱：「nba」係為其英文字彙「network bookstore alliance」（網路書店聯盟）之縮寫，非必然指向被上訴人，其他英文縮寫之「nba」，例：「（美）破產法（National Bankruptcy Act）」或「（美）全國律師協會（National Bar Association）」之英文名稱縮寫，列舉不盡云云。惟按公平交易法第20條所稱相同或類似之使用，相同係指文字、圖形、記號、商品容器、包裝、形狀、或其聯合式之外觀、排列、

設色完全相同而言；類似則指因襲主要部分，使相關事業或消費者於購買時施以普通注意猶有混同誤認之虞者而言。而判斷表徵之考量因素包括1.文字、圖形、記號、商品容器、包裝、形狀、或其聯合式特別顯著，足以使相關事業或消費者據以認識其為表彰商品或服務之標誌，並藉以與他人之商品或服務相辨別。2.文字、圖形、記號、商品容器、包裝、形狀、或其聯合式本身未特別顯著，然因相當時間之使用，足使相關事業或消費者認知並將之與商品或服務來源產生聯想。例如：姓名、商號或公司名稱、商標、標章、經特殊設計，具識別力之商品容器、包裝、外觀、及原不具識別力之商品容器、包裝、外觀，因長期間繼續使用，取得次要意義者。至於商品慣用之形狀、容器、包裝；商品普通之說明文字、內容或顏色；具實用或技術機能之功能性形狀；商品之內部構造；營業或服務之慣用名稱等，則不具表彰商品或來源之功能，非公平交易法20條所稱之表徵（行政院公平交易委員會處理公平交易法第20條原則五、七、八、九參照），「nba」之文字或圖形，不論為商標或標章，其所表徵者，足以使相關事業或消費者據以認識其為表彰商品或服務之標誌，雖其「nba」係由英文字母所排列組成，或為英文全名之縮寫，但其既經被上訴人合法取得商標等專用權（表徵），並因相當時間之使用，足使相關事業或消費者認知並將之與商品或服務來源產生聯想，自與一般所謂英文字母所排列組成，或為英文全名之縮寫有別，否則，人人皆得以任何文字之組成或縮寫為藉口，達成仿冒之實，是上訴人之所辯，並無可取。

　　（四）上訴人雖又辯稱：網址名稱僅是網際網路上之一個電子地址，非表彰商品或服務。對於商標專用權人，積極地以商標專用權排除他人登記網址名稱，等於「搶劫」網址名稱，世界各國就網址名稱採「先占登記特性」，因此，商標專用權並不可當然拘束網址名稱之使用。上訴人使用系爭網域名稱之行為，並不違反「網域名稱爭議處理辦法」第五條之規定云云，然按財團法人台灣網路資訊中心網域名稱爭議處理辦法第五條，有關申訴之要件與處理原則規定，申訴人得以註冊人之網域名稱註冊具有與申訴人之商標、標章、姓名、事業名稱或其他標識相同或近似而產生混淆者，依本辦法向爭議處理機構提出申訴，是本件上訴人以被上訴人前揭「nba」之商標、標章，為其網域名稱，致產生混淆之結果，有如

前述。且網域名稱不僅為一個電子地址，並為表彰商品或服務之表徵。是網域名稱之註冊雖採先申請先發給原則（網域名稱之註冊辦法第6條參照），但仍不得以他人之商標、標章、姓名、事業名稱或其他標識相同或近似而產生混淆者，為其網域名稱，否則，對於商標專用權人，積極排除他人登記網址名稱，若等於「搶劫」網址名稱，則搶先登記者，豈非等於「搶劫」他人之商標、標章、姓名、事業名稱或其他標識之專用權，是故，財團法人台灣網路資訊中心網域名稱爭議處理辦法第10條特別規定，本辦法之規定，不妨礙當事人向法院提出有關該網域名稱之訴訟，網域名稱之註冊管理辦法第15條第2項，亦為相同之規定，蓋註冊管理機關對網域名稱之登記，並無事先審查之義務或制度，對網域名稱之爭議，並採取中立原則（爭議處理辦法第12條參照），自非先登記即當然取得使用之權利，上訴人之抗辯，並無可取。

PART 2

電腦程式

第七章　電腦程式的著作權保護

　　一般所謂的軟體，在法律上我們稱之為電腦程式。電腦程式雖然比較是科技的產物，不太像是傳統的著作，但是由於其程式碼類似文字，而且在數位化之後，其複製的方式又和一般著作複製的方式相同，故最早主要是以著作權法來保護電腦程式。本章即探討著作權法中，對電腦程序保護的相關規定與議題，包括電腦軟體重製、販售和軟體抄襲等問題。

第一節　著作權保護

　　電腦程式是1970年代以後才漸漸有的東西，所以一開始並不知道要用什麼法律保護。有人認為該用專利法保護，有人認為該用著作權法保護。美國國會在1976年決定用著作權法保護。而台灣也學習美國，原則上用著作權法保護。根據我國著作權法規定，電腦程式，算是著作權法上的一種著作（著作權法§5）。

　　用著作權法來保護電腦程式，可能是因為程式也像是一行一行的文字，比較接近傳統著作，所以決定用著作權法保護。

第二節　電腦程式的重製

　　電腦程式的重製有兩種，一種是就原本未安裝的檔案進行重製，例如就軟體光碟燒錄一份做備份，英文叫做copy。另一種重製就是在電腦上進行「安裝」，英文叫做install。兩者都是重製。

電腦程式的重製 ─┬─原版光碟重製（copy）
　　　　　　　　 └─在電腦上進行安裝（install）

圖7-1　電腦程式的兩種重製

一、禁止重製

　　既然電腦程式（軟體）受到著作權法保護，那麼未經著作權人授權，就不得任意重製電腦程式。根據著作權法第22條，在未經著作權人的同意前，不得重製他人的電腦程式。而且，這個禁止重製，包括安裝。所以如果買了一個電腦程式的光碟，卻只獲得授權在自己電腦裡安裝，則不得拿到別人的電腦裡進行安裝。

二、暫時性重製

　　著作權法第22條第3項規定，「暫時性重製」不會受到禁止。所謂的暫時性重製，就是「專為網路合法中繼性傳輸，或合法使用著作，屬技術操作過程中必要之過度性、附帶性而不具獨立經濟意義之暫時性重製」。但是，針對電腦程式的暫時性重製，卻特別規定仍然受到禁止。

圖7-2　重製允許與限制

　　之所以禁止電腦程式的暫時性重製，是因為有一些網路上的電腦程式，可以暫時下載供使用來修復電腦運作上的一些小問題。在執行這些網路上的電腦程式時，只有暫時性地存在「暫存區」（RAM）中，並沒有直接存檔或永久安裝下來。當執行完這些網路小程式、把電腦運作的問題解決後，就可以關機，而這些網路程式並不會被存檔下來，所以這完全符合所謂的暫時性重製。但如果允許這種暫時性重製，那麼就沒有人會花錢買這些網路程式了。為了保護這些網路電腦程式，特別規定電腦程式的暫時性重製，仍是受到禁止的。

三、為了備份而重製

　　自己買了一片電腦光碟回來，難道完全不能備份或重製嗎？

根據著作權法第59條規定：「合法電腦程式著作重製物之所有人得因配合其所使用機器之需要，修改其程式，或因備用存檔之需要重製其程式。但限於該所有人自行使用。

前項所有人因滅失以外之事由，喪失原重製物之所有權者，除經著作財產權人同意外，應將其修改或重製之程式銷燬之。」為了備用存檔之需要，可以重製其程式，但限於該所有人自行使用。例如，不可將電腦程式的備份借給同學安裝。

而且，如果是因為「滅失」以外之事由（例如原版軟體賣給他人、送給他人，或是替客戶裝機測試時忘記取出而把原版給客人），喪失原電腦程式重製物之所有者，除經著作財產權人同意外，還必須將其重製之程式「銷燬」。

四、以盜版軟體作為營業工具

著作權法第87條，是「視為侵害著作財產權」的規定。其中，第五種情形為「侵害電腦程式著作財產權之重製物作為營業之使用」。製造盜版軟體或安裝盜版軟體的人會觸法，但使用盜版軟體的人未必會觸法（其可能是購買他人已經安裝好盜版軟體的電腦）。這條即規定，用盜版軟體（侵害電腦程式著作財產權之重製物）作為營業用途者，「視為」侵害著作權。

五、軟體類型

雖然說原則上電腦程式未經過授權不可以任意重製，不過網路上倒是有很多軟體都免費讓人下載安裝。為何如此呢？以下將軟體做簡單的分類：

1. **商用套裝軟體**：指一般必須付費購買才能使用的軟體。個人可以在市面上購買盒裝版，也可以在網路上購買，而企業或機構則可以直接向軟體公司購買。商用套裝軟體不可任意重製或抄襲之。
2. **試用軟體**：「試用軟體」也有人稱為共享軟體，乃是在網路上免費提供讓人試用，在試用期間可以自由下載安裝，過了試用期則不能再繼續使

用。其並未放棄其著作財產權,故仍不可以任意重製或抄襲之。

3. **免費軟體**:免費軟體就是一般在網路上免費讓人下載的軟體,例如 MSN、KKman等軟體。不過要注意的是,雖然可以自由下載安裝,但 其仍未放棄其著作財產權,故也不可以任意重製或抄襲之。

4. **公共軟體**:公共軟體就是已經沒有著作財產權的軟體,大家可以任意下 載、複製、安裝,甚至修改使用。

5. **自由軟體**:自由軟體則是自願開放原始碼的軟體(請參見第九章)。自 由軟體通常免費,也允許他人參看原始碼,但會要求他人若想進一步 散布出去,必須符合某些要求(例如仍然必須公開原始碼,且不得營 利)。

表7-1　軟體類型

軟體類型	性　　　　　質	付　費	額外重製
1.商用套裝軟體	付費方能安裝、使用	✓	✗
2.試用軟體	供人試用,試用期過後則無法使用	✗	✗
3.免費軟體	免費供人下載、使用	✗	✗
4.公共軟體	已經不受著作權保護的軟體	✗	✓
5.自由軟體	開放原始碼的軟體	✗	有條件

第三節　軟體的授權

　　電腦程式究竟可以「安裝」在幾台電腦上?純就法律上來看,這個問 題似乎並沒有寫得很清楚。如果說我們買到一張光碟片,但是又被禁止重 製,那麼是不是連自己的電腦都沒辦法進行安裝?

　　其實,這個問題在著作權法上沒有清楚表明,而是透過「軟體授 權」的約定,以授權條款寫出購買者可以「安裝」(重製)的次數。

一、使用軟體乃「被授權」

　　一般所買到的電腦軟體,可以安裝的次數,乃受到授權範圍的限

制。「授權」是財產法當中的技術，基本上允許消費者使用而非擁有。

　　著作權法第37條第1項規定：「著作財產權人得授權他人利用著作，其授權利用之地域、時間、內容、利用方法或其他事項，依當事人之約定；其約定不明之部分，推定為未授權。」軟體公司即採用授權的方式，授權在一定範圍內安裝電腦程式。

　　所以，客戶只是得到授權使用，只是一個重製軟體和光碟（載體）的合法持有人；至於內部的電腦程式，並不擁有財產權，不能任意安裝在多台電腦上，只能依照授權範圍，安裝在有限的電腦上。若超過安裝限制，即侵害了重製權。

　　例如，一般買到的「個人版」軟體，只授權在自己電腦上安裝。如果是學校購買的「校園版」軟體，就可以在校區內，供學生下載安裝。「公司版」軟體，則是在公司固定數目的電腦中（例如二十台）安裝。

　　一般「公司版」或「校園版」軟體，都是直接向軟體公司購買，有完整的簽約程序。若是購買「個人版」的軟體，究竟何時何地和軟體公司簽了授權契約呢？

```
┌─公司版──▶向軟體公司簽約取得授權
├─校園版──▶向軟體公司簽約取得授權
└─個人版──▶直接在商店購買盒裝軟體或在網路上下載軟體
```

圖7-3　軟體授權範圍

二、拆封授權契約

　　一般個人會在商店裡面購買所謂的「盒裝軟體」。通常，在包裝盒上面會印刷著：「如果您打開包裝，表示您已經願意接受下列授權條件……。」這個授權條款是要提醒使用者，當使用者拆開包裝時就視為同意接受授權條款的拘束。這種預先告知的條款，稱為拆封（shrink-wrap）授權，契約名稱為「拆封授權契約」。

　　軟體公司就是透過這種在盒裝外面的拆封授權契約，約定其只授權安裝在自家電腦裡。可是實際上，包裝盒外不可能把所有授權契約都印上去，真正完整的授權契約在包裝盒內。通常包裝盒外只有「拆封授權告知

條款」，但允許在拆封閱讀詳細授權契約後，還有退貨的機會。因而美國法院在1996年的*Pro CD v. Zeidenberg*案中就認為盒子外這項拆封授權契約是有效的。

三、按鈕授權契約

現在購買電腦軟體很多是直接透過網路付費、網路下載安裝。此時就不適用拆封授權契約，而改採用「按鈕授權契約」。使用者經由網路上的網站或其他電子方式下載電腦軟體產品，授權契約通常也會展示在螢幕上。通常會有預先載明契約的條款，提示使用者如果同意契約內容的規定，契約下方通常會有「同意」與「不同意」或「接受」與「不接受」的選項，使用者必須以滑鼠按下（click-on）同意或接受後才能使用軟體。這種大量授權契約方式，國內學者稱之為「按鈕授權契約」（click-wrap license）。

美國法院認為按鈕授權契約在一定條件下也是有效的。

四、授權契約的效力

台灣的學者和法院，對拆封授權契約和按鈕授權契約，似乎都承襲了美國的觀點，認為在符合一定條件下，是有效的。

其必須給使用者三個需求：

1. 在購買之前必須有充分適當的告知。
2. 有充分的時間讓使用者檢閱授權條款，讓使用者決定是否同意其授權條款。
3. 如果授權條款不被使用者接受，是否有機會可以全額退還產品。

所以，原則上電腦程式的授權契約都是有效的，因而可以限制安裝的範圍與次數。但是在我國，完整的授權交易可能還會涉及「電子簽章法」和「消費者保護法」關於定型化契約的限制（請見本書第十七章相關部分討論）。

五、訂製軟體

　　除了上述直接購買商業軟體外，一般大公司有時候會為了特殊業務上的需求，向軟體公司訂製為其量身訂作的「訂製軟體」。軟體研發者會依使用者的需求，製作特別軟體。此時會發生的問題是，這些為大公司量身訂作的軟體，程式碼的財產權到底歸誰？這就得看契約的約定了。

　　根據著作權法第12條第1、2項規定：「出資聘請他人完成之著作，除前條情形外，以該受聘人為著作人。但契約約定以出資人為著作人者，從其約定。

　　依前項規定，以受聘人為著作人者，其著作財產權依契約約定歸受聘人或出資人享有。未約定著作財產權之歸屬者，其著作財產權歸受聘人享有。」

　　因此，原則上財產權歸屬依雙方約定。若沒有特別約定，軟體的財產權歸受聘人（軟體公司）享有。假設契約沒有約定將軟體程式碼給大公司，那麼大公司並沒有取得該程式的財產權，也不得任意進行複製、安裝。故，對於特別量身訂作的軟體，廠商在購買電腦軟體程式而支出費用時，要先弄清楚到底買到的是物的所有權，以後可以自由利用、處分及轉給他人使用，還是僅獲得嚴格的授權，不能再轉給他人使用，並以此作為評估費用是否合理之依據。

　　量身訂作軟體 ┬ 取得財產權，得自由利用處分
　　　　　　　　　└ 僅獲得授權，限制複製、安裝的次數

圖7-4　量身訂作軟體的授權

　　另外，大公司通常還會跟軟體公司簽訂「軟體維修契約」，要求軟體公司在幫大公司寫完軟體之後，將來出現問題，也負責幫忙維修、服務。

第四節　電腦程式的修改、抄襲

　　電腦程式能夠修改嗎？能夠抄襲嗎？

一、電腦程式可否修改

根據著作權法第59條第1項規定：「合法電腦程式著作重製物之所有人得因配合其所使用機器之需要，修改其程式，或因備用存檔之需要重製其程式。但限於該所有人自行使用。」所以，法律規定只能為了買來的程式配合自己使用的機器，做一點點小小的修改。

二、原始碼vs.目的碼

（一）原始碼和目的碼的區別

圖7-5　原始碼與目的碼

雖然法律上允許對電腦程式進行修改，可實際上出現的問題是：一般人根本看不到電腦程式碼。電腦程式碼（code）可以分為兩種，即所謂的「原始碼」和「目的碼」。簡單地說，原始碼是程式設計師真正看得懂的程式碼，而目的碼則是給電腦運算器看的0與1組合。

程式設計師以各種程式語言所編寫出來的程式檔，可以稱為「原始程式碼」（source code），俗稱為「原始碼」。編寫原始碼的程式語言比較接近英文，也讓人類容易使用程式語言進行程式的編寫。現在的軟體研發者很少用機械碼寫程式，相對的是用原始碼來寫程式，然後經由編譯器產生目的碼。

原始碼要真正在電腦中運作，必須經由編譯程式（compiler）將其轉換成「目的碼」（object code）。這個將原始碼轉換成可以讓電腦辨識的目的碼的動作，類似不同語言的轉換，稱作編譯（compiling）。

（二）還原工程困難

由原始碼到目的碼之間的轉換，與人類語言的轉換不同之處在於，

前者轉換是一個單向程式（one-way process）。換言之，一段原始碼在轉換成目的碼之後，無法再轉換成原來的原始碼。主要原因在於，當原始碼轉換成目的碼時，不只是單單轉換語言，同時也完成最佳化的動作，以提高程式的執行速度與資源的利用。這些最佳化動作所造成的後果是使得有關原始碼的結構，與研發者所命名的組件、資料與指令會統統喪失。因此，實際上不可能從目的碼重造出原來的程式碼。儘管有軟體廠商真的提供反向編譯器（de-compiler），企圖對目的碼做「還原工程」（reverse engineering）。縱使真的可以從目的碼重編譯出原始碼，這個被反向編譯後的原始碼一定和原來的原始碼不一樣。

（三）如何進行修改、抄襲

由於原始碼與目的碼之間差異的性質與單向的關係，使得軟體公司有極大的誘因僅提供使用者目的碼，並且隱瞞原始碼。1.因為一般的使用者只需要可以在電腦運作軟體，使用者並不需要知道原始碼甚至是目的碼。如此一來，軟體製造者只要提供可以使用的軟體給使用者即可；2.不提供原始碼的另一個重要原因，軟體製造者不想因為揭露了原始碼，因而讓其他軟體公司的競爭者輕易獲取研發者努力的成果。因此，大部分的軟體廠商認為原始碼是公司最具商業價值的資訊資產，視為其營業上的秘密。

一般人在買來的電腦程式裡，只能看到一堆0和1的目的碼，根本看不到原始碼，而且也很難透過還原工程轉回原始碼，那麼要如何對電腦程式進行修改呢？如果是透過「還原工程」的方式回復軟體的原始碼並進行修改，應該是符合「合理使用」的範圍。

三、電腦程式的抄襲

電腦程式要進行抄襲，首先會出現的問題就是：一般人根本看不到原始碼，如何進行抄襲？

（一）員工跳槽

通常會發生抄襲的狀況，都是原本軟體公司旗下的員工，跳槽到另外

一家公司，或者自己出來開一家公司，然後把原本公司寫到一半的軟體帶出來繼續寫。這種狀況就比較容易出現兩個公司開發出來的軟體原始碼部分一模一樣的情況，也就是發生抄襲。

（二）相同功能未必構成抄襲

著作權法第10條之1規定：「依本法取得之著作權，其保護僅及於該著作之表達，而不及於其所表達之思想、程序、製程、系統、操作方法、概念、原理、發現。」著作權法保護表達，不保護表達所隱含之觀念或功能等。所以，如果是不同的人，寫出不同的程式，卻執行相同的功能，這樣並不會構成抄襲。

唯有兩個電腦程式中部分原始碼完全一模一樣，才有可能構成抄襲。

（三）相同部分多少才構成抄襲？

一般人寫教科書或論文時，多少都會參考他人的著作，然後在相關地方「引註出處」。亦即，教科書多半不是無中生有，而會引用許多前人的知識。我國著作權法並不完全禁止這種引用行為，甚至，著作權法的終極目標就是要累積知識，所以在合理使用的相關規定中，可以允許在寫作時引用他人資料（例如著作權法第52條），也可以基於概括條款第66條，來主張這種抄襲行為算是合理使用。

撰寫電腦程式，其實也會用到前人的智慧。例如，現在有很多「函式庫」，也就是在撰寫電腦程式時，一些已經廣為人知的小功能，不需要自己寫，只要購買函式庫，裡面會有相關小功能的程式，程式設計師只要在適當地方將函式庫中的原始碼拿出來用就好。

如果只是使用函式庫中的小程式，當然不會構成抄襲。可是如果是前文所說，離職員工將原公司的軟體拿來修改，例如修改了50%，這樣得到的新軟體，究竟算不算是抄襲？還是已經算是新的著作？

（四）歐美判決

（構想）　　　　　　　　（表達）
構想 ——→ 結構 ——→ 運算邏輯 ——→ 程式碼

圖7-6　電腦程式的構想和表達

　　美國法院不只保護軟體最終的程式「表達」，在某些案子中也保護了軟體的構想、排序、運算邏輯等先於程式碼的知識。

　　從1985年*SAS Institute, Inc. v. S & H Computer System, Inc.*[1]一案起，法院就已根據系爭程式結構的「實質相似」而認定構成程式著作權侵害。而1986年的*Whelan Associates, Inc. v. Jaslow Dental Lab., Inc.*[2]一案，第三巡迴法院於該案中認為，著作權對電腦程式的保護應及於程式非文字部分的結構、順序和組織，一般認為是美國法院開始保護程式非表達部分的濫觴。後來陸續出現許多案子，法院或多或少都會判定著作權會保護電腦程式的構想部分，不過相關的認定標準還沒確定[3]。

　　而歐洲聯盟1991年的「電腦程式法律保護指令」（The Directive on the Legal Protection of Computer Programs）第1條第1段規定，保護電腦程式及電腦程式的先前設計資料，這些設計資料可包括程式規格書、流程圖、設計圖、圖表，雖然指令並沒有明確規定先於表達的程式概念受到保護，但是將保護範圍擴張到電腦程式的先前設計資料，某程度也會保護到程式的概念部分[4]。所以，以歐美的法律來看，著作權法不只保護表達，某時候也保護構想[5]。

　　倘若構想都被保護的話，那麼其他人要仿照這些構想，即使重新寫一次程式，也可能構成著作權侵害。不過要注意的是，即使法院認為程式構想可以保護，但並不是全都保護，相關案例中也有很複雜的判斷程序，所

---

[1]　605 F. Supp. 816 (M.D. Tern. 1985).
[2]　797 F. 2d 1222, 1224-25 (3d Cir. 1986).
[3]　相關討論，請見陳偉潔〈談電腦程式非文字部分之著作權保護〉，《科技法務透析》，1995年4月。
[4]　同上註。
[5]　同上註。

以並非完全沒有主張合理使用的空間[6]。至於著作權法究竟要如何既保護構想又維持合理使用的空間,得留待法院慢慢發展,至少目前仍沒有明確答案。

(五)台　灣

一般台灣學界,都傾向採取兩步驟的判準:

1. 是否接觸?
2. 是否具有「實質相似性」?

不過台灣目前沒有具體的案例。

---

6 例如1987年第五巡迴法院的 *Plains Cotton* 案（807 F.2d 1262, 5th Cir. 1987）、1992年美國第二巡迴上訴法院判決的 *Computer Associates Int'l, Inc. v. Altai, Inc.* 案（23 U.S.P.Q.2D BNA 1241）、1993年美國第十巡迴法院的 *Gates Rubbor Co. v. Bando American Inc.* 案 (CA 10, No.92-1256, 1993)等,都提出不同的判斷標準。相關討論分析,請參考陳偉潔〈談電腦程式非文字部分之著作權保護〉,《科技法務透析》,1995年4月。

第八章　電腦程式的其他法律保護

關於電腦程式的保護，一直以來都有很多爭議，從最早的著作權法，到後來的專利法，乃至營業秘密法，對電腦程式的保護真是密不透風。本章將介紹著作權法以外的其他保護，包括專利法、營業秘密法、刑法、積體電路電路布局保護法。其中專利法的保護最為重要，但也產生了不少問題。由於電腦程式的保護過多，反而引發其他爭議，對於電腦程式保護的反省，則留待下一章介紹。

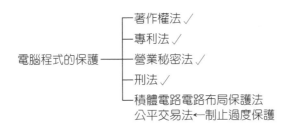

電腦程式的保護 ── 著作權法 ✓
　　　　　　　　── 專利法 ✓
　　　　　　　　── 營業秘密法 ✓
　　　　　　　　── 刑法 ✓
　　　　　　　　── 積體電路電路布局保護法
　　　　　　　　　 公平交易法←制止過度保護

圖8-1　保護電腦程式的法律

第一節　營業秘密法

上一章說過，會發生軟體抄襲的問題，通常都是離職員工偷偷把原公司的電腦程式帶到新公司，繼續開發，然後發生兩家公司開發出來的軟體有部分重疊的情形。通常這種狀況，可能會涉及營業秘密法。

一、何謂營業秘密[1]

根據營業秘密法第2條規定：「本法所稱營業秘密，係指方法、技術、製程、配方、程式、設計或其他可用於生產、銷售或經營之資訊，而符合左列要件者：

一、非一般涉及該類資訊之人所知者。

1　參考鄭中人《智慧財產權法》，增訂3版，頁196-197，五南。

二、因其秘密性而具有實際或潛在之經濟價值者。

三、所有人已採取合理之保密措施者。」

（一）未普遍知悉

企業的資訊如果是該產業從業人員普遍知道的知識，縱使業主視知識為秘密，採取相當措施嚴加保護，也不能因而取得營業秘密權。

（二）具有經濟價值

所謂經濟價值，乃指持有該營業秘密的企業，較沒有該營業秘密的競爭者更有競爭優勢。這個要件雖然相當主觀且很難認定，但事實上很少發生爭議。在竊取他人的營業秘密等案件，如原告證明被告竊取其資料，即可證明該被竊的資料具有經濟價值。因為如果沒有經濟價值，被告為何要竊取？

（三）具有秘密性

營業秘密法所要求的機密性是相對的而非絕對的，只要所有人已採取合理的保密措施即可，並不要求絕對的機密或限於極少數的人知悉。只要承諾負保密義務的關係人，如經銷商或其他協力廠商有契約上的保密義務，該資訊雖然多數人知悉，也不影響其營業秘密之地位。

二、侵害營業秘密的行為

營業秘密法第10條第1項規定，有下列情形之一者，為侵害營業秘密：

1. 以不正當方法取得營業秘密者。
2. 知悉或因重大過失而不知其為「以不正當方法取得之營業秘密」，而取得、使用或洩漏者。
3. 取得營業秘密後，知悉或因重大過失而不知其為「以不正當方法取得之營業秘密」，而使用或洩漏者。
4. 因法律行為取得營業秘密，而以不正當方法使用或洩漏者。
5. 依法令有守營業秘密之義務，而使用或無故洩漏者。

　　一般侵害營業秘密較為嚴重的情形，是第一種所謂的不正當方法，包括竊盜、詐欺、脅迫、賄賂、擅自重製、違反保密義務、引誘他人違反其保密義務或其他類似方法。而第四種則是現在比較常見的，包括員工和公司有僱傭關係（法律行為）而取得營業秘密，或者交易相對人或公司有合作關係，而洩漏營業秘密。

　　至於第二、三種，則是指接受營業秘密後的相對人。例如A員工從甲公司跳槽到丙公司，A員工把甲公司的營業秘密帶到丙公司。A員工算是侵犯了營業秘密，而丙公司若接受（第二種）和使用這些營業秘密（第三種），也算是侵犯營業秘密。

圖8-2　離職員工竊取營業秘密

　　通常，跳槽員工（被挖角的員工）會把原公司的原始碼帶到新公司繼續使用，就是違反了和公司簽署的保密義務。

　　其他公司若以「還原工程」方式得知的電腦程式原始碼，則不算是侵害營業秘密。

三、侵害營業秘密的後果

　　根據營業秘密法，原公司可以要求「排除其侵害」，至於用得到的營業秘密所製造的物品，可以要求「銷燬」（營§11Ⅱ）。此外，還可以「請求損害賠償」（營§12Ⅰ）。

　　另外，我國刑法也有一些關於營業秘密的條文。刑法第317條規定：「依法令或契約有守因業務知悉或持有工商秘密之義務而無故洩漏之者，處一年以下有期徒刑、拘役或三萬元以下罰金。」

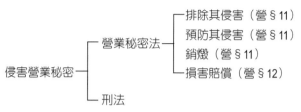

圖8-3　侵害營業秘密的法律責任

四、網路時代的營業秘密

　　網路時代來臨，很多企業的資料都放在電腦裡。一方面，公司外的電腦駭客，只要入侵電腦，就很容易奪取他人的營業秘密。而在公司內部，傳統的商業機密（例如設計圖），員工不一定能夠帶出公司，可是可以利用電腦相關設備，透過郵件的方式，將營業秘密寄出公司。因此，為了因應網路時代營業秘密侵害的問題，刑法對此有加重處罰。

　　刑法第318條之1規定：「無故洩漏因利用電腦或其他相關設備知悉或持有他人之秘密者，處二年以下有期徒刑、拘役或一萬五千元以下罰金。」

　　而刑法第318條之2規定：「利用電腦或相關設備犯第三百十六條至第三百十八條之罪者，加重其刑至二分之一。」

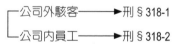

圖8-4　員工和駭客侵害營業秘密的法律責任

五、案例

「威盛」與「友訊」商業間諜案[2]

　　一、某威盛公司員工A君自1995年起任職威盛，擔任威盛公司市場部經理，A君就其所擅長事物，直接對該公司總經理負責。A君於任職威盛

---

2 劉江彬《智慧財產法律與管理案例評析（二）》，頁236-237，華泰，2004年11月。

公司期間，有其固定員工編號，其除領取每月薪資外，亦有獲配威盛公司股票及該公司福利委員會每年所發放給員工的福利金，威盛公司亦有為A君投保勞健保並繳付雇主應負擔的勞健保費用。

　　二、2000年2月，A君自威盛公司離職，同年3月1日起即任職於友訊公司。A君任職友訊公司時，與友訊公司簽有聘僱合約書，該合約明確約定A君受聘期間所知悉或持有友訊公司之機密資訊，無論於任職期間或離職後，應負保密義務，非經友訊公司事前書面同意，A君不得洩漏、告知、交付或移轉與任何第三人，且A君離職後，應將機密資訊歸還友訊公司並禁止使用該資訊。

　　三、A君任職友訊公司期間，友訊公司任命A君擔任某重要專案計畫之研發人員，該專案計畫係受經濟部委託開發，主要係開發關於「多協定標記交換技術」。於此專案計畫進行中，友訊公司之其他研發人員曾經寫出一個IC晶片模擬測試程式，該電腦程式具有觸發晶片功能，進而達到於晶片發展階段中為晶片除錯及驗證效能之用，該電腦程式自有其相當的市場價值。因該電腦程式為友訊公司所開發，列為該公司之機密資訊，只有專案計畫中之研發人員，為職務之需，始得接觸使用，因A君亦為該專案計畫之成員，職務上A君可得因職務之需要接觸使用該電腦程式。

　　四、嗣友訊公司上開專案計畫告一段落後，A君亦於2001年5月間向友訊公司提出辭呈。A君離職前夕，友訊要求A君簽署乙份遵守保密義務聲明書，該聲明書內容係讓A君重申其深切明瞭聘僱合約書中有關保密義務的約定。之後，A君再次回到威盛公司任職，擔任網路設計部經理職務，該職務恰好與友訊公司所營網際網路系統晶片設計業務具競爭關係。

　　五、A君自友訊公司離職後，某日友訊公司某位研發人員竟於威盛公司檔案傳輸協定伺服器（FTP）上，發現其中列有友訊公司擁有著作權但已轉換成他種電腦語言的IC晶片模擬測試程式，且竟然程式末端所載標明著作權人友訊的字樣都詳列其上，而於威盛公司伺服器上所列之系爭程式，除可供威盛公司職員參考、使用、測試外，亦可開放任何人瀏覽、下載暨使用，該電腦程式明顯的遭重製、洩漏、散布於眾。因A君係從威盛公司離職後轉往友訊公司任職，A君任職友訊期間，有接觸該電腦程式之機會與許可權，待友訊的專案計畫結束後，A君旋即離開友訊公司轉而回

任威盛公司網路設計部經理，從事與友訊公司所營業務具競爭關係之業務。在此種狀況下，友訊公司不得不對A君是否為威盛公司派遣前來的商業間諜有所揣測與懷疑。友訊公司為保障自身權益，決定向檢察署提出告訴，控告威盛公司負責人、總經理及A君，認為該三人為觸犯背信、洩密及侵害著作權之共犯。

　　六、嗣經進一步查證，A君任職友訊公司期間，威盛公司竟依然支付A君薪資，且持續將A君列為員工並為其投保勞、健保險並繳交保費，此外，A君再度回任威盛公司後，A君竟又繼續援用舊的員工編號，令人匪夷所思。

第二節　積體電路電路布局保護法

　　一般說的電腦設備，包括硬體、軟體、韌體。韌體就是將軟體直接燒在硬體裡面。例如電腦硬體設備中的許多小元件，可能都有直接燒在上面的程式在執行運作，那就是韌體。

　　半導體在台灣算是很有名的產業。但是關於半導體的保護，到底適用什麼法律呢？在台灣，我們有一個「積體電路電路布局保護法」。所以，凡是韌體的保護，不再用電腦程式加以保護，而是用積體電路電路布局保護法來保護。

第三節　專利法

　　早期電腦軟體不能申請專利保護，1981年美國最高法院於*Diamond v. Diehr*一案中，決定開放保護，各國也陸續跟進。原本我國專利法規定，「科學原理或數學方法」、「遊戲及運動之規則或方法」，不予發明專利。而電腦軟體程式其實也是運用一些「演算法」，故是否要給予專利，曾有爭議。但實務運作上，決定開放給予專利。且後來專利法修正，刪除「科學原理或數學方法」不予專利的規定。

一、台灣專利審查基準

經濟部智財局對專利審查上，訂有「專利審查基準」，供審查人員參考，其中第二篇第九章為電腦軟體相關審查。以下為其內容[3]：

（一）說　明

在以往有關單純電腦軟體發明幾乎是無法准予專利，因此大多以著作權方式來加以保護，然而著作權僅保護理念（idea）之表達形式，而不及於理念之功能，且無法如專利權般，排除他人同一內容之創作。再者，近年來軟體工業蓬勃發達，各國均認為電腦軟體勢必須就實質技術功能給予鼓勵與保障，並可加以利用，以促進產業發展。因此，有關電腦軟體相關發明，透過專利法保護，以便取得專利權，乃各先進國家普遍之做法。

本基準係針對電腦軟體相關發明作為審查對象，在申請專利範圍中即使未明示以硬體與軟體結合的方式界定其具體結構（屬於物之發明），或者為直接或間接藉助電腦實施之步驟或程序（屬於方法發明），亦須參酌發明之詳細說明、圖式所記載的內容，倘經審查委員判斷後認定係屬硬體與軟體結合之方式界定其具體結構，或者為直接或間接藉助電腦實施之步驟或程序者，即判斷實質上為電腦軟體相關發明。

假如從說明書或圖式皆未能認定屬於硬體與軟體結合之方式界定其具體結構，或者為直接或間接藉助電腦實施之步驟或程序者，則判斷實質上為非電腦軟體相關之發明，將以其他審查基準審查之。

電腦軟體基本上乃為演繹法（algorithm）實施方式之一種，而演繹法本身或含自然法則、科學原理、數學方法，或為遊戲及運動之規則或方法，或甚至與數學無關之推理步驟，或係物理現象之推演。因此在審查認定有關電腦軟體相關發明是否可專利性，須特別謹慎，不能因為申請專利範圍中局部含有專利法第24條規定法定不予專利之部分，便驟然加以核駁，仍必須整體觀之（as a whole），審視其解決手段是否有利用自然法則技術思想之創作部分而定，例如，不能因申請專利範圍中含有數學公式

3　智慧財產局網站，http://www.tipo.gov.tw/patent/patent_law/explain/patent_law_3_1_8.asp#b.

或計算方法，立即全盤否定其可專利性。惟若於申請專利範圍僅僅敘明數學公式或計算方法之步驟（即數學公式或計算方法本身），並未敘明該方法如何利用電腦實現技術效果，則有可能被認定是僅數學邏輯演繹的解決，非專利保護的範疇。

再者，電腦軟體係為一無形之物，必須藉助電腦硬體執行才能產生技術效果，故而以往許多有關電腦軟體相關發明之申請案，常被誤認為必須限定在與特定硬體結合的方式才屬發明之類型。如此將使該發明主張之申請專利範圍有所限縮，或甚偏離。因此就上述觀點勢必有釐清的必要；亦即，電腦軟體必須藉助電腦硬體實施才得以解決該發明之課題，但未必須限定在「特定」硬體平台上方可實施。

電腦軟體經電腦硬體執行及伴隨資料之處理，必定於電腦外或電腦內產生具體轉換效果，此種轉換無論是物理上或化學上的轉變，皆非藉由人力所完成者，其可視為利用自然法則，而符合專利法第21條「利用自然法則」部分之規定。但在此仍必須強調，雖然「利用硬體資源之處理」這部分可視為利用自然法則，但如未限定於特定硬體與軟體結合之具體結構時，則將被視為「僅單純使用電腦處理」而不具技術思想，仍須就申請專利範圍整體觀之（as a whole），以其內含之軟體所執行之步驟或程序是否有利用自然法則之技術思想之創作部分而定。

此外，有關電腦可讀取之記錄媒體形式之發明，以往並不屬於可准予發明專利範疇，而由於近期美、日等國均已將之列入可准予專利之標的，因此為順應世界潮流，本基準亦將記錄媒體形式之發明納入審查範疇。

（二）物之發明

1. 電腦軟體相關發明中有關物之發明之定義

凡可供產業上利用，且係利用自然法則之技術思想之創作，並以硬體與軟體結合的方式來界定其具體結構，即認定屬於電腦軟體相關發明物之發明之類型。

2. 電腦軟體相關發明中有關物之發明之類型

有關電腦軟體相關發明物之發明之類型，可分為二類：(1)非限定於

特定硬體與軟體結合之發明，亦即執行軟體於任何不特定硬體之發明；
(2)限定於特定硬體或硬體與特定軟體結合之具體結構之發明。審查時須
根據申請專利範圍，同時配合專利說明書所對應之技術特徵進行審查，並
依據上述定義加以分類。就第一類物之發明之類型而言，因屬於不特定之
硬體，因此審查時須針對其中執行之軟體所欲解決課題之方法或手段加以
審查，以決定該物之發明之申請專利範圍是否屬發明之類型（有關方法之
審查，請參照方法發明之類型）。就第二類的申請專利範圍而言，審查時
則須就該特定物之發明之特定硬體或硬體與特定軟體結合之具體結構來認
定該物，以決定該物之發明之申請專利範圍是否屬發明之類型。

（三）方法發明

1. 電腦軟體相關發明中有關方法發明之定義

　　在電腦軟體相關之方法發明中其所謂的方法，係指使電腦產生具體且
非抽象之結果，所施予之一個或多個動作、程序、操作或步驟而言。方法
發明的審查重點應就所請求之方法發明的內容整體觀之，以察知其所主張
之發明為何；且該發明必須具有直接或間接藉助於電腦才能實施之特質，
包括任何經電腦處理前或處理後或於電腦內，而能產生特定之實際應用效
果者。

2. 電腦軟體相關發明中有關方法發明之類型

　　基本上，電腦軟體相關發明中有關方法發明之類型，可依其所執行的
方法或步驟係發生在電腦外或電腦內產生具體轉換或動作者，分類如下：
　　(1)電腦處理前，資料或訊號具體轉換之方法步驟發明（pre-computer
　　　process activity）。
　　(2)電腦處理後，對硬體資源進行控制或伴隨控制之處理（post-
　　　computer process activity）。
　　(3)於電腦內，該電腦軟體相關方法限定在某特定技術領域的實際應
　　　用範圍。

（四）純粹軟體之專利實例

以下用上述第三種「於電腦內，該電腦軟體相關方法限定在某特定技術領域的實際應用範圍」的實例，作為說明。

電腦所操作的是資料，因此電腦在運作中將資料轉換，然後在執行時改變其組合元件的狀態，即產生某種型式的具體轉換。由於此種具體轉換係在電腦內部發生的，故不能以此種動作決定該方法是否屬發明之類型。因此具有決定性之因素並非電腦如何執行該方法，而是電腦究竟執行了什麼以達成某種實際的應用。

單純地操作抽象觀念或執行數學邏輯演算法是無法合乎發明之類型要求的，儘管該方法可能有某些實用性。這樣的請求專利標的，若要合乎發明之類型，所主張之方法發明一定要限定為：該抽象觀念或數學邏輯演算法在某特定技術領域中的實際應用。例如，電腦方法純粹計算一模擬雜訊的數學邏輯演算法，即非屬發明之類型。然而，應用該數學邏輯演算法，以數位化的方式來過濾雜訊，這樣所主張的方法即可符合發明之類型。如實例一及實例三之請求項2。反之，若所主張的申請專利範圍無明確限定其在某技術領域中之特定實際應用時，則非屬發明之類型，例如實例二及實例三之請求項1。

實例一

一種操作電腦設備方法，係動態更改一系統之輸出／入設定的定義，而該定義是在做次系統的輸出／入（硬體），及作業系統（軟體）之設定時所需要的。在操作時，程式產生一個設定檔，其中定義了在動態可改變之儲存裝置中，與系統輸出／入設定有關的控制區塊的目前狀態。然後該程式產生一「未來」的輸出／入設定檔（該輸出／入設定檔事實上可為一先前的輸出／入設定檔）。當要改變目前的系統設定為未來的設定時，以比較功能比較此兩個設定的定義，並產生一設定變更區塊，以表示要對硬體及／或軟體定義的控制區塊做足夠的轉換時所須做的改變，以及為所依附的程序產生一完成訊號。

該發明提供了一種便於資料處理系統的軟硬體輸出／入設定作動態變

更的方法。此發明提供一種產生一單獨的輸出／入設定定義的方法，該輸出／入設定定義可用來產生一硬體定義及軟體定義。該發明也提供了一種有效的方法，以將系統從第一輸出／入設定轉移到第二輸出／入設定，並提供此轉換為可行的驗證。

　　說明書中揭露了十張有關操作該設定的詳細流程圖。說明書揭露了系統最佳模式之操作的硬體模組方塊圖。

■申請專利範圍：
　　一種重新設定電腦系統的方法，該電腦系統係具有一中央處理器，複數個輸出／入單元連接於一輸出／入子系統，一操作系統，及一動態設定該輸出／入單元的系統，包含步驟：
　　a.使用一定義裝置以產生複數個設定於一定義檔中，及該複數個設定代表該複數個輸出／入單元的相關設定；
　　b.依據該定義裝置產生一目前的設定為第一相關設定；
　　c.依據該定義裝置產生一未來的設定為第二相關設定；
　　d.依據該目前的設定，及複數個動態可變更之軟體控制區塊，初始化該系統，及該軟體控制區塊係用以依據該第一相關設定來設定該操作系統；
　　e.依據該目前的設定，及複數個動態可變更之軟體控制區塊，初始化該硬體，及該軟體控制區塊係用以依據該第一相關設定來設定該輸出／入子系統；
　　f.從該目前的設定及該未來的設定，產生一設定變更區塊係用以描述當從該第一相關設定改變到，在該軟體控制區塊及該硬體控制區塊中所做的改變；
　　g.從該設定變更區塊，產生對該硬體控制區塊及該軟體控制區塊的改變，當變更成功時，該軟體控制區塊依據該第二相關設定來設定該操作系統，及該硬體控制區塊依據該第二相關設定來設定該輸出／入子系統；及如果變更不成功時，便產生一設定錯誤的訊號。

■說明：
　　本發明之申請專利範圍因具有動態更改電腦系統之輸出／入設定，因此可視為有限定其實際應用範圍，可屬方法發明之類型。

實例二

　　一種數位電腦的處理，係用以將ＢＣＤ碼轉換為二進位碼（binary code）的形式，以提供鍵盤與電腦間一種改良的介面，以增進資料輸入的能力。該電腦執行一系列的數學邏輯演繹法的步驟，以執行該轉換。所有顯示於說明書及圖示的硬體元件將以數位電腦表示。

　　說明書中並未揭露任何特殊的程式，但在說明書中包含高階的描述及相關的流程圖。從該等高階的描述及相關的流程圖，熟習該項技藝者便可知道如何使用該發明。

■申請專利範圍：

　　一種以二進位編碼的十進位資料從數字轉換為二進位的方法，包含步驟：

　　a.儲存以二進位編碼的十進位資料於一可重複輸入的移位暫存器；
　　b.將該移位暫存器至少向右位移三位，直到第二個位置出現一個二進位的「1」；
　　c.將位於該暫存器之第二個位置的二進位碼的「1」遮蔽；
　　d.加入一個二進位的「1」於該移位暫存器的第一個位置；
　　e.將該資料向左移兩位；
　　f.加入一個「1」於該第一個位置；
　　g.將該資料向右移至少三位，以準備給在該移位暫存器的第二個位置中所跟隨的二進位碼的「1」。

■說明：

　　本案所主張之發明雖為電腦上可執行之一系列的步驟，但步驟a為僅單純獲得並提供步驟b至步驟g之數學操作所需之資料，此動作並不構成「電腦處理前，資料具體轉換之方法」之情況，而步驟b至步驟g僅為將BCD code轉換成binary code之一系列之數學操作。因此從請求項1整體觀之，除數學方法本身外，並無限定任何實際應用，是故非屬發明之類型。

實例三

　　一種拍賣品（不動產之相關部分）競爭投標的方法，於一電腦系統之

記錄上確認相關的拍賣品資料，使可能的投標者得知個別項及拍賣品組合之投標資料，輸入上述投標於電腦系統之記錄上，將該投標編入索引，以決定出售拍賣品所能賺得之最大利潤；確認全部投標符合優勢的總價，並顯示（displaying）獲勝的投標組合給投標者們，且電腦系統同時接受符合的各個投標，藉由送出一接受訊號給所有投標者。

■申請專利範圍：

1. 一種對於複數個拍賣品資料之競標方法，包含步驟：
   a.辨識複數個相關拍賣品資料於一筆紀錄上；
   b.提供該複數個拍賣品資料給複數個可能的投標者；
   c.接受該投標者對於該每一個別拍賣品資料及該每一個拍賣品資料之複數個群組的投標價，及該每一個別拍賣品資料及群組為任一數及該個別拍賣品資料之任一組合；
   d.輸入該投標價於該紀錄上；
   e.將該個別拍賣品資料或該拍賣品資料之群組的投標價編入索引；
   f.組合該拍賣品資料及族群之投標價的完整列表，該列表指出一優勢之總價作為所有拍賣品資料的投標價，並在該紀錄中指出所有符合於該優勢之總價的投標價。

2. 一種不動產之競標方法，包含：
   a.辨識複數個不動產資料於一電腦系統的一筆紀錄上；
   b.提供該複數個不動產資料給可能的投標者；
   c.接受該投標者對於該不動產之資料的個別項，及該不動產之族群資料的投標價，該不動產之族群包含一或多個不動產資料，該不動產之相關資料及群組為該個別項及該不動產之相關拍賣品資料的任一組合；
   d.輸入該投標價於該電腦系統之紀錄上；
   e.將該不動產之個別拍賣品資料或該拍賣品資料之群組的投標價編入索引；
   f.組合該不動產之拍賣品資料及族群之投標價的完整列表，以判定出售該不動產之拍賣品資料的最大獲利，該列表指出一不動產之相關拍賣品資料的優勢總價作為所有拍賣品資料的得標價，並在該紀錄

中指出所有符合於該優勢之總價的投標價；

g.顯示獲勝的投標組合給投標價具有最大獲利的投標者，及該電腦系統藉由傳送一可接受的控制訊號給獲得確認之投標者，以同時接受符合的投標價。

■說明：

本發明所揭露之方法均使用一般之電腦，且拍賣的實施例均以不動產為主，其發明之主要目的乃在數個拍賣品中提出最有利底價的方法，請求項1中步驟a至步驟d只是一種為步驟e及步驟f的數學演算步驟所做的資料蒐集步驟，此動作並不構成「電腦處理前，資料具體轉換之方法」之情況，而步驟e及步驟f只是轉換一組數字到另外一組數字；因此整體觀之，並無特別限定在某一領域的實際應用，故非屬發明之類型。

關於請求項2，雖然步驟a至步驟f與請求項1判斷類似，然而由於步驟g記載將步驟e及步驟f計算結果之複數個數值輸出，且該輸出之交易資訊所導出結果，並非僅單純演繹法之解決，且有評估投標價之實際應用。因此可視為有限定在顯示投標交易資訊與接受不動產投標之實際應用，可屬方法專利之類型。

（五）電腦軟體發明判斷流程圖

本基準於附錄一及附錄二包含電腦軟體相關發明判斷之流程圖，審查時將可遵循該流程圖之判斷流程，進行有關電腦軟體相關發明之申請專利案件審查工作。

附錄一　電腦軟體相關發明專利審查基準流程圖

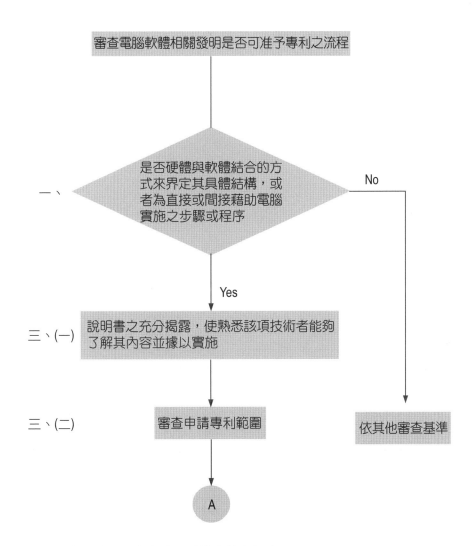

・本流程圖所標示之編號為對應本基準章節之編號

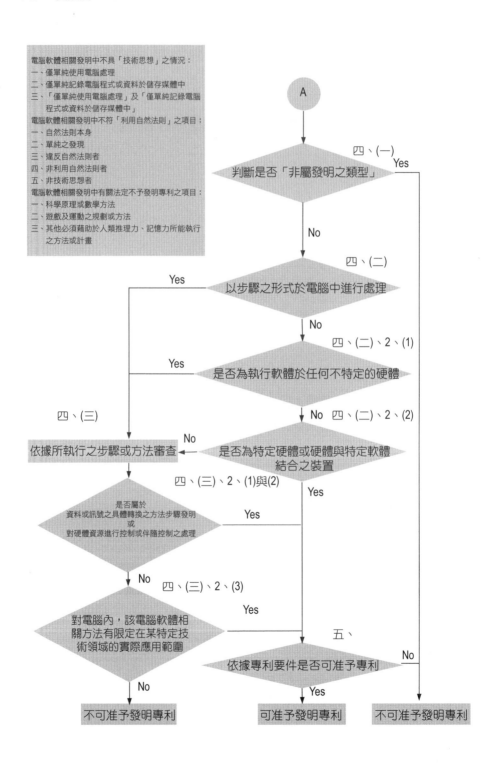

附錄二　審查記錄媒體形式發明之流程圖

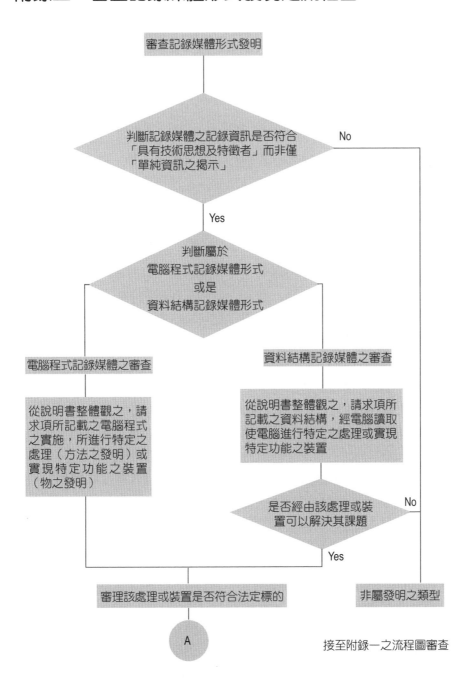

接至附錄一之流程圖審查

二、電腦程式專利的問題

　　承認軟體的可專利性之後，在實務上，引發不少爭議，包括下述三項：（一）相關軟體由於先前資料庫不齊全，導致對不新穎的軟體發明也給予專利；（二）在申請軟體發明專利時，還是不肯開放原始碼；（三）商業方法居然給予專利。

（一）是否有新穎性

　　在一般之發明專利審查中，先前技術之檢索本即是一項浩大且困難的工程，而軟體專利之核准自1980年代迄今，不過二十年左右，相關軟體先前技術之資料庫明顯不足，而且實際上許多在網際網路進行的商業行為並不新穎，只不過是將實體世界的運作情形搬到網際網路上實施而已，所以新穎性的認定造成疑義。

　　審查委員普遍缺乏軟體技術背景及相關經驗。以美國的實例來看，外界普遍認為基於前述原因，造成驟增之軟體專利申請案審查標準不嚴謹且核准浮濫。因此美國專利商標局已決定僱用具有電腦科技等專長背景之審查委員負責相關商業方法之申請案[4]。

（二）是否充分揭露資訊

　　專利法第26條規定，專利說明書，必須載明有關之先前技術、發明之目的、技術內容、特點及功效，使熟悉該項技術者能了解其內容並可據以實施。但實際上並不要求揭露原始碼，而是必須把相關原理、方法步驟說明即可，讓熟悉該項技術者能夠據以實施。表8-1係違反軟體相關發明充分揭露之例。

---

4 謝穎青主編《通訊科技與法律的對話》，天下文化，2005年3月。

表8-1　電腦專利申請未充分揭露類型

例一	因使用未定義之非慣用之技術用語、省略符號、記號等，因用語意義不明，而無法實施請求項中之發明者。
例二	於發明之詳細說明中，對應於請求項發明所記載之技術性程序或功能，僅予以抽象化地記述，致無法明白其程序或功能係如何藉硬體或軟體予以執行或達成，而無法實施請求項中之發明者。
例三	於發明之詳細說明中，對於用以達成請求項發明之功能之硬體或軟體，僅在說明書中以功能方塊圖或流程圖表達而無法明白如何構成硬體或軟體，致無法實施請求項中之發明者。
例四	請求項雖係藉該發明所達成之一或二以上之功能予以表現，但發明之詳細說明則係藉流程圖予以說明，而請求項中所記述之功能與流程圖間之對應關係不明，致無法實施請求項中之發明者。

　　說明書之記載應使熟習該項技術者可據以實施該請求保護的發明，對於電腦軟體相關發明，說明書一定要揭露到讓熟習該項技術者能將電腦建構成具備所要求的功能，以及在可應用的範圍內，不須複雜的試驗，可將該電腦與達到所主張發明之其他元件相互關聯在一起，除非熟習該項技術者不須說明便能知悉。

　　對於許多電腦軟體相關發明，所主張的發明往往涉及一個以上的技術領域。對於此種發明，說明書一定要能夠讓相關技術領域之熟習者可據以實施。例如，請求項中主張的是一種電腦，該電腦可決定並顯示一化合物之立體結構，若要使該請求項可據以實施，該說明書一定要：

1. 能使熟習分子模型者了解並應用其分子模型方法；
2. 能使熟習電腦程式者寫出一個程式，其能教導電腦以產生並顯示該化合物之立體結構的影像。

（三）商業方法專利

　　商業方法專利的意思，就是將其中商業上的方法，用電腦軟體的方式寫出來，然後申請專利。例如，全球最大網路書店Amazon網站所使用的「one-click」專利，就是你至該網站上線瀏覽後，該網站即會記錄你的IP位置，記下你這位使用者，以及你曾經瀏覽過哪些網頁，判斷你喜好的書籍，等到下次你再瀏覽該網站，你不必登入，網站自動判讀你的IP，就知

道你是誰，即會秀出相關領域方面的新書。

　　這種商業方法對一般人來說是很普遍的，一般你去店家消費，有心的店員也會記住顧客的長相，記下顧客喜歡的產品類型，等到下次顧客上門，店員就會主動推銷那類的新品給顧客參考。

　　因而，是否要給予商業方法專利，有所爭議。根據智財局的「電腦軟體專利審查基準」，其中有一段說明如下：「於應用領域中將人類所進行之業務予以系統化，若係利用通常之系統分析手法及系統設計手法將日常作業藉由電腦予以實現者，係為熟習該項技術者之創作能力之發揮。例如開發一個系統通常經過下列的程序：設計規劃→系統分析→系統設計。經由系統分析與系統設計，可將某一應用領域中人類之交易活動系統化。例如銷售額之櫃檯登帳流程予以系統化。以此種系統開發的實際程序觀之，是在熟習該項技術者一般創作能力範圍內。」其似乎認為還是可以給予專利，不過仍然要以是否具備新穎性作為判斷標準。

第九章　電腦程式保護的反省

　　前面兩章介紹完電腦程式的法律保護後，本章則要進一步討論對電腦程式保護的反省。由於對電腦程式的保護太過周延，反而限制了其他創作人的創作空間，也讓市場不夠競爭，最後導致消費者的權益受損。就智慧財產權的保護目的來說，其一方面乃是鼓勵創作，另一方面則是要知識累積。可是以前述的保護方式來看，知識完全無法累積。故本章將會一一介紹公平交易法、開放原始碼等對電腦程式保護的反省，最後並提出一些思考方向，以供讀者參考。

第一節　電腦程式保護的弊端

　　智財權制度最終的目的在於知識累積。知識要累積，就必須將知識公開。可是電腦程式不公開原始碼，在申請專利時也不提供原始碼，反而造成知識無法累積。

一、著作權保護

　　電腦程式用著作權法保護的結果，就是其原始碼不必開放，其他人因而沒辦法得知該軟體程式是如何寫出來的，不但無法讓其他人繼續創造發明，反而維持了軟體程式著作權人的獨賣利益。也正是這個原因，造成了現在微軟牢不可破的獨占地位。

二、專利保護

　　用專利保護的問題更多。上一章已說明，軟體專利的核發過於浮濫。且軟體產業和其他產業不同，每一個軟體都要用上非常多的程式碼，可是一開放軟體程式專利，將導致每個人隨便寫一個軟體，都會侵害他人的軟體專利，且實際上申請專利仍然不用公開全部的原始碼。

三、為何沒有強制公開制度？

　　著作權法為何沒有強制公開制度？主要原因在於，傳統的著作物，不需要有強制公開制度，例如書寫出來就是要給人看，音樂就是要演奏給人聽，著作物要賣錢本來就會公開其內容讓人知道。但由於電腦軟體是新的東西，硬放到著作權法裡，導致其一方面受到保護，卻不需要公開其原始碼。

　　而專利法雖然有公報制度，但是在實務上卻不要求實質審查，只為書面審查，不要求提供原始碼。

　　國家用智慧財產權相關法律、執法機構來保護電腦軟體，但是電腦程式難道都不需要回饋社會嗎？如果，不願開放原始碼，那麼，國家也沒必要投入執法成本替其保護獨占地位。他們可以選擇次等的保護模式：營業秘密法的保護，這種次等的保護模式，國家只要出比較少的執法成本，而廠商能獲得的保障也比較少。但是，如果想要國家出很多錢幫創作人維護獨占地位，創作人當然要對等地付出，亦即公開其創作知識內容，讓全體社會因而獲利。

第二節　公平交易法

一、電腦程式市場沒有競爭

　　電腦程式過度保護後，導致的一個問題就是，電腦原始碼不用開放，其他競爭廠商沒辦法學習既有的知識，知識無法累積。例如，作業系統方面，微軟公司（Microsoft）的視窗作業系統（Windows）在個人市場的占有率高達90%，其他廠商很難和微軟競爭。微軟一方面不肯開放原始碼，讓其他競爭廠商學習內涵的相關程式技術；另一方面，如果其他廠商使用到相同的程式技術，也可能會遭微軟控告。

二、微軟不公平競爭行為

　　微軟不但一家獨大，而且還利用自己在作業系統上的力量，漸漸侵蝕其他競爭市場。例如，微軟的Windows雖然獨大，但是以前微軟的瀏覽器IE卻不好用。那時候大家喜歡用「網景」出的Netscape。可是微軟卻透過作業系統市場的力量，搭售自己的應用程式IE，讓一般人買到的電腦，都有Windows和IE，結果Netscape的市場占有率自然減少。微軟甚至逼迫電腦經銷商，在販售的電腦裡，如果要灌Windows，就一定要灌IE，不可以灌Netscape。另外，由於大部分的電腦都使用微軟的作業系統，所以應用程式廠商在開發應用軟體時，必須配合與Windows相容。可是實際上，微軟卻不公開Windows內部的原始碼，造成其他公司在撰寫應用程式時，執行上會比微軟開發的應用程式來得不順，這也是微軟推廣應用程式的一種方法。以上等等行為，都可以看出微軟透過Windows的市場力量，想去侵占其他的市場。

　　由於微軟一直利用自己的力量侵奪其他市場，打壓其他競爭廠商，後來其他廠商受不了，向美國司法部以違反「反托拉斯法」（即我國的「公平交易法」）提出控訴。美國司法部因而介入調查，並起訴微軟。

　　我國「公平交易法」有類似的規定。公平交易法第9條規定，獨占廠商不得「以不公平之方法，直接或間接阻礙他事業參與競爭」，或者有「其他濫用市場地位之行為」。另外第20條規定，事業不得從事有限制競爭或妨礙公平競爭的行為，包括：

　　一、以損害特定事業為目的，促使他事業對該特定事業斷絕供給、購買或其他交易之行為。

　　二、無正當理由，對他事業給予差別待遇之行為。

　　三、以低價利誘或其他不正當方法，阻礙競爭者參與或從事競爭之行為。

　　四、以脅迫、利誘或其他不正當方法，使他事業不為價格之競爭、參與結合、聯合或為垂直限制競爭之行為。

　　五、以不正當限制交易相對人之事業活動為條件，而與其交易之行為。

　　而微軟在美國的行為，可能包括第三種，也就是利誘（搭售），和第五種，要求下游廠商不可以與微軟的競爭廠商交易。

三、美國司法部與微軟和解

　　原本美國司法部要求微軟必須「分家」，也就是必須把微軟公司區分為三類業務，拆成三家公司，這樣才可以避免微軟繼續搭售或不公平競爭的行為。但是後來卻以和解收場。

　　2002年11月，美國哥倫比亞特區的聯邦地方法院作成確定判決，同意了在 *United States v. Microsoft Corporation* 一案中，美國司法部、九個州以及微軟所提出的和解協議；另外也針對不同意加入和解的各州所提的訴訟，作成了一個實質上相似的確定判決（以下合稱：「確定判決」）。長達四年的反托拉斯訴訟正式結束。

　　確定判決的內容廣泛、影響深遠，規範了微軟公司商業行為的許多面向。確定判決對微軟的營業行為加諸許多限制，對微軟做了前所未有關於揭露詳細的產品開發資訊以及如何在Windows中顯示競爭者產品的要求，也要求微軟把某些操作系統的技術授權給競爭者及第三人使用。

　　以下為「微軟」網站上所載「遵循確定判決的努力摘要」[1]：

一、與OEM的關係標準化

　　確定判決要求微軟與前二十大電腦製造商（通常稱為「OEM」）的關係必須標準化，微軟必須以一致的授權條件，按一致的費率表向OEM提供授權。這些標準化的條件可以確保微軟不會因為OEM是否與競爭者密切合作而以不同的方式對待OEM。微軟將這個原則適用到好幾百個和它有直接關係的OEM，並不限於前二十大。為了確保OEM有最大的自由來推廣、支援或銷售與Windows或其重要功能競爭的軟體，微軟不得因為OEM支援與Windows競爭的軟體，或行使確定判決所賦予的選擇或權利，而對OEM展開報復或

1　台灣微軟網站，http://www.microsoft.com/taiwan/about/legal/settlementprogram/Judgment.
aspx.

威脅。

二、OEM安裝及推廣非微軟軟體的自由

依確定判決的內容，微軟賦予OEM以各種方式修改Windows的自由，使OEM可以針對與Windows某些功能競爭的軟體提供強大的——甚至是專屬的——推廣活動。OEM可以在新電腦上安裝他們想要安裝的軟體，也可以在Windows使用者介面上以顯著的方式來表現這些軟體。OEM甚至有權利把圖示或其他使用者用來存取Windows內建功能（例如Internet Explorer或Windows Media Player）的方法移除掉，以便更有效地推廣替代這些功能的非微軟軟體。為了要讓OEM及電腦用戶能更方便地做這些選擇，微軟在Windows中內建了一個新的功能，叫做「設定程式存取及預設值」，可以從Windows的「開始」選單很方便地啟動這個功能。這個功能使用戶在很多軟體類別中輕易地變換微軟或非微軟的軟體，或是決定什麼軟體會成為「預設」啟動的軟體。

三、API的揭露

依確定判決的規定，微軟已經揭露了大約290個操作系統重要功能所使用的Windows內部介面。這些介面自2002年8月28日開始提供給第三人。雖然大多數這些元件所需要的介面都已經書面化了，微軟仍在Microsoft Developer Network MSDN中發表新的Application Programming Interfaces（API）介面供有興趣的軟體開發者使用。這些介面都是免費的，在文件的解說方面其詳盡度也與標準的Windows API相同。有了這些新的API，軟體開發者在設計他們的Windows相容軟體時，會有更多的開發選擇。成群的微軟程式經理、開發人員、測試人員以及文件撰寫人員（好幾百個人）投入了確認並將這些API文件化的工作，此一工作必須花費好幾千個小時方能完成。未來Windows的新功能也會有相同的文件要求，以確保這些微軟程式所使用的API都是其他軟體開發者可以取得以作為增進與Windows相互運作之用。

四、Communications Protocol方案

為了遵循確定判決，微軟在2002年8月6日開始推行

Communications Protocol方案。依該條文的規定，微軟同意以合理且不歧視的條件，將某些微軟產品中所利用以直接與微軟伺服器操作系統產品交互運作或通訊的protocols提供予第三人使用。這些protocols是以一定的權利金，授權給相關業者以增加非微軟伺服器軟體與Windows 2000 Professional、Windows XP以及其後續桌上操作系統間相互運作之用。微軟之前確認了大約100個微軟伺服器和桌上操作系統之間所使用、包括在確定判決範圍之內的標準protocol及其他已發表的protocol。除了這些已發表的、第三人可能已經在使用的protocol之外，微軟又提供了大約130個之前沒有提供的專屬protocol以供授權給第三人使用。這些protocol的文件化已花費了好幾個月才得以完成，並多達約5,000頁。隨著微軟開發並使用新的、在確定判決範圍內的protocol，微軟會把它們文件化並依確定判決持續所提出的承諾繼續提供授權。有了這些技術之後，被授權人有新的途徑來確保他們的伺服器產品能和範圍內的Windows桌上產品相互運作，用戶在多樣化的電腦環境中，也會因為更多市場上的產品使用這個技術，而有更多的選擇。

五、產業關係──保留競爭者的機會

和OEM的情況相同，確定判決要使各種第三人得以推廣或銷售與Windows競爭的軟體。確定判決中禁止微軟簽訂要求第三人承諾以排他的或以一定比率的銷售或推廣Windows（或其重要元件）的義務。微軟也不得向競爭者或銷售或支援與Windows或其重要元件競爭軟體之第三人實施報復。

六、員工訓練

對於那些工作內容會受確定判決直接影響的員工，微軟已經開始執行廣泛且持續的員工訓練計畫。舉例而言，軟體設計師與開發者必須知道並了解上述有關設計考量的義務。負責與電腦製造商、網際網路服務提供者、網際網路內容提供者、其他軟體開發者、或其他硬體銷售者聯繫的員工必須知道確定判決允許及不允許微軟在處理與這些當事人間關係時所做的事。在公司的Redmond, Washington總部以及全世界，微軟都在進行完整的員工訓

練，教育他們有關確定判決創設的義務，灌輸嚴格履行人人有責的
觀念，並且告知他們如果有問題時可以諮詢經理人以及法務部門。
迄今已經有超過13,000個員工接受了訓練，在確定判決有效的五年
期間內也計畫有更新的訓練。此外，所有的公司經理人都受了必修
的訓練課程，確認他們了解公司依確定判決所負的義務以及他們個
人也必須遵循的義務。

四、公平交易委員會與微軟行政和解

　　在台灣，由於沒有什麼公司可以和微軟競爭，所以微軟沒有用一些不
公平的競爭手段。由於微軟一家獨大，其販售的Windows和Office的價格
一直很高，而且有點高得離譜。後來有人向公平交易委員會提出檢舉，認
為微軟觸犯了我國公平交易法中，獨占廠商不可以不當維持高價的規定。

　　公平交易法第9條規定，獨占之事業，不得「對商品價格或服務報
酬，為不當之決定、維持或變更」。

　　公平會介入調查後，發現微軟的確在台灣設定的價格有點過高，高於
其他國家的平均價格。但是公平會最後選擇不根據公平交易法處罰微軟，
而是和微軟和解，和微軟訂定「行政和解契約」，希望微軟降價。

```
                 ┌─ 行政處分（原則）
    行政行為 ──┤
                 └─ 行政和解契約
                   （事實調查不明，為有效達到行政目的、解決爭執）
```
圖9-1　行政處分和行政契約

　　「行政和解契約」是行政法上的概念，和「行政處分」相對。如果
公平交易委員會處分微軟，也就是下達行政處分，可以要求微軟改正其行
為。若微軟不從，另外還有刑法的規定，最高可以處罰五千萬元以下罰
金，二年以下有期徒刑。

　　根據行政程序法第136條：「行政機關對於行政處分所依據之事實或
法律關係，經依職權調查仍不能確定者，為有效達成行政目的，並解決爭
執，得與人民和解，締結行政契約，以代替行政處分。」因而，公平交易

委員會大概覺得要起訴微軟可能耗時費力，為了有效達成讓微軟降價的目的，不如和微軟締結行政和解契約。

2003年2月27日公平會與微軟和解契約（節錄）[2]

對消費者及教育用戶軟體產品之價格訂定

（一）台灣微軟公司及其相關關係企業就消費者及教育用戶軟體產品在中華民國之價格訂定，充分認知社會大眾意見之重要性。

（二）台灣微軟公司及其相關關係企業就微軟相關軟體產品，在中華民國之價格訂定，會遵守公平交易法關於價格決定之相關規定。

（三）台灣微軟公司及其相關關係企業在中華民國就微軟相關軟體產品，會遵守公平交易法關於搭售之規定。

（四）台灣微軟公司會在本行政和解契約生效後九十日內充分供應微軟相關軟體產品中Office標準版內之個別程式（即Word、Excel、PowerPoint及Outlook），對於已製作中華民國文字版之個別程式，會提供中華民國文字版；如無中華民國文字版者，則提供英文版。

（五）台灣微軟公司及其相關關係企業會遵守公平交易法關於不得限制經銷商（即Large Account Distributor，或稱LAD）、轉銷商（即Large Account Reseller，或稱LAR）自由決定其轉售價格之規定。

促進品牌內競爭

（一）台灣微軟公司及其相關關係企業同意微軟產品之用戶得自由更換其轉銷商。

（二）台灣微軟公司及其相關關係企業同意微軟產品之轉銷商得自由更換其經銷商。

（三）台灣微軟公司及其相關關係企業不會以內部文件之遞交程序或類似理由，剝奪微軟產品之用戶更換其轉銷商或轉銷商更換

2　全文請見馮震宇《智慧財產權發展趨勢與重要問題研究》，頁286-293，元照。

其經銷商之權利。

（四）台灣微軟公司及其相關關係企業於行政和解契約生效後三十日內，會以書面通知經銷商以及轉銷商廢除「大型客戶代理商及經（轉）銷商出貨／下單管理辦法」，且確認遵守公平交易法關於不干預轉銷商與用戶間，以及經銷商與轉銷商間契約關係之規定。

（五）台灣微軟公司及其相關關係企業同意將其擁有之智慧財產權授權與中華民國資訊廠商時，其授權條件應遵守公平交易法關於不得無正當理由對他事業為差別待遇行為之規定。

（六）台灣微軟公司及其相關關係企業同意於本行政和解契約生效後三十日內，會整理出授權決定時可能考慮之某些因素。

合理分享軟體碼

（一）台灣微軟公司及其相關關係企業同意與中華民國政府針對微軟「政府安全計畫」（Government Security Program）分享原始碼進行洽商，以期在近期內訂定合約。

（二）台灣微軟公司及其相關關係企業將正面且積極考慮中華民國資訊廠商參與微軟「企業分享原始碼方案」（Enterprise Shared Source Program）之申請機會。

看起來似乎微軟承諾要開放原始碼，其實只是讓其他廠商加入「企業分享原始碼方案」，並沒有真正要開放原始碼。因此微軟的壟斷地位，仍然不受影響[3]。

---

3 馮震宇《智慧財產權發展趨勢與重要問題研究》，頁279，元照。

第三節　開放原始碼運動

　　除了上述法律上對電腦軟體公司的反撲之外，有一些團體，也開始自發性地開放原始碼，來挑戰著作權法和專利法的設計。以下，將簡單介紹這個「開放原始碼」運動的起源以及其採用的方法。

一、開放原始碼運動的興起

　　開放原始碼運動，乃是由史托曼（Richard M. Stallman，網路上大家暱稱他為RMS）開始倡議的。1971年他還在哈佛就學時，就感受到軟體財產權的束縛，同時也看到產業不願意提供原始碼的情形。RMS反對將軟體建立在智慧財產權與契約的基礎之上，他認為程式設計者的信任與友情是建立在程式共用的基礎上，市場機制將使得程式設計者無法對待其他人像朋友一樣。RMS認為阻止人類分享資訊是構成反人性的行為。換言之，市場競爭機制將破壞程式設計者之間的信任機制，RMS認為這種無法隨意合作的知識領域不值得繼續推廣，他認為不阻礙合作、可共用的研究風氣才是軟體發展應有的路徑。

　　在眼見著作權私有軟體逐漸普及之後，RMS決定創立一個軟體共用的社群。於是，RMS於1984年成立非營利性的組織，自由軟體基金會（Free Software Foundation），並由GNU計畫推行自由軟體的運動。

二、依賴著作權來開放著作權

　　由於RMS秉持共用的想法並不想要再以軟體的財產權營利，故從經濟上的角度來說，一般人會認為他們的作品並不需要財產權的保護。但是，從法律上來說，單純地放棄他們的著作權或智慧財產權，則可想而知的是創作者原來的作品會輕易地遭到他人的濫用或侵占。所以，若是有任何創作者想要分享作品的同時，也得防止其他人利用「合理使用」或「衍生著作」的方式，成為新的著作而享有著作權。故不論有無營利的動機，或為了拓展公共領域的理想，GNU計畫也得依賴著作權。

三、公共授權契約

　　RMS為了讓其他人可以自由使用軟體，又要防止其他人建立起財產權在開放原始碼軟體上，透過契約授權的方式簽署所謂的「公共授權」（public license）契約，他自創利用著作權與契約的方式稱為「copyleft」，而最常被使用的則是「通用公共授權」（General Public License, GPL）。

　　GNU GPL是讓所有使用者可以操作、重製、修改電腦程式，並且散布已經修改過的程式版本，不過其限制在散布者散布軟體的同時，（一）使用者不可以自行增加這些修改版本的使用限制包括財產權；（二）原始碼與軟體一起散布；（三）連同GPL一起散布。總而言之，copyleft便是藉由在copyright上附加散布的契約，達到阻止財產權過度侵入知識領域的目的，以維持整個開放原始碼程式的自由性與開放性。

四、開放原始碼的策略

　　簡單地說，開放原始碼運動的主要方式，就是透過契約授權安排，來達到原始碼共享的目的。不難發現，其所採取的進路，是自發性的，純粹訴諸各個軟體程式設計師的良心，而無法強制所有軟體程式設計師都要開放原始碼，因而，也使得這樣的努力被打了折扣。例如，微軟如果不願意加入開放原始碼的運動，不願以授權契約某程度開放原始碼的話，那麼誰都拿它沒辦法，它一樣繼續維持它的獨占地位。開放原始碼運動這樣的進路，是在承認既有的著作權保護法制下，自己尋出一條可行的方式，並以身作則，鼓勵大家這麼做，而不是想在法制面上革命，試圖修改不合理的法律規定。某程度來說，這樣的進路還是受到智慧財產權法律體系架構的限制，而無法跳脫出來[4]。

4　可參考楊智傑、李憲隆〈開放原始碼授權契約之法律與策略分析〉，《智慧財產權月刊》第58期，頁6-31。

第四節　何者才是最適保護？

　　到底怎樣保護電腦軟體才是最適當的保護？是要將軟體程式移到專利法下，但要求更全面的公開？還是放在著作權法下，然後加上強制公開[5]？

一、專利法保護？

　　用專利法保護軟體，會陷入產品多樣性不足的問題。因為每寫一個程式都可能會用到其他人的幾百個軟體專利，根本動輒得咎，無法開發新的軟體產品。

二、著作權保護但強制公開原始碼

　　若用著作權法保護、並強制公開原始碼，創作發明人可能會覺得不妥。由於在強制公開原始碼後，創作人的智慧精華要馬上公布，那麼，競爭者馬上就能站在其基礎上進一步研發出更好的軟體來。若只用著作權的保護方式，那麼競爭對手只要略加修改，例如前面所說角色設定修改一下，再加多一點貼心的功能，且很快就推出新軟體的話，那麼，可能軟體設計者成本回收的空間，會被壓縮得很短，導致軟體設計師創作的誘因不足。這點，即使著作權保護期間再長都沒有用。

三、原始碼於一定期間後再公開

　　另外，或許可以設計出一個折衷的辦法。仍然可以採用著作權保護，但是要求其強制公開原始碼。不過，是在其取得著作權後半年或一年後強制公開。

　　這個時間，加上公開後其他競爭對手站在其知識基礎上研發推出新產品的時間，剛好可以讓原創作人有足夠時間在市場上回收其成本。

---

5 以下討論，詳細分析可參考楊智傑、李憲隆〈重組智慧財產權體系：開放原始碼的另一條進路〉，《萬國法律》第127期，頁45-65。

　　當然，這個不公開的時間究竟應該多長，要視不同產業的競爭狀態與產品週期而定，這需要比較詳細的實證研究才有辦法得出答案。Lawrence Lessig提供了一個可能的數字：五年。他提出建議，認為所有的軟體程式，可以在五年內免於公開原始碼，但在五年到期後，就必須公開原始碼。這個數字怎麼得來的，Lessig並沒有說明[6]。是否真的精確，不多也不少最適地提供創作者誘因以及達成最大的社會福利，可能要待公開原始碼的制度實施後，視結果而慢慢調整。

　　另外，在強制公開軟體程式原始碼後，例如強制微軟公開其視窗作業系統的原始碼，微軟的獨占地位結束，可能形成多家廠商設計出相類產品，彼此規格不相容，又各自投入了大量的研發資金，反而使得消費者福利下降的情形發生。這點，可能是強制公開原始碼後，可能會產生的負面效果。不過，產品不相容的情形，不需要過分憂慮，多家廠商自然會著眼於自己的商機，協商出一個共同規格出來。或者，如果真的發展歪了，政府也可以適度地提供協商機制，讓各家廠商協商出一個共同規格來。

6　Lawrence Lessig, The Future of Ideas 250-253 (Vintage books, 2001).

第十章　電腦網路犯罪

電腦網路雖然比較新，但是並不代表不受刑法規範。傳統刑法中所規定的偽造文書、詐欺罪等，若是在網路上觸犯了這些罪，仍然可以適用這些規定。另外，刑法於2004年增訂電腦犯罪專章，特別規範了網路上關於電腦的相關犯罪。以下一一介紹。

第一節　電腦網路犯罪

所謂電腦犯罪，定義很廣，大略可分為三類：
一、以電腦網路為通訊工具。
二、以電腦為儲存設備。
三、以電腦為犯罪標的。
本章先挑選幾個重要網路犯罪加以介紹，包括刑法妨礙電腦使用罪，以及網路詐欺、偽造文書、信用卡交易等，如圖10-1。至於網路上非法販賣違禁品和網路賭博，本書不擬介紹。而網路著作權爭議，已於本章

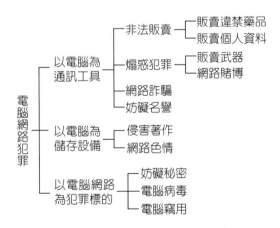

圖10-1　電腦網路犯罪體系[1]

1　參考廖有祿、李相臣《電腦犯罪》，頁133，五南。

第一篇加以介紹。網路色情與網路名譽、隱私權等部分，留待後續兩章介紹。

第二節　妨害電腦使用罪

　　妨礙電腦使用罪，主要是以電腦、網路直接作為犯罪的目標，去妨礙、干擾他人電腦、網路的使用，或竊入他人電腦、更動他人電腦裡的電磁紀錄。

一、電磁紀錄曾被當作動產

　　刑法第10條第6項規定：「稱電磁紀錄者，謂以電子、磁性、光學或其他相類之方式所製成，而供電腦處理之紀錄。」

　　在網路、電腦犯罪剛開始出現時，偷複製他人的電腦檔案，刑法上不知道該如何因應，我國在1997年修正刑法第323條，將「電磁紀錄」也當做是「準動產」，「電能、熱能及其他能量，關於本章之罪，以動產論」。所以竊取他人檔案、刪除他人檔案等行為，也可能會構成竊盜罪。另外，刑法第338、343條則分別對侵占罪及詐欺罪定有準用的條文。另刑法第352條則亦增列第2項干擾他人電磁紀錄處理罪。所以，電磁紀錄相關的犯罪，包括竊盜、侵占、詐欺及毀損，刑法上都有相關的規定可以適用。

二、電磁紀錄的特殊性

　　不過，電磁紀錄有其特性。例如偷偷複製他人的檔案，雖然算是竊盜，可是被複製之後，原檔案並不消失，這與一般的竊盜動產之後、原動產即不見的模式還是有差別。因而，於2003年6月27日修正增訂「電腦犯罪專章」，將電磁紀錄的相關犯罪獨立出來，故相關的電腦網路犯罪已經有直接規定可以處罰，而刪除了刑法第323條電磁紀錄為準動產的規定。

三、妨礙電腦使用罪類型

表10-1　刑法電腦犯罪章

類　　型	罪　　名	構　成　要　件	處　　罰
非法入侵駭客	無故入侵電腦罪（§358）	無故輸入他人帳號密碼、破解使用電腦之保護措施或利用電腦系統之漏洞，而入侵他人之電腦或其相關設備者	處三年以下有期徒刑、拘役或科或併科三十萬元以下罰金
資料干擾、非法擷取	無故取得刪除變更電磁紀錄罪（§359）	無故取得、刪除或變更他人電腦或其相關設備之電磁紀錄，致生損害於公眾或他人者	處五年以下有期徒刑、拘役或科或併科六十萬元以下罰金
病毒大量電子郵件	無故干擾系統或相關設備罪（§360）	無故以電腦程式或其他電磁方式干擾他人電腦或其相關設備，至生損害於公眾或他人者	處三年以下有期徒刑、拘役或科或併科三十萬元以下罰金
製造犯罪程式	製作專供電腦犯罪使用程式罪（§362）	製作專供犯本章之罪之電腦程式，而供自己或他人犯本章之罪，致生損害於公眾或他人者	處五年以下有期徒刑、拘役或科或併科六十萬元以下罰金

*§361對於公務機關之電腦或其相關設備犯第358～360條之罪者，加重其刑至二分之一
*§363第358～360條之罪，須告訴乃論

（一）無故入侵電腦罪

　　刑法第358條規定：「無故輸入他人帳號密碼、破解使用電腦之保護措施或利用電腦系統之漏洞，而入侵他人之電腦或其相關設備者，處三年以下有期徒刑、拘役或科或併科三十萬元以下罰金。」

　　本條乃處罰「駭客」行為。不過，不一定要有破解的行為才處罰，一般人若沒有正當理由，拿著別人的密碼、帳號上網，也會受到處罰。

（二）無故取得、刪除或變更電磁紀錄罪

　　刑法第359條規定：「無故取得、刪除或變更他人電腦或其相關設備之電磁紀錄，致生損害於公眾或他人者，處五年以下有期徒刑、拘役或科

或併科六十萬元以下罰金。」

本條乃處罰進入他人電腦後所做的「取得、刪除或變更電磁紀錄」的行為。

（三）無故干擾系統或相關設備罪

刑法第360條規定：「無故以電腦程式或其他電磁方式干擾他人電腦或其相關設備，致生損害於公眾或他人者，處三年以下有期徒刑、拘役或科或併科三十萬元以下罰金。」

干擾電腦系統及相關設備罪，目的在因應駭客以分散式阻斷攻擊（DDOS）或封包洪流（Ping Flood）等攻擊性的網路癱瘓行為，保護電腦系統及其相關設備的正常運作，規定對於無故以電腦程式或其他電磁方式干擾他人電腦或其相關設備，使公眾或他人因此遭受損害者應予處罰。

（四）製作專供電腦犯罪使用程式罪

刑法第362條規定：「製作專供犯本章之罪之電腦程式，而供自己或他人犯本章之罪，致生損害於公眾或他人者，處五年以下有期徒刑、拘役或科或併科六十萬元以下罰金。」

第三節　網路金融犯罪

一、詐欺罪

刑法第339條規定：「意圖為自己或第三人不法之所有，以詐術使人將本人或第三人之物交付者，處五年以下有期徒刑，拘役或科或併科五十萬元以下罰金。

以前項方法得財產上不法之利益或使第三人得之者，亦同。

前二項之未遂犯罰之。」

本條規定行為人施以詐術，使人陷於錯誤，為財產或利益之交付，即構成詐欺罪。但這條是針對「人對人」的詐騙行為。目前網路詐欺中，

有些是「人對電腦」的犯罪，但是電腦不會陷於錯誤，所以不能適用刑法第339條。有鑑於此，我國於1997年，在刑法第339條後面增訂了三個條文，規範對「機器」的詐騙。分別是對收費設備、自動付款設備的詐財，以及輸入虛偽指令詐騙電腦罪。

（一）詐騙收費設備罪

刑法第339條之1規定：「意圖為自己或第三人不法之所有，以不正方法由收費設備取得他人之物者，處一年以下有期徒刑、拘役或十萬元以下罰金。

以前項方法得財產上不法之利益或使第三人得之者，亦同。

前二項之未遂犯罰之。」

現在自動付款或收費設備之應用，日益普遍，包括自動販賣機、自助式加油機、投幣式或磁卡式公共電話、或投幣式的服務設備等。如果行為人沒有按照規定投幣或刷卡，而以不正方法由此種設備取得他人之物或得財產上不法利益，不只有損業者權益，而且破壞社會秩序，有加重之必要。惟其犯罪情節，尚屬輕微，而只規定處一年以下有期徒刑。

（二）詐騙自動付款設備罪

刑法第339條之2規定：「意圖為自己或第三人不法之所有，以不正方法由自動付款設備取得他人之物者，處三年以下有期徒刑、拘役或三十萬元以下罰金。

以前項方法得財產上不法之利益或使第三人得之者，亦同。

前二項之未遂犯罰之。」

所謂自動付款設備，就是現在到處可見的「自動櫃員機」，也就是「提款機」。例如利用竊取、侵占或拾獲他人的提款卡，進一步再從自動付款機中提款，即是本條所稱的「不正方法」。

（三）輸入虛偽指令詐財罪

刑法第339條之3規定：「意圖為自己或第三人不法之所有，以不正方法將虛偽資料或不正指令輸入電腦或其相關設備，製作財產權之得喪、

變更紀錄，而取得他人之財產者，處七年以下有期徒刑，得併科七十萬元以下罰金。

以前項方法得財產上不法之利益或使第三人得之者，亦同。

前二項之未遂犯罰之。」

本條乃是針對利用不正方法，將虛偽資料或不正指令輸入電腦或其相關設備，使電腦處理錯誤，喪失真實正確性，進而達成製作財產權之得喪、變更紀錄，取得他人財產或不法利益。例如用騙來的信用卡卡號、到期時間，在網路上消費，即會構成本條犯罪。

須注意的是，本條乃是針對「電腦」的詐欺，若只是透過網路對「人」進行詐欺，仍然適用刑法第339條。

二、偽造文書罪

刑法第十五章第210～220條乃偽造文書印文罪。而偽造網路上的文件，一樣可能構成偽造文書罪。

（一）準文書

刑法第220條規定：「在紙上或物品上之文字、符號、圖畫、照像，依習慣或特約，足以為表示其用意之證明者，關於本章及本章以外各罪，以文書論。

錄音、錄影或電磁紀錄，藉機器或電腦之處理所顯示之聲音、影像或符號，足以為表示其用意之證明者，亦同。」

這條就是所謂的「準文書」，而其中第2項「電磁紀錄」的偽造，也會構成偽造文書罪。不過，刑法上偽造文書罪中的文書定義，有所限制，必須是有關法律上權利義務，或事實上證據之文書，才算是文書。所以，如果你的情敵在網路上偽造你的口氣名義寫信給你們追求中的女生，說一些下流的話，讓你在該女生面前的形象毀滅，這似乎不能構成偽造文書罪[2]。

2　參考林東茂《刑法綜覽》，頁2-250，一品，2004年。

（二）與電子簽章法關係

　　網路上的資訊雖然虛虛實實，假資訊、假文件很多，但仍然有可能會構成偽造文書罪，因此才要制定「電子簽章法」。當依法必須以書面作成之文書，規定其在符合一定條件的文件，始具有法律上的效力。不過，依法不一定要以書面作成之文書，對之偽造的話，也會構成偽造文書罪。

三、偽造金融卡

　　近年來偽造、變造金融卡、信用卡之犯罪行為層出不窮，查獲之案件多為企業化、多角化及跨國性集團之犯罪，嚴重危害社會經濟秩序。金融卡之偽造比起行使偽卡之詐欺行為，有過之而無不及，故以高於詐欺罪之法定刑處罰。

（一）信用卡之偽造、變造與行使罪

　　刑法第201條之1規定：「意圖供行使之用，而偽造、變造信用卡、金融卡、儲值卡或其他相類作為簽帳、提款、轉帳或支付工具之電磁紀錄物者，處一年以上七年以下有期徒刑，得併科九萬元以下罰金。

　　行使前項偽造、變造之信用卡、金融卡、儲值卡或其他相類作為簽帳、提款、轉帳或支付工具之電磁紀錄物，或意圖供行使之用，而收受或交付於人者，處五年以下有期徒刑，得併科九萬元以下罰金。」

　　本條有兩項規定，第1項處罰偽造金融卡行為，第2項處罰使用金融卡等行為。

（二）與詐欺罪的關係

　　法院在實務上認為，行使偽造有價證券行為原已包括詐欺罪的行為，故應不另成立詐欺罪。

（三）預備犯

　　刑法第204條為處罰其預備犯。

（四）沒　收

刑法第205條則為沒收偽造品之規定。

四、常見網路詐欺

表10-2　網路詐欺常見態樣

犯罪態樣	犯　罪　手　法	可能違反刑法法條
信用卡詐欺	一、歹徒設法先行得知消費者信用卡內碼後，據以偽（變）造該信用卡，再勾結商家大肆消費。 二、歹徒以偽造、拾得他人遺失之身分證，向銀行申請信用卡後盜刷。 三、歹徒在原申請人未收到銀行寄出的信用卡前，將其攔截後盜刷。 四、歹徒以空白信用卡，用打凸機、錄碼機、燙印機打上持卡人身分資料、卡號及發卡日期，複製猶如真品的信用卡，再與廠商勾結刷卡，復向銀行要求理賠後對分利益。 五、被害人利用信用卡在電腦網路上購物消費，致信用卡卡號遭到網路駭客入侵攔截，繼而被冒用盜刷。	§201-1 §210 §339 §339-2 §339-3
金融卡匯款方式詐欺	歹徒利用一般媒體、網路或散發傳單，以超低價價格販售賣相良好之商品，待民眾電話詢價時，即稱良機不再須即刻以金融卡轉帳方式購買，再利用一般民眾不懂轉帳程序，而設計出一套繁複的操作順序指示，按照其指示操作後，轉帳成功的金額往往數十倍於原來之費用，以達到詐轉被害人存款的目的。	§339 §339-3
網路購物詐欺	歹徒在網路上刊出非常低廉的商品誘使民眾匯款，再以劣品充數，交易完成後即避不見面。	§339
網路銀行轉帳詐欺	歹徒在報紙刊登廣告或散發傳單，宣稱可幫助民眾貸款、加盟、購買法拍物等，要求被害人先行至其指定銀行開戶，存入相當之權利金或保證金，並設定電話語音約定轉帳帳戶（網路銀行服務及語音查詢帳戶餘額），然後歹徒再要求被害人提供語音查詢餘額密碼及身分證件、地址等相關資料以便確認，利用電話語音轉帳功能（網路電子交易）將被害人之存款轉帳領走。	§339 §339-3

犯罪態樣	犯　罪　手　法	可能違反刑法法條
網路信用卡詐欺	利用信用卡公司在網路上登載檢測偽卡程式，輸入一組正確信用卡卡號，程式卡產生數千至數萬個信用卡卡號，歹徒再利用所產生之卡號非法上網購物消費。	§339-3
冒牌銀行網路詐欺	拷貝網路銀行網站的網頁，假冒該銀行之名提供「活期儲蓄存款」、「定存本利和」、「定期儲蓄存款利率」、「零存整付本利和」等多功能，讓使用者誤上冒牌的網路銀行，洩漏個人身分證件或銀行帳號及密碼等重要資料，再進行盜領。	§339-3
網路交友詐欺	女性歹徒利用網路聊天室認識多名男性網友，假冒身分如偽稱某知名大學研究生、課餘兼職拍攝廣告等，並將電視廣告模特兒照片寄給對方，最後假借理由向男性網友借錢，款項到手後不知去向。	§339
網路金光黨詐欺	不法之徒在網路上以「大家來賺錢，這是真的，不是騙人的」標題，在新聞討論群組張貼郵遞名單事業信件，信中列有五人姓名及地址，指示網友寄給名單上五人各一百元，再將列於第一位者之姓名自名單除去，將第二名以下者皆往前遞補一順位，最後將自己姓名置於第五位，以此類推，信中並告訴網友當自己的姓名遞補至第一位時將可獲得約七千萬元。	§339
網路虛設行號詐欺	於網路上虛設高科技公司，以低價販賣高科技新產品，並在網站上展示MP3隨身聽等產品，該公司及網站俟收到網友所寄購買產品之款項後，公司便人去樓空，網站亦隨之關閉。	§339
網路假貨騙售詐欺	不法之徒常在網站、跳蚤市場上張貼販賣便宜的電腦燒錄器、行動電話等二手貨或大補帖等物品，且通常以貨到收款方式交易，被害人收到的物品常是有瑕疵或不堪使用的貨品或空白或已損壞的光碟片。	§339
假保證獲錄取就業詐財	詐騙集團在網路以政府兩百億元公共服務擴大就業方案為誘餌，要民眾繳交兩千元加入會員，保證獲錄取得到就業機會。電子廣告信內容指職訓局釋出11.5萬個工作機會，並羅列全省各級縣市政府、北高市議員、全省各公立學校、績優國營事業、各縣市銀行及農漁會等名額數十至數百名約聘僱人員職缺，誆稱只要繳交二千元加入會員，保證可獲錄用等。	§339

PART 3

資訊自由

第十一章　色情資訊

　　到底什麼是色情？在法律上完全禁止色情資訊嗎？還是只有構成猥褻的資訊才加以禁止？本章先介紹我國刑法對色情的規範，尤其是澄清所謂猥褻的定義。進而再對網路上的色情影片、色情視訊、色情光碟等議題，加以討論。目前我國為了保護未成年人，開始推動網路內容分級，本章也會加以介紹。最後，則會進一步討論網路援交等議題。

第一節　猥　褻

　　刑法第235條第1項規定：「散布、播送或販賣猥褻之文字、圖畫、聲音、影像或其他物品，或公然陳列，或以他法供人觀覽、聽聞者，處二年以下有期徒刑、拘役或科或併科九萬元以下罰金。」

　　因而，我們不能在網路上張貼、散布猥褻的圖片、影片。但是，到底什麼是猥褻的資訊呢？我們先看看大法官在釋字第617號中所做的解釋。

一、釋字第617號解釋：人獸交算不算猥褻資訊

　　刑法第235條第1項規定所謂散布、播送、販賣、公然陳列猥褻之資訊或物品，或以他法供人觀覽、聽聞之行為，係指對含有暴力、性虐待或人獸性交等而無藝術性、醫學性或教育性價值之猥褻資訊或物品為傳布，或對其他客觀上足以刺激或滿足性慾，而令一般人感覺不堪呈現於眾或不能忍受而排拒之猥褻資訊或物品，未採取適當之安全隔絕措施而傳布，使一般人得以見聞之行為；同條第2項規定所謂意圖散布、播送、販賣而製造、持有猥褻資訊、物品之行為，亦僅指意圖傳布含有暴力、性虐待或人獸性交等而無藝術性、醫學性或教育性價值之猥褻資訊或物品而製造、持有之行為，或對其他客觀上足以刺激或滿足性慾，而令一般人感覺不堪呈現於眾或不能忍受而排拒之猥褻資訊或物品，意圖不採取適當安全隔絕措施之傳布，使一般人得以見聞而製造或持有該等猥褻資訊、物品之情形，

至對於製造、持有等原屬散布、播送及販賣等之預備行為，擬制為與散布、播送及販賣等傳布性資訊或物品之構成要件行為具有相同之不法程度，乃屬立法之形成自由；同條第3項規定針對猥褻之文字、圖畫、聲音或影像之附著物及物品，不問屬於犯人與否，一概沒收，亦僅限於違反前二項規定之猥褻資訊附著物及物品。依本解釋意旨，上開規定對性言論之表現與性資訊之流通，並未為過度之封鎖與歧視，對人民言論及出版自由之限制尚屬合理，與憲法第23條之比例原則要無不符，並未違背憲法第11條保障人民言論及出版自由之本旨。

刑法第235條規定所稱猥褻之資訊、物品，其中「猥褻」雖屬評價性之不確定法律概念，然所謂猥褻，指客觀上足以刺激或滿足性慾，其內容可與性器官、性行為及性文化之描繪與論述連結，且須以引起普通一般人羞恥或厭惡感而侵害性的道德感情，有礙於社會風化者為限（本院釋字第407號解釋參照），其意義並非一般人難以理解，且為受規範者所得預見，並可經由司法審查加以確認，與法律明確性原則尚無違背。

二、分析

根據大法官的說法，有三個重點：

1. 足以刺激或滿足性慾。
2. 引起普通一般人羞恥或厭惡感而侵害性的道德情感，有礙社會風化。
3. 由法官就具體個案判斷。

一般的色情出版品或多或少都可以刺激或滿足性慾，但是哪種內容還會滿足第二個要件呢？可能要依法官個人判斷。

第二個要件也就是英文裡面講的「硬核」（hardcore）的色情內容。若沒有第二個要件，只有第一個要件，算是軟核（softcore），則不需要取締。那哪些色情內容是hardcore，而構成猥褻呢？

一般認為構成猥褻的包括：性虐待、兒童色情、人獸交、露第三點。所謂露第三點，並非光露陰毛，乃是指特別拍攝性器官。

實際上大法官說要交給法官於審判時就個別案情而定。例如，很有名的中央大學何春蕤教授設置人獸交網頁，遭到檢察官起訴，後來法官

則認為其算是學術研究，不屬於猥褻[1]。若單就人獸交這點，的確是屬於hardcore，但是法官依個案判斷，認為在本案脈絡下是要做學術研究，所以最後判決無罪。

三、台灣高等法院87年度上易字第5088號刑事判決

「按刑法第235條之販賣猥褻物品等罪所稱之『猥褻』一詞，係一抽象不確定之法律概念，其定義、界限及判斷，會隨時代之演變、風俗之變易、及閱者地域、生活背景之差異，而有所不同。惟本於該罪係屬妨害風化之犯罪，其立法目的應在於保護社會善良風俗，防制破壞性道德之意旨。所謂『猥褻』一詞，當係指其內容不僅在客觀上足以刺激或滿足人之性慾，且亦會使普通一般人產生厭惡或羞恥之感，而侵害性的道德感情，依一般社會通念，足認有傷於社會風俗者而言（司法院大法官釋字第407號解釋理由參考）。猥褻文字、圖畫，與藝術性、醫學性、教育性，乃至於單純娛樂休閒性文字、圖畫之區別，應就其內容整體之特性及目的而為觀察，基於尊重憲法第11條保障人民言論出版自由之本旨，兼顧善良風俗及青少年身心健康之維護，依當時之一般社會觀念決定之；而非謂一切在客觀上足以刺激、滿足人之性慾之文字或圖畫，均可謂之『猥褻』。蓋如非以噁心、下流或刻意強調之方式描寫、攝影性器官或性行為，則單純之刺激性慾，既與他人無涉，對自己亦未必有害，甚且或提供一般民眾有正常之性慾宣洩管道，則何來刑罰之可罰性。又所謂社會觀念，亦應係以一般普通人之感受及反應決定之，而非以特別敏感或道德高尚者之感覺為斷；並應顧及成年人及青少年不同之感受，若仍單純以傳統之是否足以刺激或滿足人之性慾為『猥褻罪』定義之判斷標準，估不論是否足以刺激或滿足人之性慾，或會因人而異；且率以如此涵蓋範圍寬廣之標準評斷『猥褻』罪之構成，而未考慮猥褻罪係屬性道德之犯罪，則無異於利用公權力強制倡導『禁慾主義』，將執政或有權評斷者自我高尚之道德思想或喜好，以刑罰手段強施於未必具有相同觀念之一般社會大眾，實有以教條式

1　台灣台北地方法院刑事判決92年度易字第2405號。

或壓抑式言論之灌輸，管制人民性思想之虞，亦與憲法保障人民言論出版自由（含接近使用媒體即接受資訊之自由權利）之旨趣相違，自不足採。系爭『小澤圓』寫真集，依現今一般社會觀念，尚難認屬猥褻圖畫，被告縱有陳列販售，亦難論以販賣猥褻圖畫罪責。」

四、猥褻與色情

（一）猥褻與色情的區別

現在市面上其實還是有很多寫真集和色情光碟，這算不算是猥褻出版品？雖然根據刑法第235條，應該不能散播、販賣猥褻出版品，但是為何這些出版品還是一直繼續出版？主要原因是：只要出版品不構成猥褻，就不會被禁止，頂多被算做限制級而已。所以，現在刑法第235條對於色情寫真集、色情光碟，只要不刻意拍攝性器官，已經很少取締。

晶晶書庫販賣男體雜誌案

晶晶書庫以三十多萬元從香港購買七百多本男體雜誌，於2003年8月25日下午三點遭到基隆刑事組一搜索票內容查扣相關猥褻刊物，帶走五百多本完整封好膠套、並貼有警告標語之男體雜誌。隨後基隆地檢署以妨害風化罪將之起訴。地院將刊物委由「中華民國出版品評議基金會」進行鑑定。該會指稱十一本為限制級刊物，八十七本為「逾越限制級」。並認為：「男性陰莖呈明顯勃起，非自然呈現，恐有違反公序良俗之虞，男性口交、肛交、雜交之性愛圖片，內容不堪入目，足以引起一般人感到羞恥及厭惡感，恐有猥褻之虞。」後來基隆地方法院判決其違反刑法第235條[2]。

（二）反　省

目前認為，刻意拍攝性器官，就構成猥褻。但這個標準是否應該修正？晶晶書庫負責人認為，拍攝性器官是要讓男同志可以有宣洩管道，不

2　台灣基隆地方法院刑事判決93年度易字第137號。

應該算是猥褻。且同志對性的接受尺度，與一般人不同。

　　若就外國而言，拍攝性器官早就在被接受的範圍內。例如晶晶書庫引進的香港雜誌，在香港當地是合法出版品，在台灣卻構成猥褻物品。又例如，下文會提到台灣常替外國色情光碟代工，但是那些色情光碟的尺度卻構成了台灣的猥褻物品，因而引發爭議。或許台灣隨著時代進步，就拍攝性器官的部分，應該也要跟著放寬。

第二節　色情光碟

　　在網路上許多網友都會轉寄、張貼、或供人下載一些色情照片、色情影片，這會涉及哪些法律問題？

一、刑法散布猥褻物品罪

　　刑法第235條第1項規定：「散布、播送或販賣猥褻之文字、圖畫、聲音、影像或其他物品，或公然陳列，或以他法供人觀覽、聽聞者，處二年以下有期徒刑、拘役或科或併科九萬元以下罰金。」其要件包括：
1. 散布：對不特定人或多數人為無償交付。
2. 播送：須播送於不特定人或多數人觀覽或聽聞（84年台上字第6294號判例）。
3. 他法：須為不特定人或多數人得共見共聞之公然方法（同上判例）。

二、色情電話與色情視訊

（一）色情電話

　　0204色情電話服務，有沒有違法？由於刑法第235條必須是散播，而0204色情電話是一對一的服務，並沒有散播。

（二）色情視訊

　　網路色情視訊真的有違法嗎？目前法院尚未做出相關判決。

　　若根據刑法第235條「散播猥褻物品罪」，似乎是指得要將猥褻行為錄成「錄音帶、錄影帶」進行「散播、播送、販賣」才符合這一條件。但是網路視訊是「現場直播」，算是這一條件的行為嗎？或許會有疑義。尤其在數位匯流的情況下，網路也可能漸漸轉變為另一種有線電視，故視訊可能也可以被認為是一種播送。不過，若在網路上進行一對一的視訊，應該不能算是播送。但若是一對多的視訊，可能就算是播送。但就算網路視訊是「播送」，也必須其內容達到「猥褻」程度，若未達到猥褻程度，則不至於構成「散播猥褻物品罪」。

三、日本A片受不受著作權法保護？

　　網路上許多網友會到處轉寄或供人下載日本A片或A圖，這些A片難道沒有著作權嗎？

（一）日本人著作權受我國保護

　　我國自2002年1月1日加入世界貿易組織（WTO）後，該組織「與貿易有關之智慧財產權協定」（TRIPS）之規定要求各會員體必須保護其他所有會員體國民著作，則依著作權法第4條第2款規定，我國將依國民待遇原則保護WTO所有會員體國民之著作。至於在我國於2002年1月1日加入世界貿易組織前，已利用原不受保護之外國人著作者，於加入後則於著作權法第106條之2及第106條之3訂有過渡條款之規定。

（二）法院認為色情不屬於著作權保護之著作

　　主管機關經濟部智慧財產局向來認為：「如具有創作性，仍得為著作權保護標的。至於其是否為猥褻物品，其陳列、散布、播送等，是否受刑法或其他法令之限制、規範，應依各該法令決定之，與著作權無涉。」不過，最高法院88年度台上字第250號刑事判決則持相反的否定見解。認為色情光碟片不是著作權法第3條第1項第1款所稱的「著作」，不受著作權保護，其理由是：「著作權法之立法目的除在保障個人或法人智慧之著作，使著作物為大眾公正利用外，並注重文化之健全發展，故有礙維持社

會秩序或違背公共利益之著述，既無由促進國家社會發展，且與著作權法之立法目的有違，基於既得權之保障仍須受公序良俗限制之原則，是色情光碟片非屬著作權法所稱之著作，自不受著作權法不得製造或販賣等之保障。」3

（三）反　省

就是因為我們不保護日本A片的著作權，所以網路色情才這麼氾濫。如果法院真的覺得色情是違法的、需要禁止，那麼或許保護其著作權，才能真正遏止網路色情盜版的風氣。

四、可否拍攝A片？

之前曾經有一個新聞，就是本土A片演員萱萱和阿賢被警方約談。令人引起一個疑問：在台灣禁止拍A片嗎？台灣原則上並不禁止性交易，也不禁止A片散布，那麼禁止拍A片呢？

原則上，在台灣拍攝色情照片、影片並不犯法。除非所拍攝的內容已經構成了猥褻品，符合刑法第235條第2項的製造，才會違法。刑法第235條第2項：「意圖散布、播送、販賣而製造、持有前項文字、圖畫、聲音、影像及其附著物或其他物品者，亦同。」如果影片內容不構成猥褻，或者有打上馬賽克，那麼就不會違法。不過，阿賢和萱萱拍的影片，以「台灣水電工」為例，裡面三點性器官全露，所以已經算是猥褻品了。另外，除非認為演員「收錢拍A片」算是一種「性交易」，才有可能違法。

但是若讓「未成年人」進行拍攝的話，則會觸法。兒童及少年性剝削防制條例第36條第1～4項規定：「拍攝、製造兒童或少年為性交或猥褻行為之圖畫、照片、影片、影帶、光碟、電子訊號或其他物品，處一年以上七年以下有期徒刑，得併科新臺幣一百萬元以下罰金。

招募、引誘、容留、媒介、協助或以他法，使兒童或少年被拍攝、製造性交或猥褻行為之圖畫、照片、影片、影帶、光碟、電子訊號或其他物

3　章忠信〈色情雜誌或錄影帶沒有著作權？〉
　　http://www.copyrightnote.org/crnote/bbs.php?board=6&act=read&id=24.

品，處三年以上七年以下有期徒刑，得併科新臺幣三百萬元以下罰金。

　　以強暴、脅迫、藥劑、詐術、催眠術或其他違反本人意願之方法，使兒童或少年被拍攝、製造性交或猥褻行為之圖畫、照片、影片、影帶、光碟、電子訊號或其他物品者，處七年以上有期徒刑，得併科新臺幣五百萬元以下罰金。

　　意圖營利犯前三項之罪者，依各該條項之規定，加重其刑至二分之一。」

五、可否壓製色情光碟？

　　外國人的猥褻標準和台灣的猥褻標準不同。台灣是世界上最大的光碟代工中心，可是卻因為我國刑法第235條的限制，被歸為猥褻的A片，如果台灣要替外國代工，就會違反刑法第235條。為了解決這個困境，2005年6月「光碟管理條例」修正，增訂第9條之1（專供輸出之預錄式光碟）：「事業經國外合法授權製造專供輸出之預錄式光碟，且符合下列規定者，得製造、持有或輸出，不適用刑法第二百三十五條之規定：

　　一、已取得外國權利人授權之證明文件者。

　　二、輸出人具結未違反輸入國法令之規定者。

　　前項專供輸出之預錄式光碟，不得在我國散布、播送或販賣。

　　事業負責人違反前項規定，經法院判決有罪確定者，主管機關得廢止其製造許可。」

　　這樣一來，台灣業者就可以替外國的色情光碟代工，不過這些猥褻的光碟不能在台灣販賣。

第三節　妨害性隱私及不實影像罪

　　近年來未經同意散布性影像之案件頻傳，關於攝錄、散布性影像等犯罪對被害人之隱私、名譽及人格權所生之損害甚鉅。加上近年來網路資訊科技及人工智慧技術之運用快速發展，以電腦合成或其他科技方法而製作他人不實之性影像案件於國內外亦有逐漸增加之趨勢，因該性影像內容真

假難辨，對於被害人人格法益之侵害程度不亞於散布真實影像之犯罪，有以刑法明定處罰之必要。故刑法於2023年2月修正，增加「妨害性隱私及不實性影像罪」章（增訂第319-1～319-6條）。

一、性影像之定義

刑法第10條第8項定義：「稱性影像者，謂內容有下列各款之一之影像或電磁紀錄：

一、第五項第一款或第二款之行為。（性交行為）

二、性器或客觀上足以引起性慾或羞恥之身體隱私部位。

三、以身體或器物接觸前款部位，而客觀上足以引起性慾或羞恥之行為。

四、其他與性相關而客觀上足以引起性慾或羞恥之行為。」

二、未經同意無故攝錄性影像罪

刑法第319條之1：「未經他人同意，無故以照相、錄影、電磁紀錄或其他科技方法攝錄其性影像者，處三年以下有期徒刑。

意圖營利供給場所、工具或設備，便利他人為前項之行為者，處五年以下有期徒刑，得併科五十萬元以下罰金。

意圖營利、散布、播送、公然陳列或以他法供人觀覽，而犯第一項之罪者，依前項規定處斷。

前三項之未遂犯罰之。」

三、違反本人意願攝錄性影像罪

刑法第319條之2規定：「以強暴、脅迫、恐嚇或其他違反本人意願之方法，以照相、錄影、電磁紀錄或其他科技方法攝錄其性影像，或使其本人攝錄者，處五年以下有期徒刑，得併科五十萬元以下罰金。

意圖營利供給場所、工具或設備，便利他人為前項之行為者，處六月以上五年以下有期徒刑，得併科五十萬元以下罰金。

意圖營利、散布、播送、公然陳列或以他法供人觀覽，而犯第一項之罪者，依前項規定處斷。

前三項之未遂犯罰之。」

四、未經同意散布性影像罪

男女朋友交往時可能感情甜蜜而同意拍攝性影像，但男女分友分手後，卻用分手報復方式散布性影像。這些性影像在拍攝時有經本人同意、沒有違反本人意願，但分手後不可以隨意散布。

刑法第319條之3規定：「未經他人同意，無故重製、散布、播送、交付、公然陳列，或以他法供人觀覽其性影像者，處五年以下有期徒刑，得併科五十萬元以下罰金。

犯前項之罪，其性影像係第三百十九條之一第一項至第三項攝錄之內容者，處六月以上五年以下有期徒刑，得併科五十萬元以下罰金。

犯第一項之罪，其性影像係前條第一項至第三項攝錄之內容者，處一年以上七年以下有期徒刑，得併科七十萬元以下罰金。

意圖營利而犯前三項之罪者，依各該項之規定，加重其刑至二分之一。販賣前三項性影像者，亦同。

前四項之未遂犯罰之。」

五、深度偽造性影像罪

因網路資訊科技及人工智慧技術之運用快速發展，以電腦合成或其他科技方法而製作關於他人不實之性影像，稱為深度偽造（deep fake）。其可能真假難辨，易於流傳，對被害人造成難堪與恐懼等身心創傷，而有處罰必要。

刑法第319條之4：「意圖散布、播送、交付、公然陳列，或以他法供人觀覽，以電腦合成或其他科技方法製作關於他人不實之性影像，足以生損害於他人者，處五年以下有期徒刑、拘役或科或併科五十萬元以下罰金。

散布、播送、交付、公然陳列，或以他法供人觀覽前項性影像，足以
生損害於他人者，亦同。

　意圖營利而犯前二項之罪者，處七年以下有期徒刑，得併科七十萬元
以下罰金。販賣前二項性影像者，亦同。」

第四節　分級制度

　根據上述對猥褻的分析，我們得知，如果是猥褻的資訊，就絕對不得
出版、散布。若還不到猥褻的程度，只是一般的色情，並不違法，但是難
道就可以自由散布嗎？

表11-1　猥褻與色情

分　類	實　例	法律上
猥褻	兒童色情、人獸交、性虐待、直接拍攝性器官等	違反刑法
色情	一般露兩點的色情	依照內容分級，色情列為限制級

　為了保護未成年人的心智發展，應就資訊加以分級，現有的電視、
電影分級辦法，將內容分為四級。而出版品辦法和將來的網路內容分級辦
法，都將資訊分為兩級。到底出版品分級或網路分級好不好呢？

一、電視、電影分級

　一般電視、電影都將內容分為四級。而一般的色情內容，如果還不
到猥褻程度，大多被劃歸為「限制級」，只限十八歲以上的成人才得以觀
賞。

　例如，根據電視節目分級辦法（2003年3月3日修正），其將節目內
容分為四級，並要求標示「分級標識」（如圖11-1）：

1.限制級（簡稱「限」級）：未滿十八歲者不宜觀賞。
2.輔導級（簡稱「輔」級）：未滿十二歲之兒童不宜觀賞，十二歲以上未

普遍級：一般網站瀏覽者皆可瀏覽

保護級：未滿六歲之兒童不宜瀏覽

輔導級：未滿十二歲之兒童不宜瀏覽
十二歲以上未滿十八歲之少
年須父母或師長輔導瀏覽

限制級：未滿十八歲者不得瀏覽

圖11-1　內容分級標識

滿十八歲之少年須父母或師長輔導觀賞。

3. 保護級（簡稱「護」級）：未滿六歲之兒童不宜觀賞，六歲以上未滿
十二歲之兒童須父母、師長或成年親友陪伴觀賞。

4. 普遍級（簡稱「普」級）：一般觀眾皆可觀賞。

　　至於將這樣的資訊分級後，除了要求必須在節目上自動標示級別
外，為了保護青少年不要太容易接觸到色情資訊，色情資訊原則上只能在
鎖碼頻道上播送，而其他級別的資訊，則必須按照規定的時間播送。

表11-2　節目分級播送時間

	無線電視	有線電視、衛星電視		有線電視、衛星電視	
		一般頻道 （未鎖碼）	電影頻道 （未鎖碼）	一般頻道 （鎖碼）	電影頻道 （鎖碼）
6:00～16:00	普、護	普、護	普、護	普、護、輔、限	
16:00～19:00	普	普	普		
19:00～21:00	普	普	普、護		
21:00～23:00	普、護	普、護	普、護、輔		
23:00～6:00	普、護、輔	普、護、輔	普、護、輔		

問題：限制級影片播出時段有無限制？

限制級影片在電視上哪個時段才會播出？

限制級影片只會在鎖碼頻道播出，至於播出的時間，則沒有限制。

二、出版品分級

2014年政府制定了「出版品及錄影節目帶分級管理辦法」，該辦法有關出版品之分級管理規定自2005年7月1日施行。該辦法甫實施即引發許多爭議。婦女團體與媽媽團體希望進行分級，以保護青少年不受污染。但是人權團體、學者則主張言論自由，認為分級制會打壓與色情有關的言論。

現在將要實施的出版品分級將只分為兩級（限制級和普遍級），錄影帶則將按照電視電影一樣分為四級。那為何網路分級和出版品和錄影帶分級會引發如此大的爭議呢？

（一）法源依據

舊兒童及少年福利法於2003年5月28日公布施行，依據當時舊法第27條第3項規定，授權主管機關制定出版品分級辦法。

後來該法名稱改為「兒童及少年福利與權益保障法」，根據現行法第44條規定：「新聞紙以外之出版品、錄影節目帶、遊戲軟體應由有分級管理義務之人予以分級；其他有事實認定影響兒童及少年身心健康之虞之物品經目的事業主管機關認定應予分級者，亦同。

任何人不得以違反第三項所定辦法之陳列方式，使兒童及少年觀看或取得應列為限制級之物品。

第一項物品之分級類別、內容、標示、陳列方式、管理、有分級管理義務之人及其他應遵行事項之辦法，由中央目的事業主管機關定之。」

（二）出版品及錄影帶節目分級管理辦法

　　出版品分級辦法原則上分為兩級，一類為限制級，一類為普遍級。根據出版品及錄影節目帶分級管理辦法第5條規定：「出版品之內容有下列情形之一，有害兒童及少年身心健康者，列為限制級，未滿十八歲之人不得閱聽：

　　一、過當描述賭博、吸毒、販毒、搶劫、竊盜、綁架、殺人或其他犯罪行為者。

　　二、過當描述自殺過程者。

　　三、過當描述恐怖、血腥、殘暴、變態等情節且表現方式強烈者。

　　四、過當以語言、文字、對白、聲音、圖畫、攝影描繪性行為、淫穢情節或裸露人體性器官者。」

表11-3　出版品分級

分　　級	內　　　　　涵	法律責任
猥　　褻	足以刺激或滿足性慾，並引起普通一般人羞恥或厭惡感而侵害性的道德感情，有礙於社會風化	不准出版
限制級	一、過當描述賭博、吸毒、販毒、搶劫、竊盜、綁架、殺人或其他犯罪行為者。 二、過當描述自殺過程者。 三、過當描述恐怖、血腥、殘暴、變態等情節且表現方式強烈者。 四、過當以語言、文字、對白、聲音、圖畫、攝影描繪性行為、淫穢情節或裸露人體性器官者。	自動標示為限制級
普遍級	以上其他資訊	可以自由出版

　　在此分級辦法之下，屬於猥褻品的hardcore，還是不能出版。但是不符合第二個要件，只滿足第一個要件的softcore，則會被歸為限制級而限於成年人才能購買或閱讀。

　　這套分級制度原則次是要業者自行分級，並自動標示。若業者不知道自己該歸到哪一級，則可以向專業團體諮詢。

問題：「蠟筆小新」漫畫之分級為何？

「蠟筆小新」漫畫是限制級，未成年人不得購買？

　　在分級制度採行之後，如果「蠟筆小新」有過多露鳥的鏡頭出現，可能會被歸入為限制級，那麼就必須加裝封套，禁止未成年人購買。當然，出版社如果怕「蠟筆小新」被歸到限制級，則可以在漫畫中打馬賽克。

三、電腦網路分級

　　隨著網際網路資訊日益成長及用戶年齡層向下延伸結果，兒童及青少年透過此複雜且多樣化的媒體而涉足不當資訊內容的可能性已逐漸升高，如暴力或色情的文字、圖片或甚至影片等，若缺乏適當的管理，將造成嚴重的不良影響。因此，如何建立一個合宜的機制，使得每個網路的使用者都能看到適合的內容，已經是刻不容緩的課題。

（一）電腦網路內容分級處理辦法

　　根據前述舊兒童及少年福利法第27條規定，主管機關也必須制定電腦網路的分級辦法，故產生了「電腦網路內容分級處理辦法」（2004年4月公布實施），其規定在十八個月內（至2005年10月前），各網站要做好分級準備。該辦法已於2005年10月25日正式實施。

　　當時的電腦網路分級採取電視的分級方法，分為兩級，這兩級有一套認定標準後，網路業者應自動根據該標準自行分級，例如現在的色情網站都會自行標示「未滿十八歲者不得進入」，就是一種自行分級。在該辦法的分級標準下，業者根據該標準自行分級後，要在網頁上標示「分級標識」。網站應採用「內容過濾」或「身分認證」等措施機制，防制兒童或少年接取不良之資訊。

　　而使用者這端則會設定可以上網瀏覽的權限，下載一分級軟體後，父母可以幫小朋友的電腦設定為只能瀏覽「非限制級」的資訊，那麼小朋友就沒辦法瀏覽「限制級」的資訊。

（二）2012年廢止廢除「電腦網路內容分級處理辦法」

因2011年修正公布之兒童及少年福利與權益保障法，已刪除舊「兒童及少年福利法」第27條授權規定，故「電腦網路內容分級處理辦法」已失其法律授權依據，因而於2012年由國家通訊傳播委員會公告廢止該辦法。

在廢止該辦法後，國家通訊傳播委員會（NCC）改採用TIWF（網路內容防護機構）的架構，採取多管齊下方式，形成兒少上網安全防護網，包括建置兒少內容防護機制（兒少網路行為觀察、建立申訴機制、推動內容分級制度、過濾軟體建立、兒少上網安全宣導、網路平台業者建立自律機制）、單e窗口接受申訴、電信業者建置簡訊過濾機制、要求電信業者主動過濾不當內容、跨部會網路安全會議等方式，維護網路安全。

（三）電腦網路內容分級標準

網路分級辦法按照出版品及錄影節目帶分級管理辦法，分為「限制級」與「非限制級」。限制級為：

1. 過當描述賭博、吸毒、販毒、搶劫、竊盜、綁架、殺人或其他犯罪行為者。
2. 過當描述自殺過程者。
3. 有恐怖、血腥、殘暴、變態等情節且表現方式強烈，一般成年人尚可接受者。
4. 以動作、影像、語言、文字、對白、聲音、圖畫、攝影或其他形式描繪性行為、淫穢情節或裸露人體性器官，尚不致引起一般成年人羞恥或厭惡感者。

凡限制級網站，應主動標識如圖11-2：

（四）自動分級系統

除了法律上強制分為限制級和非限制級兩級外，但是目前「台灣網站分級推廣基金會」（www.ticrf.org.tw）另外制定了一套自動分級系統。這套分級系統可將網路內容分為較多等級，不過目前暫時仍然只分成兩級。此系統一方面可以讓網站自行標示其網頁內容等級，另一方面則可以讓父母在使用者這端設定可閱覽的等級。如果使用者這端的網路設定只能看普

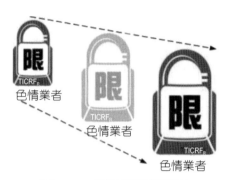

色情業者

色情業者

色情業者

圖11-2　網站限制級標示

遍級的網頁，那麼只要瀏覽到限制級的網頁，就無法開啟瀏覽。「台灣網站分級推廣基金會」並提供分級軟體讓使用者下載。

　　該系統分為四個項目（語言、性、暴力、其他），目前每個項目暫時分為兩級（0分和3分，0為普遍級，3為限制級）。父母可以設定小孩可以閱覽的網站等級，並分別就四個項目設定小孩可以閱覽的不同等級。例如，有些家庭對語言的尺度或許較寬於其他同齡小孩的家庭，但對裸露的接受程度則較低，這些因各家庭而不同的文化因素，及家長對於小孩的不同教育方式，未來均可在台灣分級系統中找到適合的分級方式。

　　四級分類如表11-4：

表11-4　台灣網站分級系統分類說明

類別	級別名稱	級別描述	機器碼	對應值
網站內容 語言之使用	十八歲以下之未成年人可單獨閱讀或由家長陪伴閱讀之容許語言	一般性語言，略顯輕蔑或經修飾過之粗鄙字眼	l	0
	十八歲以下之未成年人不可閱讀之明顯粗俗語言使用	以語言描述強姦、性行為等情節，用語明顯粗暴未經修飾，表現淫穢與性暗示		3
圖文或多媒體之 性與裸露之	完全無裸露及在父母陪伴之下可觀看	裸露之藝術作品或教學素材，不致引發性聯想之胸部、臀部裸露或著衣之愛撫	s	0
	明顯的性活動，十八歲以下之未成年人不可觀看	性器官接觸，或直接明白裸露性器官以暗示性行為		3

表11-4　台灣網站分級系統分類說明（續）

類別	級別名稱	級別描述	機器碼	對應值
暴力與流血 圖文或多媒體之	完全無暴力或可由父母陪同觀看之虛構暴力及運動暴力	漫畫情節之暴力打鬥，運動場上之暴力衝突，具教育目的醫療行為或戰爭場面	v	0
	表現強烈之暴力，十八歲以下之未成年人不可觀看	變態暴力情節、強迫性行為等誤導性內容		3
其他	在父母陪同下可閱讀之其他內容	自殺、輕生等情節或涉及靈異之超自然現象描述	o	0
	其他，十八歲以下之未成年人不可觀看之內容	鼓勵仇視不同族群或價值觀的團體，鼓勵抽菸與酗酒，毒品及藥物濫用，怪力亂神引起情緒不安之內容，無人管理之聊天室		3

第五節　網路援交

一、性交易是否違法？

　　在台灣性交易到底違不違法？一般人實在搞不清楚。其實，在刑法中並沒有直接處罰性交易。根據刑法第231條第1項規定：「意圖使男女與他人為性交或猥褻之行為，而引誘、容留或媒介以營利者，處五年以下有期徒刑，得併科十萬元以下罰金。以詐術犯之者，亦同。」和第231條之1「圖利強制使人為性交猥褻罪」，刑法只處罰「開妓院的老闆」或「皮條客」而已，至於「妓女」和「嫖客」是不處罰的。不過，若嫖客嫖的對象未滿十六歲，則要處七年以下有期徒刑。

　　但是，在舊社會秩序維護法中會處罰「妓女」和「皮條客」，至於「嫖客」還是不處罰。而且，對妓女和皮條客的處罰其實還是很輕，被抓到只要關三天或罰鍰三萬，一年不被抓到超過三次就好。若一年被抓到超過三次，則要抓去再教育半年到一年。

　　不過，2009年大法官於釋字第666號解釋（2009.11.6）中指出，過去社會秩序維護法「罰娼不罰嫖」的規定，只處罰妓女，不處罰嫖客，違

反了憲法第7條之平等原則,而要求立法機關應於兩年內修改該規定。因而,新社會秩序維護法第80條修改為,只要從事性交易者,不區分嫖客、妓女、皮條客,都一律罰鍰三萬。

二、援助交際

須注意的是,對未成年少女的「援助交際」卻是違法的。根據刑法第227條規定,若性交易的對象未滿十四歲,將處三年以上、十年以下有期徒刑。若性交的對象為十四歲以上、十六歲以下,則處七年以下有期徒刑。

而兒童及少年性剝削防制條例第31條第1、2項規定:「與未滿十六歲之人為有對價之性交或猥褻行為者,依刑法之規定處罰之。

十八歲以上之人與十六歲以上未滿十八歲之人為有對價之性交或猥褻行為者,處三年以下有期徒刑、拘役或新臺幣十萬元以下罰金。」

表11-5　與未成年性交易之法律責任

對　象	刑　責	法條依據
未滿十四歲	三年以上、十年以下有期徒刑	刑法第227條
十四歲以上、未滿十六歲	七年以下有期徒刑	刑法第227條
十六歲以上、未滿十八歲	三年以下有期徒刑	兒童及少年性剝削防制條例第31條第2項

三、性交易廣告

最近很熱門的一個爭議是:警察為了逮捕援助交際的人,對於在網路上散布、引誘他人為性交易資訊的人,也要處罰。其根據的是兒童及少年性剝削防制條例的第40條和第50條。

首先,兒童及少年性剝削防制條例第2條規定:「本條例所稱兒童或少年性剝削,係指下列行為之一:

一、使兒童或少年為有對價之性交或猥褻行為。

二、利用兒童或少年為性交、猥褻之行為,以供人觀覽。

　　三、拍攝、製造兒童或少年為性交或猥褻行為之圖畫、照片、影片、影帶、光碟、電子訊號或其他物品。

　　四、使兒童或少年坐檯陪酒或涉及色情之伴遊、伴唱、伴舞等行為。」

　　進而，在網路上刊登性交易資訊的人，都會受到處罰，兒童及少年性剝削防制條例第40條規定：「以宣傳品、出版品、廣播、電視、電信、網際網路或其他方法，散布、傳送、刊登或張貼足以引誘、媒介、暗示或其他使兒童或少年有遭受第二條第一項第一款至第三款之虞之訊息者，處三年以下有期徒刑，得併科新臺幣一百萬元以下罰金。

　　意圖營利而犯前項之罪者，處五年以下有期徒刑，得併科新臺幣一百萬元以下罰金。」

　　另外，幫忙刊登性交易資訊的媒體，也要受到處罰。第50條規定：「宣傳品、出版品、廣播、電視、網際網路或其他媒體，為他人散布、傳送、刊登或張貼足以引誘、媒介、暗示或其他使兒童或少年有遭受第二條第一項第一款至第三款之虞之訊息者，由各目的事業主管機關處新臺幣五萬元以上六十萬元以下罰鍰。

　　各目的事業主管機關對於違反前項規定之媒體，應發布新聞並公開之。」

　　根據上述條文，只要在網路上暗示他人為性交易，不管對象是不是十八歲以下，都要受到處罰。所以在討論區張貼含暗示性的廣告，就會受到處罰。不過，如果是透過聊天室的「悄悄話」功能，一對一私下地問：「援嗎？」則根據最近的法院判決認為，此行為不算是散播，所以不用處罰。

　　舊兒童及少年性交易防制條例第29條的立法目的，主要是在保障未成年人免於受到誘惑而進行性交易。有不少法律學者認為該條文的法定刑過重，真的援交才關一年，在舊法下刊登訊息卻要關五年，對於人民言論自由似乎有過度的妨礙，也不符合憲法第23條的比例原則。

四、釋字第623號解釋

　　針對這個問題，大法官於釋字第623號解釋（2007年1月26日）做出解釋：「是行為人所傳布之訊息如非以兒童少年性交易或促使其為性交易為內容，且已採取必要之隔絕措施，使其訊息之接收人僅限於十八歲以上之人者，即不屬該條規定規範之範圍。上開規定乃為達成防制、消弭以兒童少年為性交易對象事件之國家重大公益目的，所採取之合理與必要手段，與憲法第二十三條規定之比例原則，尚無牴觸。惟電子訊號、電腦網路與廣告物、出版品、廣播、電視等其他媒體之資訊取得方式尚有不同，如衡酌科技之發展可嚴格區分其閱聽對象，應由主管機關建立分級管理制度，以符比例原則之要求，併此指明。」

　　意思是說，過去任何網路上的性交易資訊，都會被判決違法，但大法官認為這樣太過嚴格。如果那些性交易資訊並不是針對兒童，且也有採取措施不讓兒童看到，那麼就不應該用這條來處罰。而且大法官還附帶一提可以針對各種媒體設立不同的分級管理制度。

 問題：「援交，開玩笑勿擾」牽涉之法律問題為何？

　　某高姓碩士在網站留言版用「援交，開玩笑勿擾」作為暱稱，而被警察逮捕。他卻辯解說是標點符號寫錯，他的本意是「援交、開玩笑，勿擾」。這樣有罪嗎？

　　檢、警雖然都認為這個人是在硬拗脫罪，但法官卻認為言之有理，法官認為網路世界的用字不精確司空見慣，更何況是誤用標點符號。法官並調查發現，當時在討論區無人回應高姓碩士，足見內容不足以讓人認為他希望援交，因此判決無罪。當然，法官會這麼判決，大概也是覺得兒童及少年性剝削防治條例第40條有點被過度使用。在大法官解釋之後，應該就比較不會有濫用第40條的情形。

第十二章　商業廣告與消費資訊

　　本章將討論商業廣告與消費資訊的管制。由於商業廣告的目的在於推銷，並非傳達言論，故所受的保護比起一般的言論較少。我國法律對廣告的限制很多，本章挑選藥物廣告和香菸廣告為例加以介紹。再者，本章也會介紹消費資訊的規範。由於消費者在購買商品時，往往不清楚該商品的相關資訊，容易受騙，故需要以法律加以保護。最後，將介紹網路電子郵件的法律規範。

第一節　對廣告的管制

一、商業言論

　　商業廣告主要是為了推銷商品，而非促進宣傳何種理念，故在憲法中認為其屬於「商業言論」，雖受到言論自由的保障，但是保障的程度較低。

　　從大法官解釋中，可以看到對於商業廣告或消費資訊，其中第414和577兩號解釋，都認為廣告屬於商業言論，其言論價值較低，為了保護公益（主要是消費者權益），可以對之限制。

　　我國對廣告或消費資訊的規範很多，本節先介紹特殊產品的廣告限制，下節再依序介紹不實廣告、消費資訊、商業電子郵件等規範。

二、藥物廣告

（一）廣告限制

　　藥事法對藥物廣告做了許多管制，列舉如下：

第65條：「非藥商不得為藥物廣告。」

第66條：「藥商刊播藥物廣告時，應於刊播前將所有文字、圖畫或

言詞，申請中央或直轄市衛生主管機關核准，並向傳播業者送驗核准文件。原核准機關發現已核准之藥物廣告內容或刊播方式危害民眾健康或有重大危害之虞時，應令藥商立即停止刊播並限期改善，屆期未改善者，廢止之。

藥物廣告在核准登載、刊播期間不得變更原核准事項。

傳播業者不得刊播未經中央或直轄市衛生主管機關核准、與核准事項不符、已廢止或經令立即停止刊播並限期改善而尚未改善之藥物廣告。」

第67條：「須由醫師處方或經中央衛生主管機關公告指定之藥物，其廣告以登載於學術性醫療刊物為限。」

第68條：「藥物廣告不得以左列方式為之：

一、假借他人名義為宣傳者。

二、利用書刊資料保證其效能或性能。

三、藉採訪或報導為宣傳。

四、以其他不正當方式為宣傳。」

第69條：「非本法所稱之藥物，不得為醫療效能之標示或宣傳。」

第70條：「採訪、報導或宣傳，其內容暗示或影射醫療效能者，視為藥物廣告。」

（二）釋字第414號解釋

對於藥事法第66條規定藥物廣告必須先送審的要求，有人曾聲請大法官解釋，認為限制其言論自由及財產權。

大法官釋字第414號解釋（1996年11月8日）：「藥物廣告係為獲得財產而從事之經濟活動，涉及財產權之保障，並具商業上意見表達之性質，惟因與國民健康有重大關係，基於公共利益之維護，應受較嚴格之規範。藥事法第六十六條第一項規定：藥商刊播藥物廣告時，應於刊播前將所有文字、圖畫或言詞，申請省（市）衛生主管機關核准。旨在確保藥物廣告之真實，維護國民健康，為增進公共利益所必要，與憲法第十一條及第十五條尚屬相符。又藥事法施行細則第四十七條第二款規定：藥物廣告之內容，利用容器包裝換獎或使用獎勵方法，有助長濫用藥物之虞者，主管機關應予刪除或不予核准，係依藥事法第一百零五條之授權，就同法第

六十六條相關事宜為具體之規定，符合立法意旨，並未逾越母法之授權範圍，與憲法亦無牴觸。」

（三）食品與健康食品

　　由於藥物不能做廣告，所以在媒體上不太會看到藥物的廣告，但卻常看到「食品」和「健康食品」的廣告。根據相關法律，食品和健康食品可以做廣告，不需要做「事前審查」，只有「事後追究」。追究什麼呢？那就是食品不得宣稱具有療效，而健康食品也不能誇大其效果。若有誇大其療效者，就會受到事後追究。

　　食品衛生管理法第28條第1、2項規定：「食品、食品添加物、食品用洗潔劑及經中央主管機關公告之食品器具、食品容器或包裝，其標示、宣傳或廣告，不得有不實、誇張或易生誤解之情形。

　　食品不得為醫療效能之標示、宣傳或廣告。」

　　健康食品管理法第14條規定：「健康食品之標示或廣告不得有虛偽不實、誇張之內容，其宣稱之保健效能不得超過許可範圍，並應依中央主管機關查驗登記之內容。

　　健康食品之標示或廣告，不得涉及醫療效能之內容。」

三、香菸廣告

（一）釋字第577號解釋

　　「菸害防制法」中，對於香菸所可以採取的廣告方式，做了許多限制。首先，其對菸品的包裝強制要求登載健康警語與所含成分。第6條規定：「菸品、品牌名稱及菸品容器加註之文字及標示，不得使用淡菸、低焦油或其他可能致人誤認吸菸無害健康或危害輕微之文字及標示。但本法修正前之菸品名稱不適用之。菸品容器最大外表正反面積明顯位置處，應以中文標示吸菸有害健康之警示圖文與戒菸相關資訊；其標示面積不得小於該面積百分之三十五。」第7條第1項規定：「菸品所含之尼古丁及焦油，應以中文標示於菸品容器上。但專供外銷者不在此限。」

　　大法官釋字第577號解釋（2004年5月7日）：「憲法第十一條保障人

民有積極表意之自由,及消極不表意之自由,其保障之內容包括主觀意見之表達及客觀事實之陳述。商品標示為提供商品客觀資訊之方式,應受言論自由之保障,惟為重大公益目的所必要,仍得立法採取合理而適當之限制。國家為增進國民健康,應普遍推行衛生保健事業,重視醫療保健等社會福利工作。菸害防制法第八條第一項規定:『菸品所含之尼古丁及焦油含量,應以中文標示於菸品容器上。』另同法第二十一條對違反者處以罰鍰,對菸品業者就特定商品資訊不為表述之自由有所限制,係為提供消費者必要商品資訊與維護國民健康等重大公共利益,並未逾越必要之程度,與憲法第十一條保障人民言論自由及第二十三條比例原則之規定均無違背。又於菸品容器上應為上述之一定標示,縱屬對菸品業者財產權有所限制,但該項標示因攸關國民健康,乃菸品財產權所具有之社會義務,且所受限制尚屬輕微,未逾越社會義務所應忍受之範圍,與憲法保障人民財產權之規定,並無違背。另上開規定之菸品標示義務及責任,其時間適用之範圍,以該法公布施行後之菸品標示事件為限,並無法律溯及適用情形,難謂因法律溯及適用,而侵害人民之財產權。至菸害防制法第八條第一項規定,與同法第二十一條合併觀察,足知其規範對象、規範行為及法律效果,難謂其規範內容不明確而違反法治國家法律明確性原則。另各類食品、菸品、酒類等商品對於人體健康之影響層面有異,難有比較基礎,立法者對於不同事物之處理,有先後優先順序之選擇權限,相關法律或有不同規定,與平等原則尚無違背。」

(二)廣告限制

再者,其對可廣告的方式加以限制。原則上只能在雜誌上做廣告,其他媒介則加以禁止。菸害防制法第9條規定:「促銷菸品或為菸品廣告,不得以下列方式為之:

一、以廣播、電視、電影片、錄影物、電子訊號、電腦網路、報紙、雜誌、看板、海報、單張、通知、通告、說明書、樣品、招貼、展示或其他文字、圖畫、物品或電磁紀錄物為宣傳。

二、以採訪、報導介紹菸品或假借他人名義之方式為宣傳。

三、以折扣方式銷售菸品或以其他物品作為銷售菸品之贈品或獎品。

四、以菸品作為銷售物品、活動之贈品或獎品。

五、以菸品與其他物品包裹一起銷售。

六、以單支、散裝或包裝之方式分發或兜售。

七、利用與菸品品牌名稱或商標相同或近似之商品為宣傳。

八、以茶會、餐會、說明會、品嚐會、演唱會、演講會、體育或公益等活動，或其他類似方式為宣傳。

九、其他經中央主管機關公告禁止之方式。」

至於在菸品銷售場所張貼廣告則不在禁止範圍內（§10）。

最後，在電視節目、戲劇表演中，也不得特別強調吸菸之形象（§22）。

（三）新修正內容

原本菸害防制法第9條所禁止廣告的範圍，隨著網路的興起，尚未加以禁止。2007年7月新修正之菸害防制法，其中廣告禁止的範圍，也將把「網際網路」作為禁止廣告的媒介。

四、現金卡廣告

由於最近台灣現金卡廣告眾多，導致年輕人沒有好的金錢管理觀念，因而，金融監督管理委員會於2005年4月29日頒布一規則，要求各金融機構在做現金卡廣告時，必須有所限制。

金融機構辦理現金卡業務應注意事項
（金監會2005/4/29頒布，節錄）

十、行銷時，禁止以「快速核卡」、「以卡辦卡」、「以名片辦卡」及其他類似之行銷行為等為訴求，以避免外界誤以為欠缺徵信審核程序，並不得給予贈品或獎品。

金融機構應於平面及動態媒體廣告（含海報、DM等文宣）、開卡文件及申請書中加註民眾易懂的警語，例如「借錢不還，再借困難」、「以債養債、終身受害」，並詳列最高利率及所有費用項目。

> 　　十一、金融機構採用動態廣告播出時，須以「請謹慎使用現金卡」為訴求主軸，前項警語，應以八分之一版面全程播出（利率及費用之畫面除外）；利率負擔區間及所有費用必須以四分之一版面浮現四秒鐘，其中利率區間不得低於三分之一版面（即全版面之十二分之一）；且以全程播出時間之八分之一（至少五秒）於結束時以相同音量之聲音播出「請謹慎使用現金卡」，並以全版面播出下列文字畫面：第一、請務必確認契約內容，第二、請確實管控收支平衡，第三、請規劃合理償還計畫。
>
> 　　金融機構於平面媒體廣告（包括小單張、直式DM、海報、戶外媒體及報紙十全等）時，對第1項之資訊應以八分之一版面刊出。

五、反省

　　對廣告過度限制，真是保護消費者所必要？還是會阻礙市場競爭，讓小的廠商無法透過廣告出頭，反而讓大廠商越來越大，使價格無法降低？

　　下面會介紹消費者保護法和公平交易法，其對於不實的廣告有加以禁止。然而法律上可以禁止不實廣告，但對於誠實的廣告，有無必要做過多的限制，值得反省。

第二節　消費資訊

　　消費者保護法和公平交易法對於不實廣告都有相關規定，而消費者保護法對於消費資訊也有其他要求。另外，「商品標示法」對消費資訊做了更細緻的規範。以下一一介紹。

一、消費者保護法

　　消費者保護法中，對消費資訊做了一些規定。以下挑選與廣告相關者

加以介紹。

（一）企業經營者義務不得低於廣告內容

第22條規定：「企業經營者應確保廣告內容之真實，其對消費者所負之義務不得低於廣告之內容。（第1項）企業經營者之商品或服務廣告內容，於契約成立後，應確實履行。（第2項）」

根據民法規定，廣告只是要約之引誘，而非要約，必須等消費者看到廣告上門後提出要約後，企業經營者才需要承諾。故廣告不構成契約之內容。但為了保護消費者權益，故消保法特別制定本條，規定企業經營者對消費者所負之義務，不得低於廣告之內容。

施行細則第23條規定：「本法第二十二條及第二十三條所稱廣告，指利用電視、廣播、影片、幻燈片、報紙、雜誌、傳單、海報、招牌、牌坊、電腦、電話傳真、電子視訊、電子語音或其他方法，可使多數人知悉其宣傳內容之傳播。」故其也包括了網路上的廣告。

（二）媒體連帶賠償責任

第23條規定：「刊登或報導廣告之媒體經營者明知或可得而知廣告內容與事實不符者，就消費者因信賴該廣告所受之損害與企業經營者負連帶責任。

前項損害賠償責任，不得預先約定限制或拋棄。」

刊登廣告的媒體，在明知或可得而知的廣告內容不實者，也要負連帶賠償責任。課予媒體一定的義務，能夠增加媒體幫忙篩選不實廣告的誘因。

（三）要求企業經營者證明廣告真實

施行細則第24條規定：「主管機關認為企業經營者之廣告內容誇大不實，足以引人錯誤，有影響消費者權益之虞時，得通知企業經營者提出資料，證明該廣告之真實性。」

（四）產品標識義務

第24條規定：「企業經營者應依商品標示法等法令為商品或服務之標示。

輸入之商品或服務，應附中文標示及說明書，其內容不得較原產地之標示及說明書簡略。

輸入之商品或服務在原產地附有警告標示者，準用前項之規定。」

施行細則第25條規定：「本法第二十四條規定之標示，應標示於適當位置，使消費者在交易前及使用時均得閱讀標示之內容。」

二、公平交易法

（一）不實廣告

第21條第1、2、3項規定：「事業不得在商品或廣告上，或以其他使公眾得知之方法，對於與商品相關而足以影響交易決定之事項，為虛偽不實或引人錯誤之表示或表徵。

前項所定與商品相關而足以影響交易決定之事項，包括商品之價格、數量、品質、內容、製造方法、製造日期、有效期限、使用方法、用途、原產地、製造者、製造地、加工者、加工地，及其他具有招徠效果之相關事項。

事業對於載有前項虛偽不實或引人錯誤表示之商品，不得販賣、運送、輸出或輸入。」

（二）廣告代理業和媒體

第21條第5項規定：「廣告代理業在明知或可得而知情形下，仍製作或設計有引人錯誤之廣告，與廣告主負連帶損害賠償責任。廣告媒體業在明知或可得而知其所傳播或刊載之廣告有引人錯誤之虞，仍予傳播或刊載，亦與廣告主負連帶損害賠償責任。」

本條課予「廣告代理業者」和「廣告媒體業者」連帶責任。在其明知或可得知的情況下，負連帶賠償責任。近來媒體藝人代言不實廣告，公平

交易委員會就以這條對代言藝人加以處罰。

（三）比較性廣告

另外，對於比較性廣告，公平交易委員會也加以限制。不實的比較性廣告，除了可能違反公平交易法第21條之外，也可能違反第24條（誹謗其他企業）、第25條（其他不公平行為）之規定。

（四）薦證廣告

公平交易法第21條第5項後段：「廣告薦證者明知或可得而知其所從事之薦證有引人錯誤之虞，而仍為薦證者，與廣告主負連帶損害賠償責任。但廣告薦證者非屬知名公眾人物、專業人士或機構，僅於受廣告主報酬十倍之範圍內，與廣告主負連帶損害賠償責任。」第6項：「前項所稱廣告薦證者，指廣告主以外，於廣告中反映其對商品或服務之意見、信賴、發現或親身體驗結果之人或機構。」

1. 薦證廣告真實原則

公平交易委員會訂有「公平交易委員會對於薦證廣告之規範說明」（以下簡稱「薦證廣告規範說明」），則是具體定義薦證廣告，並舉例與說明廣告之模式、態樣，與可能違反之規定與罰則。

薦證廣告規範說明第3條解釋了「薦證廣告真實原則」，並規定了五種類型：「（一）廣告內容須忠實反映薦證者之真實意見、信賴、發現或其親身體驗結果，不得有虛偽不實或引人錯誤之表示。……（五）薦證者與廣告主間具有非一般大眾可合理預期之利益關係者，應於廣告中充分揭露。」

薦證廣告規範說明第4條規定：「薦證廣告之商品或服務有下列虛偽不實或引人錯誤之表示或表徵者，涉及違反本法第二十一條規定：……」

2. 充分揭露非一般大眾可合理預期之利益關係

進而，薦證廣告規範說明第5條規定：「薦證廣告以社群網站推文方式為之，如薦證者與廣告主間具有非一般大眾可合理預期之利益關係，而

未於廣告中充分揭露,且足以影響交易秩序者,涉及違反本法第二十五條規定。」

3. 三星寫手門事件

對於素人負面薦證廣告,唯一的一件案例,就是數年前相當受到矚目的「三星寫手門案」為例[1]。

該案中,身為網路行銷服務之出資者及商品出賣人之三星公司,與行銷公司間簽訂病毒行銷服務契約,本於銷售三星公司各類別產品之意思,委託其支付報酬費用聘用工讀生於Mobile 01等討論平台,隱匿事業身分進行議題操作,散布自身或競爭對手商品之資訊與意見。公平會即以違反當時公平交易法第24條(現行法第25條)之「欺罔」行為處分之。公平會處分書提及:「按事業與寫手間之利益關係,其存在與否影響觀者對相關意見之信賴度,依一般交易習慣,難謂非屬重要交易資訊,是以倘寫手未揭露其與事業間之利益關係,容有構成隱匿重要交易資訊之欺罔行為。故事業聘請寫手倘積極欺瞞或消極隱匿事業身分行銷自身商品,及對競爭關係之他事業商品為負面比較或評論,致交易相對人無從判斷或合理預期該等資訊係因事業推動為之,而信賴為一般第三人之意見,據納為交易決定之參考,而有增益交易相對人與該事業交易,或 低與其競爭者交易可能者,屬違反公平交易法第24條(現為第25條)規定。[2]」

該案中,除了處罰廣告主,也處罰廣告代理業者,亦即該案的行銷公司。而處罰之依據,乃援引行政罰法第14條第1項規定:「*故意共同實施違反行政法上義務之行為者,依其行為情節之輕重,分別處罰之。*」認為廣告主與行銷公司屬於故意共同違法[3]。

4. 網紅薦證商品廣告應該揭露

許多人會在社群網站方想自己使用商品或者到哪家餐廳的經驗分享文。若在個人的臉書、Line等作此等資訊分享並無可厚非。但許多網紅名

1　公平交易委員會處分書公處字第102184號(2013/10/31)。
2　同上註,頁14。
3　同上註,頁14-15。

人（尤其是藝人）會刻意經營自己的臉書粉絲社團、Youtube頻道等，除了分享自己的生活、時事感想等，也穿插所謂的業配開箱文來介紹商品，亦即收受業者給予的利益，而在網路上推薦該商品。

此時，網紅們應該以清楚明顯的方式，在貼文中揭露，該則貼文乃是因為收受了廠商贊助，而發的貼文。揭露的位置必須在貼文的明顯位置處，不能躲在網友不容易看到的地方。倘若這是一則網路影片，最好是在影片的開頭和結尾，都揭露受到廠商的贊助。倘若是影片直播，則最好在直播過程中每隔幾分鐘就說明這受到廠商的贊助。

三、商品標示法

所謂商品標示，乃指企業經營者在商品陳列販賣時，於商品本身、內外包裝、說明書所為之表示（商品標示法§4）。為了保障消費者權益，維護企業經營者信譽，商品標示法要求商品做更細部的標示，好讓消費者在得到充分資訊後，才做出消費行為。

第5條規定：「商品標示，應具顯著性及標示內容之一致性。

商品因體積過小、散裝出售或其他因性質特殊，不適宜於商品本身或其包裝為商品標示者，應以其他足以引起消費者認識之顯著方式代之。」

第6條規定：「商品標示，不得有下列情事：

一、虛偽不實或引人錯誤。

二、違反法律強制或禁止規定。

三、有背公共秩序或善良風俗。」

第7條規定：「商品標示所用文字，應以中文為主，得輔以英文或其他外文。

商品標示事項難以中文為適當標示者，得以國際通用文字或符號標示。」

第8條規定：「進口商品在流通進入國內市場時，進口商應依本法規定加中文標示及說明書，其內容不得較原產地之標示及說明書簡略。

外國製造商之名稱及地址，得不以中文標示之。」

第9條規定：「商品於流通進入市場時，生產、製造或進口商應標示

下列事項：

　　一、商品名稱。

　　二、生產、製造商名稱、電話、地址及商品原產地。屬進口商品者，並應標示進口商名稱、電話及地址。

　　三、商品內容：

　　（一）主要成分或材料。

　　（二）淨重、容量、數量或度量等；其淨重、容量或度量應標示法定度量衡單位，必要時，得加註其他單位。

　　四、國曆或西曆製造日期。但有時效性者，應加註有效日期或有效期間。

　　五、其他依中央主管機關規定，應行標示之事項。」

　　第10條規定：「商品有下列情形之一者，應標示其用途、使用與保存方法及其他應注意事項：

　　一、有危險性。

　　二、與衛生安全有關。

　　三、具有特殊性質或需特別處理。」

第三節　商業電子郵件

一、概說

　　我們每天打開信箱，常常會看到很多擾人的、不請自來的廣告信件，這些廣告信件我們稱為「垃圾郵件」（spam）。由於電子商務蓬勃發展與網際網路使用之普及，藉由電子郵件作為商務往來之聯繫方式，已日漸普遍，並已進一步成為行銷商品或服務之主要方式。電子郵件相較於其他傳統行銷工具而言，具有傳送快速、便利、成本低廉、甚至跨國界之優勢。然而，目前此一行銷工具卻已逐漸遭到濫用，收信人必須付出相當時間處理大量之商業電子郵件，不僅造成時間的浪費，亦阻礙重要郵件之接收；且由於大量商業電子郵件之濫發，易造成網路容量之壅塞，電子郵

件服務提供者必須耗費龐大人力、物力處理，除將妨礙正常之通信服務外，亦已嚴重影響社會大眾網路使用的環境。

商業電子郵件之濫發行為，除了已經造成上述的問題外，不少發信人以匿名或虛偽之身分發送，收信人多無法拒絕此類郵件之持續發送，或者於郵件主旨欄為虛偽不實或引人錯誤的表示，而誤導收信人開啟非其所需的電子郵件。由於網際網路具可匿名性之特質，在發信人未據實表明身分下，收信人不僅難以表示其不願繼續收到此類郵件之意，且如因此受有損害，更難以請求賠償。

對於垃圾郵件，到底台灣有沒有法律可管？如果情況嚴重，或許可以適用刑法相關規定。可是如果不嚴重，可能沒有法律可管。目前正在修法研議「濫發商業電子郵件管理條例」，如果通過，對於廣告信件就可以加以約束。

二、刑法

在刑法上，要如何對付惡劣的垃圾郵件呢？如果對方利用垃圾郵件惡意的攻擊我的電腦，也就是俗稱的「郵件炸彈」，則此時可以構成刑法第360條「干擾他人電腦罪」。但若是一般的廣告郵件，雖然覺得很煩，但卻不至於構成刑法上的罪。

三、濫發商業電子郵件管理條例

現在美國、歐洲等都已經開始針對令人煩厭的廣告電子郵件進行規範。但台灣目前還未制定相關法律。目前已經有一個「濫發商業電子郵件管理條例草案」，不過這個草案還躺在立法院裡，尚未通過。該草案大概也是學習美國的法律，主要有幾個規定：

1. 應賦予收件人簡易方法讓其可取消訂閱廣告信。
2. 廣告郵件必須標示其為廣告信。
3. 提供正確的信首資訊。
4. 廣告郵件應該附上寄件人的真實資訊。
5. 若業者還亂發，必須負擔民事賠償，一封郵件可罰五百元到二千元。

6. 為了避免訴訟成本過高而賠償太低，該草案也設計採用消費者保護法裡面的團體訴訟，讓很多消費者可以一起訴訟，將訴訟權利授權給訴訟代表。

　　濫發商業電子郵件管理條例草案第4條（發送合法商業電子郵件之要件）規定，合法的廣告信件必須符合下述四個要件：

（一）退出機制

　　第1款規定：「提供收信人得選擇不再接收來自同一發信人同類郵件之機制。」

　　本款規定，係要求發信人於商業電子郵件中，應提供使收信人得將其自己之電子郵件位址由發信人或廣告主之寄件名單中移除之功能，或提供可有效回覆之電子郵件位址，或提供免付費電話等方式，從而使收信人得以選擇不再收取同一發信人或廣告主所發送之商業電子郵件。爰參考美國、日本、加拿大、韓國等之立法例，將所謂「選擇退出」（Opt-out）機制訂入本條例中。

（二）郵件標識

　　第2款規定：「於郵件主旨欄加註『商業』、『廣告』、『ADV』或其他經主管機關公告足資辨識其為商業電子郵件之標示。但發信人事前已獲得收信人同意者，不在此限。」

　　為使電子郵件服務提供者及個別收信人於開啟電子郵件前，有辨識及過濾電子郵件之可能，第2款規定係要求發送商業電子郵件訊息時應加註一定字樣，如「商業」、「廣告」、以及國際間多數所共通採用廣告（advertisement）一語之英文簡稱「ADV」。此外，考量日後國際間可能有其他新興通用的標示，故授權主管機關得公告其他足資識別商業電子郵件的標示，以有效識別。

　　對於事前已獲得收信人同意寄送商業電子郵件的發信人，為避免其寄送之電子郵件遭收信人之過濾軟體等因素誤刪，因此於第2款但書規定，於經收信人事前同意時，免除發信人之標示義務。

（三）正確的信首資訊

第3款規定：「提供正確之信首資訊。」

所謂的信首資訊，指附加於電子郵件之來源、路徑、目的地、發信日期等足資辨識發信人之資訊。

為避免商業電子郵件行銷可能引發之交易糾紛或其他損害，得以有效追查發信人，第3款參考美國「2003年垃圾郵件管制法」第5條第(a)項第1款、日本「特定電子郵件適正發送法」第3條第3款、第5條等之規定，要求商業電子郵件發信人應具誠實義務，提供正確之信首資訊。如信首資訊有虛偽不實或引人錯誤，並因此造成收信人之損害者，收信人得依本條例規定對發信人請求損害賠償。

（四）提供發信人資訊

第4款規定：「提供發信人之團體或個人名稱或姓名及其營業所或住居所之地址。」

為有效確認商業電子郵件發信人之身分，爰參考美國「2003年垃圾郵件管制法」第5條第(a)項第5款、日本「特定電子郵件適正發送法」第3條第2款規定，於第4款規定應表明發信人之名稱及郵務機構可送達之實體通訊地址。

（五）禁止行為

針對前述四項要求，第5條（商業電子郵件發送行為之限制）則相因應的有一些禁止規定，禁止下列的行為：

「一、明知或可得而知收信人已為拒絕接收商業電子郵件之表示，仍為發送者。

二、明知或可得而知商業電子郵件之主旨有虛偽不實或引人錯誤之表示，仍為發送者。

三、明知或可得而知商業電子郵件轉寄前之信首資訊有虛偽不實，仍為發送者。」

（六）損害賠償

　　依第7條規定：「發信人違反第四條或第五條規定，侵害收信人權益者，負損害賠償責任。

　　收信人雖非財產上之損害，亦得請求賠償相當之金額。

　　前二項損害賠償總額，以每人每封商業電子郵件新臺幣五百元以上二千元以下計算。但能證明其所受損害額高於該金額者，不在此限。

　　基於同一原因事實負損害賠償責任者，合計最高總額以新臺幣二千萬元為限。但因該原因事實所得利益超過新臺幣二千萬元者，以該所得利益為限。

　　廣告主或廣告代理商明知或可得而知發信人違反第四條或第五條規定發送商業電子郵件者，與發信人連帶負損害賠償責任。

　　第一項損害賠償請求權，自請求權人知有損害及賠償義務人時起，二年間不行使而消滅。自行為時起，逾五年者，亦同。」

第十三章　資訊隱私

隱私權是什麼？其保護的範圍有多大？其與人格權關係為何？本章將從憲法上對隱私權的保護開始談起，進而討論目前法律上對隱私權的相關保護。主要保護的法律有民法、刑法和通訊保障及監察法。至於個人資料保護法，則留待第十五章再做介紹。

第一節　隱私權

隱私權是人格權的一種。人格權包含的範圍很廣，凡屬於人性尊嚴者，例如名譽、信用、隱私、貞操等等，都算是人格權。其中，網路上比較會受到侵害的，就是名譽和隱私。由於隱私的概念較有爭議，本節先討論隱私的概念，以下各節再介紹對名譽與隱私保護的相關法律。

一、隱私的概念

什麼是隱私？決定自己事務算不算是隱私？

美國的定義中，私（privacy）的意涵很廣，還包括決定自己私人（private）的事務，也就是所謂的「自主」（autonomy）。例如決定是否墮胎、是否避孕、自己的性傾向等都算是「私」。不過美國的定義實在太廣泛，原因在於privacy這個英文字使然。其實英文的privacy，意思就是「私」，不限於「隱私」。「隱私」在中文的語境下，比較是「秘密」的意思。一般我們講的隱私，比較是指的資訊隱私（information privacy）。

私（privacy）┬─自主權（autonomy）
　　　　　　　└─資訊隱私（information privacy）

圖13-1　美國privacy的意涵

或許是因為美國隱私的概念不夠明確，又或許是美國憲法條文中到

底有沒有保護隱私而爭議不休，所以其實在美國隱私的保護是比較少的。美國憲法並沒有明文保護隱私，所以美國的大法官只好用所謂的「月暈理論」，從一些保護類似隱私法益的條文，推導出隱私也是憲法中的基本權。

相對於美國，歐洲反而保護隱私，例如歐洲早就制定了類似我國的個人資料保護法，但美國卻遲遲沒有這類法律。從這點來看，憲法上有沒有提到隱私，跟一個社會是否保護隱私，似乎沒有關聯。

台灣的憲法保護隱私嗎？台灣的社會重視隱私嗎？

二、合理的隱私期待

有些人誤以為，可用是否具有「合理的隱私期待」作為判斷「隱私權」存在與否的依據。不過這個觀念有點錯誤。

美國最高法院認為在判斷什麼東西構成憲法增修條文第4條的「搜索扣押」時，所用的判準為「合理的隱私期待」。所謂合理的隱私期待，乃是主觀上當事人必須表現出有合理隱私期待，且在客觀上社會認為該期待乃合理。當時涉及的爭議是，警察在電話亭裡裝設錄音設備，需不需要依法聲請法官搜索令？最高法院認為電話亭裡人民應有合理的隱私期待，所以應該依法聲請搜索令。

合理的隱私期待也成為我國法條上的用語。例證有二：（一）警察職權行使法第11條規定：「警察對於下列情形之一者，為防止犯罪，認有必要，得經由警察局長書面同意後，於一定期間內，對其無隱私或秘密合理期待之行為或生活情形，以目視或科技工具，進行觀察及動態掌握等資料蒐集活動；……。」（二）通訊保障及監察法第3條第2項規定：「前項所稱之通訊，以有事實足認受監察人對其通訊內容有隱私或秘密之合理期待者為限。」

首先必須澄清「合理的隱私期待」這個判準原先的用意。其原意乃是：若該項資訊具有合理隱私期待，那麼要取得那些資訊，就必須經過檢察官聲請法院發給搜索票。所以，即使是具有合理隱私期待的東西，不代表就受到絕對保護，只是其為隱私，不得任意侵害。不過若為了公益需要

取得那些私密資訊，必須依合法程序去取得。而若不具有合理隱私期待的資訊，就不需要向法院聲請，可以直接取得。

圖13-2　合理隱私期待

　　倘若將「合理的隱私期待」擴張作為判斷隱私權保護的標準，則會產生問題。因為該判準本來是針對搜索扣押的問題。用合理的隱私期待作為隱私權判準的困難在於：隱私的「期待」是被「造就」的，甚至是被「養成」的，這樣的判準在不同的社會脈絡下會得出不同的答案。

　　例一：要不要公開手機號碼？如果一開始使用手機，電話公司就強制一定要發送手機號碼、不可隱藏，那麼，人們會形成「手機號碼不須公開」的隱私期待嗎？

　　例二：DNA檢測、抽血、驗尿、指紋？我們一開始在身分證上或各種證件上，都允許貼上照片，所以，我們對照片幾乎沒有任何隱私期待。傳統上我們也允許對所有役男進行指紋建檔，所以，役男對指紋也沒有什麼隱私期待。

　　從以上例子顯示，在隱私權觀念未被提倡以前，很多事情都是先做了，人民自然也缺乏隱私期待。可是在今天，面對新科技或新事務，人民或學者因為還沒真的碰上那種狀況，所以充滿了「高度的隱私期待」。若是這樣，那麼透過隱私期待所架構出來的世界，將是對新科技的隱私侵害充滿恐懼，但對舊科技的隱私侵害不以為意。

　　所以，隱私的期待這個觀念，並不適合當做判斷是否保護隱私權的判準。

三、憲法上的隱私權

　　我國憲法是否保護隱私權呢？憲法第8～21條列舉的權利保護中，並沒有明文保護隱私權，頂多只有憲法第12條：「人民有秘密通訊之自

由。」算是對隱私權的明文保障。

一般憲法學者認為，隱私權可以從憲法第22條的概括條款中得到。

目前為止，大法官做過幾號關於隱私的解釋。釋字第293號，人民對其帳戶資料有「隱私權」。釋字第535號，警察的臨檢對人民的行動自由、財產權、隱私權影響甚大。釋字第585號，關於三一九槍擊案真相調查委員會，大法官認為真調會乃屬於立法調查權，而立法調查權有所限制，且不得完全剝奪人民的隱私。

儘管有上述這些解釋，但並沒有哪一號解釋真正對隱私權的來源、依據、審查基準做過詳細論述。直到釋字第603號解釋，才正式說明隱私權的來源以及審查標準。

四、釋字第603號解釋

根據戶籍法第8條，內政部原本要建立全國性指紋資料庫，但卻被大法官認為過度侵犯隱私權而宣告違憲。

大法官釋字第603號解釋（2005年9月28日）：「維護人性尊嚴與尊重人格自由發展，乃自由民主憲政秩序之核心價值。隱私權雖非憲法明文列舉之權利，惟基於人性尊嚴與個人主體性之維護及人格發展之完整，並為保障個人生活私密領域免於他人侵擾及個人資料之自主控制，隱私權乃為不可或缺之基本權利，而受憲法第二十二條所保障（本院釋字第五八五號解釋參照）。其中就個人自主控制個人資料之資訊隱私權而言，乃保障人民決定是否揭露其個人資料，及在何種範圍內、於何時、以何種方式、向何人揭露之決定權，並保障人民對其個人資料之使用有知悉與控制權及資料記載錯誤之更正權。惟憲法對資訊隱私權之保障並非絕對，國家得於符合憲法第二十三條規定意旨之範圍內，以法律明確規定對之予以適當之限制。」

「指紋乃重要之個人資訊，個人對其指紋資訊之自主控制，受資訊隱私權之保障。而國民身分證發給與否，則直接影響人民基本權利之行使。戶籍法第八條第二項規定：依前項請領國民身分證，應捺指紋並錄存。但未滿十四歲請領者，不予捺指紋，俟年滿十四歲時，應補捺指紋並錄存。第三項規定：請領國民身分證，不依前項規定捺指紋者，不予發給。對於

未依規定捺指紋者，拒絕發給國民身分證，形同強制按捺並錄存指紋，以作為核發國民身分證之要件，其目的為何，戶籍法未設明文規定，於憲法保障人民資訊隱私權之意旨亦有未合。縱用以達到國民身分證之防偽、防止冒領、冒用、辨識路倒病人、迷途失智者、無名屍體等目的而言，亦屬損益失衡、手段過當，不符比例原則之要求。戶籍法第八條第二項、第三項強制人民按捺指紋並予錄存否則不予發給國民身分證之規定，與憲法第二十二條、第二十三條規定之意旨不符，應自本解釋公布之日起不再適用。至依據戶籍法其他相關規定換發國民身分證之作業，仍得繼續進行，自不待言。」

　　「國家基於特定重大公益之目的而有大規模蒐集、錄存人民指紋、並有建立資料庫儲存之必要者，則應以法律明定其蒐集之目的，其蒐集應與重大公益目的之達成，具有密切之必要性與關聯性，並應明文禁止法定目的外之使用。主管機關尤應配合當代科技發展，運用足以確保資訊正確及安全之方式為之，並對所蒐集之指紋檔案採取組織上與程序上必要之防護措施，以符憲法保障人民資訊隱私權之本旨。」

　　該號解釋重點如下：
1. 隱私權來源乃憲法第22條人權概括規定。
2. 在符合憲法第23條比例原則情況下，得以法律明確限制隱私權。
3. 戶籍法第8條違反「比例原則」，故無效。
4. 若為了打擊犯罪，特別立法，且有防範資訊外流的措施，則仍可以建立全國指紋資料庫。

第二節　刑法相關法律

一、妨礙書信秘密罪

（一）法律規定

　　刑法第315條規定：「無故開拆或隱匿他人之封緘信函、文書或圖畫者，處拘役或九千元以下罰金。無故以開拆以外之方法，窺視其內容，

亦同。」

（二）監看員工電子郵件

老闆可否監看員工電子郵件？根據刑法第315條規定，不可隨意監看他人信件。而電子郵件比較特別，監看屬於第2項的「開拆以外之方法」。另外，根據通訊保障及監察法第24條第1項，信件往來也算是通訊，若違法監察他人通訊，可處五年以下有期徒刑。

所以，原則上老闆不能監看，可是因為員工可能會利用公司所提供的免費信箱傳送色情資訊或公司營業秘密，所以公司還是有監看的必要。目前一般認為，若公司取得員工的同意，則可以進行監看。但該同意必須是書面的同意。不過原則上一般員工都會簽署這個同意書。

有認為監看他人電子郵件構成刑法第315條之1之行為，不過要注意的是，刑法第315條之1指的應該是「動態的活動」，電子郵件並不算是動態的活動。不過若是利用即時通訊軟體打字聊天，就算是該條的言談活動。

二、竊聽竊錄罪

（一）窺視竊聽竊錄罪

刑法第315條之1規定：「有下列行為之一者，處三年以下有期徒刑、拘役或三十萬元以下罰金：

一、無故利用工具或設備窺視、竊聽他人非公開之活動、言論、談話或身體隱私部位者。

二、無故以錄音、照相、錄影或電磁紀錄竊錄他人非公開之活動、言論、談話或身體隱私部位者。」

何種活動、言論、談話或身體隱私部位才屬於條文中所謂「非公開」之活動、言論、談話或身體隱私部位？關於這點，學說上認為，如果進行活動、言論、談話或身體隱私部位的人，並不打算把這些內容給不特定人（不一定是誰）或多數人知道，而且如果被公開，會造成其內心的痛苦或不安，那麼這個活動、言論、談話或身體隱私部位就可被視為「非公開」之活動、言論、談話或身體隱私部位。

（二）跟拍與釋字689號

電視上《TV三劍客》這個節目，內容是揭發親友之間的欺騙行為，故常常在節目中跟拍、偷錄音。雖然很多人都說這個節目都是騙人的，當事人都是按照劇本來演。不過這個節目到最後都會打上一排字幕，說本節目絕對沒有法律問題，有問題可找「XX法律顧問」。或許這個節目的內容是騙人的，但是其節目手法，似乎是在告訴我們跟拍、收音的行為，並不犯法。另外，《壹週刊》、《蘋果日報》相繼進入台灣後，跟拍活動也常常引起糾紛。這些跟拍、收音真的不犯法嗎？

首先，就「跟拍」部分，由於在街上的行為屬於「公開」行為，所以也拿狗仔隊或跟拍的人沒轍。但跟拍卻不是一件好事，尤其會打擾到被跟拍之人的生活秩序。例如英國黛安娜王妃就是因為狗仔隊的跟拍，跟狗仔隊發生追逐，不幸發生意外車禍喪生。因此，歐美有些國家已經開始立法禁止狗仔隊的跟拍活動，例如規定狗仔隊應與名人保持一定的距離等[1]。目前台灣還沒有這類的法律，所以常常發生藝人受不了狗仔隊跟拍而發生肢體衝突的新聞。

 案例：蘋果日報社狗仔記者跟拍名人

蘋果日報社記者王煒博，主跑娛樂演藝新聞；分別於中華民國97年7月間二度跟追神通電腦集團副總苗華斌及其曾為演藝人員之新婚夫人，並對彼等拍照，經苗某委託律師二度郵寄存證信函以為勸阻，惟該記者復於同年9月7日整日跟追苗某夫婦，苗某遂於當日下午報警檢舉；案經臺北市政府警察局中山分局調查，以該記者違反社會秩序維護法第89條第2款規定：「無正當理由，跟追他人，經勸阻不聽者，處新臺幣三千元以下罰鍰或申誡。」裁處罰鍰新臺幣1,500元。蘋果日報社記者不服，依同法第55條規定聲明異議，嗣經臺灣臺北地方法院97年度北秩聲字第16號裁定無理由駁回，全案確定。該記者認上開裁定所適用之系爭規定，有牴觸憲法第11條新聞自由、第15條工作權、第23條

1　克雷‧卡佛特著，林惠娸、陳雅汝譯《偷窺狂國家》，商周，2003年1月初版。

法律明確性、比例原則及正當法律程序等之疑義，爰像大法官聲請釋
憲。

釋字第689號（2011年7月29日）

解釋爭點：社會秩序維護法第89條第2款規定，使新聞採訪者之跟追
行為受到限制，違憲？

解釋理由書

（略）

基於人性尊嚴之理念，個人主體性及人格之自由發展，應受憲法保
障（本院釋字第603號解釋參照）。為維護個人主體性及人格自由發展，
除憲法已保障之各項自由外，於不妨害社會秩序公共利益之前提下，人民
依其意志作為或不作為之一般行為自由，亦受憲法第22條所保障。人民
隨時任意前往他方或停留一定處所之行動自由（本院釋字第535號解釋參
照），自在一般行為自由保障範圍之內。惟此一行動自由之保障並非絕
對，如為防止妨礙他人自由，維護社會秩序所必要，尚非不得以法律或法
律明確授權之命令予以適當之限制。而為確保新聞媒體能提供具新聞價值
之多元資訊，促進資訊充分流通，滿足人民知的權利，形成公共意見與達
成公共監督，以維持民主多元社會正常發展，新聞自由乃不可或缺之機
制，應受憲法第11條所保障。新聞採訪行為則為提供新聞報導內容所不可
或缺之資訊蒐集、查證行為，自應為新聞自由所保障之範疇。又新聞自由
所保障之新聞採訪自由並非僅保障隸屬於新聞機構之新聞記者之採訪行
為，亦保障一般人為提供具新聞價值之資訊於眾，或為促進公共事務討論
以監督政府，而從事之新聞採訪行為。惟新聞採訪自由亦非絕對，國家於
不違反憲法第23條之範圍內，自得以法律或法律明確授權之命令予以適當
之限制。

社會秩序維護法第89條第2款規定，無正當理由，跟追他人，經勸阻
不聽者，處新臺幣三千元以下罰鍰或申誡（即系爭規定）。依系爭規定之
文字及立法過程，可知其係參考違警罰法第77條第1款規定（民國32年9月

3日國民政府公布，同年10月1日施行，民國80年6月29日廢止）而制定，旨在禁止跟追他人之後，或盯梢婦女等行為，以保護個人之行動自由。此外，系爭規定亦寓有保護個人身心安全、個人資料自主及於公共場域中不受侵擾之自由。

　　系爭規定所保護者，為人民免於身心傷害之身體權、行動自由、生活私密領域不受侵擾之自由、個人資料之自主權。其中生活私密領域不受侵擾之自由及個人資料之自主權，屬憲法所保障之權利，迭經本院解釋在案（本院釋字第585號、第603號解釋參照）；免於身心傷害之身體權亦與上開闡釋之一般行為自由相同，雖非憲法明文列舉之自由權利，惟基於人性尊嚴理念，維護個人主體性及人格自由發展，亦屬憲法第22條所保障之基本權利。對個人前述自由權利之保護，並不因其身處公共場域，而失其必要性。在公共場域中，人人皆有受憲法保障之行動自由。惟在參與社會生活時，個人之行動自由，難免受他人行動自由之干擾，於合理範圍內，須相互容忍，乃屬當然。如行使行動自由，逾越合理範圍侵擾他人行動自由時，自得依法予以限制。在身體權或行動自由受到侵害之情形，該侵害行為固應受限制，即他人之私密領域及個人資料自主，在公共場域亦有可能受到干擾，而超出可容忍之範圍，該干擾行為亦有加以限制之必要。蓋個人之私人生活及社會活動，隨時受他人持續注視、監看、監聽或公開揭露，其言行舉止及人際互動即難自由從事，致影響其人格之自由發展。尤以現今資訊科技高度發展及相關設備之方便取得，個人之私人活動受注視、監看、監聽或公開揭露等侵擾之可能大為增加，個人之私人活動及隱私受保護之需要，亦隨之提升。是個人縱於公共場域中，亦應享有依社會通念得不受他人持續注視、監看、監聽、接近等侵擾之私人活動領域及個人資料自主，而受法律所保護。惟在公共場域中個人所得主張不受此等侵擾之自由，以得合理期待於他人者為限，亦即不僅其不受侵擾之期待已表現於外，且該期待須依社會通念認為合理者。系爭規定符合憲法課予國家對上開自由權利應予保護之要求。

　　系爭規定所稱跟追，係指以尾隨、盯梢、守候或其他類似方式，持續接近他人或即時知悉他人行蹤，足以對他人身體、行動、私密領域或個人資料自主構成侵擾之行為。至跟追行為是否無正當理由，須視跟追者有無

合理化跟追行為之事由而定，亦即綜合考量跟追之目的，行為當時之人、時、地、物等相關情況，及對被跟追人干擾之程度等因素，合理判斷跟追行為所構成之侵擾，是否逾越社會通念所能容忍之界限。至勸阻不聽之要件，具有確認被跟追人表示不受跟追之意願或警示之功能，若經警察或被跟追人勸阻後行為人仍繼續跟追，始構成經勸阻不聽之不法行為。如欠缺正當理由且經勸阻後仍繼續為跟追行為者，即應受系爭規定處罰。是系爭規定之意義及適用範圍，依據一般人民日常生活與語言經驗，均非受規範者所難以理解，亦得經司法審查予以確認，尚與法律明確性原則無違。

　　又系爭規定雖限制跟追人之行動自由，惟其係為保障被跟追者憲法上之重要自由權利，而所限制者為依社會通念不能容忍之跟追行為，對該行為之限制與上開目的之達成有合理關聯，且該限制經利益衡量後尚屬輕微，難謂過當。況依系爭規定，須先經勸阻，而行為人仍繼續跟追，始予處罰，已使行為人得適時終止跟追行為而避免受處罰。是系爭規定核與憲法第23條比例原則尚無牴觸。至系爭規定對於跟追行為之限制，如影響跟追人行使其他憲法所保障之權利，其限制是否合憲，自應為進一步之審查。

　　考徵系爭規定之制定，原非針對新聞採訪行為所為之限制，其對新聞採訪行為所造成之限制，如係求重要公益，且所採手段與目的之達成間具有實質關聯，即與比例原則無違。新聞採訪者縱為採訪新聞而為跟追，如其跟追已達緊迫程度，而可能危及被跟追人身心安全之身體權或行動自由時，即非足以合理化之正當理由，系爭規定授權警察及時介入、制止，要不能謂與憲法第11條保障新聞採訪自由之意旨有違。新聞採訪者之跟追行為，如侵擾個人於公共場域中得合理期待其私密領域不受他人干擾之自由或個人資料自主，其行為是否受系爭規定所限制，則須衡量採訪內容是否具一定公益性與私人活動領域受干擾之程度，而為合理判斷，如依社會通念所認非屬不能容忍者，其跟追行為即非在系爭規定處罰之列。是新聞採訪者於有事實足認特定事件之報導具一定之公益性，而屬大眾所關切並具有新聞價值者（例如犯罪或重大不當行為之揭發、公共衛生或設施安全之維護、政府施政之妥當性、公職人員之執行職務與適任性、政治人物言行之可信任性、公眾人物影響社會風氣之言行等），如須以跟追方式進行

採訪，且其跟追行為依社會通念所認非屬不能容忍，該跟追行為即具正當理由而不在系爭規定處罰之列。依此解釋意旨，系爭規定縱有限制新聞採訪行為，其限制係經衡酌而並未過當，尚符合比例原則，與憲法第十一條保障新聞採訪自由之意旨並無牴觸。又系爭規定所欲維護者屬重要之利益，而限制經勸阻不聽且無正當理由，並依社會通念認屬不能容忍之侵擾行為，並未逾越比例原則，已如上述，是系爭規定縱對以跟追行為作為執行職業方法之執行職業自由有所限制，仍難謂有違憲法第十五條保障人民工作權之意旨。

　　憲法上正當法律程序原則之內涵，除要求人民權利受侵害或限制時，應有使其獲得救濟之機會與制度，亦要求立法者依據所涉基本權之種類、限制之強度及範圍、所欲追求之公共利益、決定機關之功能合適性、有無替代程序或各項可能程序成本等因素綜合考量，制定相應之法定程序。按個人之身體、行動、私密領域或個人資料自主遭受侵擾，依其情形或得依據民法、電腦處理個人資料保護法（民國99年5月26日修正公布為個人資料保護法）等有關人格權保護及侵害身體、健康或隱私之侵權行為規定，向法院請求排除侵害或損害賠償之救濟（民法第18條、第195條、電腦處理個人資料保護法第28條規定參照），自不待言。立法者復制定系爭規定以保護個人之身體、行動、私密領域或個人資料自主，其功能在使被跟追人得請求警察機關及時介入，制止或排除因跟追行為對個人所生之危害或侵擾，並由警察機關採取必要措施（例如身分查證及資料蒐集、記錄事實等解決紛爭所必要之調查）。依系爭規定，警察機關就無正當理由之跟追行為，經勸阻而不聽者得予以裁罰，立法者雖未採取直接由法官裁罰之方式，然受裁罰處分者如有不服，尚得依社會秩序維護法第55條規定，於五日內經原處分之警察機關向該管法院簡易庭聲明異議以為救濟，就此而言，系爭規定尚難謂與正當法律程序原則有違。惟就新聞採訪者之跟追行為而論，是否符合上述處罰條件，除前述跟追方式已有侵擾被跟追人之身體安全、行動自由之虞之情形外，就其跟追僅涉侵擾私密領域或個人資料自主之情形，應須就是否侵害被跟追人於公共場域中得合理期待不受侵擾之私人活動領域、跟追行為是否逾越依社會通念所認不能容忍之界限、所採訪之事件是否具一定之公益性等法律問題判斷，並應權衡新聞採

訪自由與個人不受侵擾自由之具體內涵，始能決定。鑑於其所涉判斷與權衡之複雜性，並斟酌法院與警察機關職掌、專業、功能等之不同，為使國家機關發揮最有效之功能，並確保新聞採訪之自由及維護個人之私密領域及個人資料自主，是否宜由法院直接作裁罰之決定，相關機關應予檢討修法，或另定專法以為周全規定，併此敘明。

（三）收音

　　再來就「收音」部分。兩個人公開在餐廳吃飯，如果是拍下他們吃飯的畫面和互動過程，這部分或許算是「公開」。但是派小弟去附近「收音」，所收到的兩人間親密對話，也算是「公開的言論」嗎？兩人之間在公眾場合的親密交談，因為該言論只有近距離才可以聽到，應該不算是公開的言論，所以狗仔隊應該不能進行收音。

　　不過有趣的是，我們很少看到名人用這一條告狗仔隊侵犯隱私，通常是告他們「誹謗」。為什麼呢？主要是：若告狗仔隊侵犯隱私，則表示承認自己的確有這些不可告人之事；若告狗仔隊誹謗，則是想要澄清那些報導是假的。例如《壹週刊》進入台灣後曾經報導大S、小S在陽明山別墅的院子內進行嗑藥性愛派對，當時《壹週刊》記者是在隔壁無人建築物樓頂拍到他們院子內的畫面。在自家院子內的行為應該已經算是「非公開的活動」，所有這部分其實《壹週刊》已經違反了刑法第315條之1的罪。但是小S卻沒有告《壹週刊》這條，而是告《壹週刊》誹謗。原因在於名人為了維持良好形象，所以只會告誹謗，而不會告侵犯隱私而承認自己的不良行為。而且通常告誹謗罪也會告贏，因為其可以主張刑法第310條第3項的「涉於私德而與公益無關」。

（四）安裝衛星定位追蹤器與合理隱私期待？

 案例

　　配偶雙方為了追查另一方是否有外遇，常常請民間的徵信業者跟蹤自己的另一半。而民間徵信業者慣用的手法，就是在目標車輛上安裝衛星定位追蹤器，用來掌握目標的行蹤。對於目標的行動蹤跡，是否屬於刑法第315條之1所講的「非公開之活動」？而用衛星定位追蹤器所掌握的行蹤，是否屬於刑法第315條之1的「窺視、竊聽」？在構成要件上，徵信業者用衛星定位追蹤器掌握目標行蹤，應該沒有窺視，且目標在戶外的行蹤，應該也不是「非公開的活動」，但高等法院卻認為，人民對自己的行動蹤跡具有「合理隱私期待」，應受隱私權保護，而認為徵信業者和委託人都觸犯刑法第315條之1[2]。但本書認為，行動蹤跡縱使值得以法律保護，也不代表安裝衛星定位追蹤器符合刑法第315條之1的構成要件。高等法院在以下這份判決中的見解，值得檢討。

台灣高等法院刑事判決100年度上易字第2915號（2012/4/19）

　　（略）

　　貳、實體部分：

　　一、訊據被告謝松宏雖坦承其為掌握陳宜均之行蹤，委由王文科、志和進行調查，並有將陳宜均上班之時間、地點、使用車輛之車牌號碼等情告知王文科，另於97年10月8日凌晨0時32分許，協助志和更換裝設在陳宜均所駕車輛後保險桿內之衛星定位追蹤器之電池，惟矢口否認有何妨害秘密犯行，於原審辯稱：伊係在王文科、志和調查陳宜均行蹤期間，始知悉渠等係以裝設衛星定位追蹤器之方式，而得以獲悉陳宜均非公開之行動蹤跡，但伊並未參與妨害秘密犯行云云；於本院辯稱：其目的是調查有無外遇，而不是伊要調查她的行蹤，調查過程徵信社有跟伊說陳宜均有跟人去

2　台灣高等法院刑事判決100年度上易字第2915號（2012/4/19）。

賓館,並在宿舍前與人摟摟抱抱,有時她無故不返家,伊也會與徵信社聯絡,目的就是要知道她是否外遇云云。惟查:

(略)

(四)雖辯護人為被告謝松宏利益辯護稱:本案衛星定位追蹤器僅有行動電話傳送接收與GPS 衛星定位功能,並無竊聽、錄音及錄影功能,且係裝設在車輛後保險桿內,而非裝設在車內,自不該當妨害秘密罪之構成要件;另被告謝松宏係因與證人陳宜均有訟爭糾紛且懷疑證人陳宜均有外遇,為掌握證人陳宜均之行蹤,始委託同案被告王文科、志和進行調查,而夫妻互負婚姻純潔之義務,婚外情也為法律所禁止,只要有合理的懷疑,縱使對私領域有所侵害,仍應認為是為維護婚姻純潔而做出的必要手段。且依一般經驗法則,追查婚外情都以秘密方式進行,且證據取得極為困難,故基於婚姻關係之處理而安裝追蹤器,係事出有因,而有正當之理由,非屬無故云云。惟查:

1.車體底盤裝設衛星定位追蹤器已構成隱私權之侵犯:

按刑法於88年4月21日增訂第315條之1規定:「有下列行為之一者,處三年以下有期徒刑、拘役或三萬元以下罰金:一、無故利用工具或設備窺視、竊聽他人非公開之活動、言論、談話或身體隱私部位者。二、無故以錄音、照相、錄影或電磁紀錄竊錄他人非公開之活動、言論、談話或身體隱私部位者」,其立法理由係因目前社會使用照相、錄音、錄影、望遠鏡及各種電子、光學設備者,已甚普遍,然以之為工具,用以窺視、竊聽、竊錄他人隱私活動、言談或談話者,已危害社會善良風氣及個人隱私,實有處罰之必要,此有該條立法理由可知。又隱私權性質上本在於保障不欲為人所知之私密遭他人探知與干擾,此亦為刑法第315條之1規定,以無故探知他人具有合理隱私預期之非公開活動之行為為處罰對象之理由,是該條文所謂「非公開」之活動,係指活動不對公眾公開而具有隱密性,亦即個人主觀上欲隱密進行其活動而不欲公開,且在客觀上所選擇之場所或所使用之設備亦足以確保活動之隱密性而言。其次,對於車體外觀雖處於共見共聞的狀態,但所謂共見共聞是否能夠裝設衛星定位追蹤器,以便對於個人行動自由鉅細靡遺觀察,恐有疑問。依隱私權的根本即是尊重個人自由,衛星定位追蹤器對於汽車財產所有與使用情形雖無大礙,但

對個人行動自由不能否認有重大限制。車體外觀雖不具有合理期待的隱私權，但在車體底盤裝設衛星定位追蹤器如果不構成隱私權的侵犯，則任何人可因處於眾人可共見共聞的狀態下，任意在他人車體底盤、甚至衣服裝置衛星定位追蹤器，其違反法律保障隱私權之理至明。職此，汽車使用人雖駕駛汽車於道路或其他場所，處於路人可共見共聞之狀態，然駕駛者未必欲公開其行蹤，且其行蹤亦非必為眾人所周知，蓋路人所見者，僅為汽車於某時瞬間行經某處，未必能察知所見汽車駕駛人之身分，且對於汽車駕駛人之出發地及目的地亦無從得知，又汽車使用人亦得藉由車廂與外界之隔離，而使外界之人不易察知車廂內之駕駛人或乘客及其活動，以保有其車廂內之私密，自仍得因客觀上時間、空間之區隔，而保有其行蹤之隱密性，而對其行蹤在客觀上得有合理之隱私期待，汽車駕駛人不僅其不受侵擾之期待已表現於外，且該期待依社會通念亦認為合理，是在汽車上裝設衛星定位追蹤器，追蹤汽車使用人之行蹤，已侵犯個人對其行為舉止不被窺視之需求及合理期待。

　　再者，司法院大法官釋字第689號解釋亦認基於人性尊嚴理念，維護個人主體性及人格自由發展，人民免於身心傷害之身體權、行動自由、生活私密領域不受侵擾之自由、個人資料之自主權，均屬憲法第22條所保障之基本權利。對個人前述自由權利之保護，並不因其身處公共場域，而失其必要性，是個人縱於公共場域中，亦應享有依社會通念得不受他人持續注視、監看、監聽、接近等侵擾之私人活動領域及個人資料自主權利，蓋個人之私人生活及社會活動，隨時受他人持續注視、監看、監聽或公開揭露，其言行舉止及人際互動即難自由從事，致影響其人格之自由發展。是以，參酌現今資訊科技高度發展及相關設備之方便取得，個人之私人活動受注視、監看、監聽或公開揭露等侵擾之可能大為增加暨個人之私人活動及隱私受保護之需要，亦隨之提升等考量，是故以衛星定位追蹤器追蹤汽車使用人在道路或其他場所之行蹤，自屬上開刑法規定所規範之利用設備窺視他人非公開活動，始符立法旨趣及社會演進之實狀。

　　2.辯護人固以上揭理由認被告謝松宏所為，係為自力維護其身分權利遭受侵害所為之取證行為，與刑法第315條之1第1款之「無故」行為有異，不成立妨害秘密罪嫌等語。惟按刑法第315條之1妨害秘密罪，以「無

故」為構成要件，而「無故」之意義，係指「無法律上之正當事由」而言，另觀之刑法第306條侵入住宅罪、第315條妨害書信秘密罪、第316條洩漏業務上知悉他人秘密罪，亦均以「無故」為構成要件，倘私人僅為民事或刑事訴訟之舉證，或維護其他正當權利，而允許以此為由，侵入住宅（刑法第306條），開拆隱匿封緘信函（刑法第315條），窺視、竊聽、竊錄他人非公開之活動（刑法第315條之1），或允許醫師等專業人員洩漏因業務知悉之秘密（刑法第316條），則憲法對於居住安全、隱私權之保護豈非具文，此顯失事理之平，是上開刑法第315條之1之妨害秘密罪，能否因私人基於蒐集證據等之目的，即認屬法律上有正當事由而排除「無故」之要件，已非無疑。

故於立法技術上侵犯隱私權概念，必須是「無權限」或「無正當理由」的侵犯，而得被認為係需要處罰的不法行為，刑法第315條之1所定的犯罪行為態樣也必須係行為人出於「無故」而窺視、竊聽或竊錄他人之言論、談話者，始構成本條犯罪，而屬「非無故」事由諸如是否得言論或活動者的同意、根據法律規定或私人契約所允許之監聽或錄音（影）行為、具有正當防衛或緊急避難之情狀、維護新聞自由之較優越公共利益等。是「無故」或「非無故」之認定則必須針對個案中所侵害的利益、手段及所要保護的利益，進行價值衡量與比例原則審查。又隱私權與其他權利保障之取捨，原應就個案情節，依比例原則並衡量其法益判斷之，配偶之一方如有外遇，對他方而言，自屬極端難過，難以忍受之事件，是有外遇之一方必極力隱藏，避免他方知悉，此雖在道德上是可非難性，但在保護隱私權之立法意旨而言，並未排除此種在道德上可非難性之隱私，是以縱在道德上可非難性之隱私，仍為保護之對象，應無疑義，此觀通訊保障及監察法所第3條第2項「前項所稱之通訊，以有事實足認受監察人對其通訊內容有隱私或秘密之合理期待者為限。」自明。況犯罪偵查機關為維護社會治安、保障人民權益，於調查犯罪（甚至重大刑案）時，如欲以監聽方式蒐證，尚須依通訊保障及監察法之規定，聲請法院核發通訊監察書，始得為之之情況下，自不能認為私人基於蒐集證據等之目的，即一概有侵犯他人隱私權之正當事由。因此，縱被告謝松宏係基於上揭訴訟舉證所需之目的而侵害證人陳宜均之隱私，惟是否構成本罪之處罰，仍應以窺視、竊聽、

竊錄之行為有無出於合理之懷疑及對於證據蒐集、取得之必要性而定，亦即必須斟酌個案情節，視侵害之手段、行為密度，侵害法益之程度，所欲保護之法益與所侵害法益間的利益衡量等因素綜合考量。經查被告謝松宏固提出電話之通話譯文及光碟以佐其確懷疑證人陳宜均有外遇情事，惟觀其提出之通話譯文內容，尚難依此作為被告謝松宏有正當理由而為窺視證人陳宜均非公開活動之證據，至其雖辯稱調查過程徵信社有跟伊說陳宜均有跟人去賓館，並在宿舍前與人摟摟抱抱，惟其亦無法提出任何證據以實其說。次查，依被告所辯，通姦罪之犯罪事實多係生於隱密空間，不易舉證證明，惟從「適合性」或「適當性」觀之，本件被告謝松宏、同案被告王文科、志和等三人係將衛星定位追蹤器裝設在證人陳宜均所使用之車輛，亦非被告謝松宏有共同使用、支配權限之生活領域，倘允許行為人得對不屬其生活領域之空間，進行全面性而無限制的監控，則憲法課予國家對上開自由權利應予保護之要求即未能達成，對於達成知道其配偶有無違反婚姻期間之「貞操義務」或「忠誠義務」之目的，已屬逾越「適合性」或「適當性」；再從「比例性」觀之，雖可預期配偶之他方堅決否認或不曾主動告知其已違反夫妻間婚姻之「貞操義務」或「忠誠義務」，惟其對於其妻行動之隱私進行全面監控，亦已超越實現其目的之必要程度，從「必須性」或「衡量性」原則觀之，該行為亦難認屬一種損害最小之手段。職此，被告所辯稱其所為係為保障「信守夫妻忠誠義務」、「去除婚姻貞潔之疑慮」或「證實他方有違反婚姻貞潔義務事實」等目的，均難持以作為侵害隱私權之正當理由。綜上所述，被告謝松宏與同案被告王文科、志和裝設前開衛星定位追蹤器之所為，尚難認係法律上之正當事由，被告所辯尚不足採，被告謝松宏妨害秘密部分事證明確，犯行洵堪認定。

（五）圖利為妨礙秘密罪

刑法第315條之2規定：「意圖營利供給場所、工具或設備，便利他人為前條之行為者，處五年以下有期徒刑、拘役或科或併科五十萬元以下罰金。

意圖散布、播送、販賣而有前條第二款之行為者，亦同。

製造、散布、播送或販賣前二項或前條第二款竊錄之內容者，依第一

項之規定處斷。

　　前三項之未遂犯罰之。」

（六）週刊附贈光碟

　　前幾年璩美鳳偷拍光碟案引起相當大的轟動。偷拍璩美鳳的人當然算違反第315條之1的罪。但是後來有某週刊隨刊附贈偷拍光碟，這有沒有法律責任呢？根據刑法第315條之2第3項，若明知是偷拍的內容還散播的話，也要處罰。所以，當時有很多人在網路上抓偷拍的畫面，甚至還傳送給親友分享，其實都算違反了刑法第315條之2，要處五年以下有期徒刑。

三、洩漏秘密罪

```
┌─洩漏業務上知悉他人秘密罪（§316）
├─洩漏業務上知悉工商秘密罪（§317）
├─公務員洩漏職務上工商秘密罪（§318）
├─洩漏他人電腦秘密罪（§318-1）
└─利用電腦妨礙秘密罪（§318-2）
```

圖13-3　刑法洩漏秘密罪

（一）洩漏秘密罪類型

　　刑法第316條以下，乃是關於洩漏秘密罪的規定。

1. 洩漏業務上知悉他人秘密罪

　　刑法第316條規定：「醫師、藥師、藥商、助產士、心理師、宗教師、律師、辯護人、公證人、會計師或其業務上佐理人，或曾任此等職務之人，無故洩漏因業務知悉或持有之他人秘密者，處一年以下有期徒刑、拘役或五萬元以下罰金。」

2. 洩漏業務上知悉工商秘密罪

　　刑法第317條規定：「依法令或契約有守因業務知悉或持有工商秘

密之義務而無故洩漏之者，處一年以下有期徒刑、拘役或三萬元以下罰金。」

3. 公務員洩漏職務上工商秘密罪

刑法第318條規定：「公務員或曾任公務員之人，無故洩漏因職務知悉或持有他人之工商秘密者，處二年以下有期徒刑、拘役或六萬元以下罰金。」

（二）電腦、網路加重

1. 洩漏他人電腦秘密罪

刑法第318條之1規定：「無故洩漏因利用電腦或其他相關設備知悉或持有他人之秘密者，處二年以下有期徒刑、拘役或一萬五千元以下罰金。」

2. 利用電腦妨礙秘密罪

刑法第318條之2規定：「利用電腦或其相關設備犯第三百十六條至第三百十八條之罪者，加重其刑至二分之一。」

（三）在網路上張貼私人信件

 問題：網路可否公布女友情書內容？

女朋友最近把我甩了，我為了報復，而將她寫給我的情書內容公布在網路上，這樣有違反刑法嗎？

首先，就著作權部分，女朋友寫給你情書，信紙部分雖然寄給你了，但內容著作權還是歸女朋友所有，所以不可以隨意公開在網路上，否則會侵害女朋友的「公開傳輸權」和「公開發表權」。

而就刑法部分，你有沒有違反妨礙秘密罪章中哪一條規定呢？有沒有違反刑法第318條之1呢？答案是沒有。因為這個情書是你女朋友主動寫給

你的，並不是你透過電腦設備去偷抓過來的。所以我們常看到一些作家在出版的書上會把別人寫給他們的信附在書上，這就是因為他們並沒有違反刑法的規定。不過要小心的是，把別人寄給你的信放到自己的書上出版，可能會違反著作權法。

第三節　通訊保障及監察法

　　通訊保障及監察法乃是為了遏止違法監察行為。其規定，警察不得隨意監聽他人通訊。在偵查中和審判中，必須由警察或檢察官向法官聲請開監察票，且監察有期間限制。在監察結束後，必須告知被監察人（當然如果告知會妨礙的話可以不用告知）。監察紀錄不可作為其他用途。監察結束後須保存五年，然後銷燬。監察過程中的相關人員不可非法利用監察資料。

一、何謂通訊

（一）通訊

　　通訊保障及監察法第3條規定：「本法所稱通訊如下：

　　一、利用電信設備發送、儲存、傳輸或接收符號、文字、影像、聲音或其他信息之有線及無線電信。

　　二、郵件及書信。

　　三、言論及談話。

　　前項所稱之通訊，以有事實足認受監察人對其通訊內容有隱私或秘密之合理期待者為限。」

（二）電信事業之配合義務

　　電子郵件的往來，也可能是被監察的對象。若警方要監察電子郵件，而需要電信業者配合，根據第14條第2項：「電信事業及郵政事業有協助執行通訊監察之義務；其協助內容為執行機關得使用該事業之通訊監

察相關設施與其人員之協助。」ISP業者要想辦法配合。

　　根據通訊保障及監察法第14條第4項規定，政府可要求業者在一開始開發相關軟體時，就要在技術上想辦法可以讓人可以監察：「電信事業之通訊系統應具有配合執行監察之功能，並負有協助建置機關建置、維持通訊監察系統之義務。但以符合建置時之科技及經濟上合理性為限，並不得逾越期待可能性。」

二、監聽程序與釋字631號解釋

　　根據通訊監察法之規定，警察不得隨意監聽他人通訊。在偵查中和審判中，必須由警察或檢察官向法官聲請開監察票[3]。且監察有期間限制。在監察結束後，必須告知被監察人（當然如果告知會妨礙的話可以不用告知）。原本通訊保障及監察法規定，偵查中由檢察官就可以開監察票，但經過釋字631號解釋，為保障人民通訊自由，認為該規定違憲，應改由法官來核發監察票。

釋字第631號（2007/7/20）

　　解釋爭點：88年7月14日制定公布之通訊保障及監察法第5條第2項規定違憲？

　　解釋理由書：

　　憲法第12條規定：「人民有秘密通訊之自由。」旨在確保人民就通訊之有無、對象、時間、方式及內容等事項，有不受國家及他人任意侵擾之權利。此項秘密通訊自由乃憲法保障隱私權之具體態樣之一，為維護人性尊嚴、個人主體性及人格發展之完整，並為保障個人生活私密領域免於國家、他人侵擾及維護個人資料之自主控制，所不可或缺之基本權利（本院釋字第603號解釋參照），憲法第12條特予明定。國家若採取限制手段，除應有法律依據外，限制之要件應具體、明確，不得逾越必要之範圍，所踐行之程序並應合理、正當，方符憲法保障人民基本權利之意旨。

3　參見釋字631號解釋。

　　通保法係國家為衡酌「保障人民秘密通訊自由不受非法侵害」及「確保國家安全、維護社會秩序」之利益衝突，所制定之法律（通保法第一條參照）。依其規定，國家僅在為確保國家安全及維護社會秩序所必要，於符合法定之實體及程序要件之情形下，始得核發通訊監察書，對人民之秘密通訊為監察（通保法第2條、第5條及第7條參照）。通保法第5條第1項規定：「有事實足認被告或犯罪嫌疑人有下列各款罪嫌之一，並危害國家安全或社會秩序情節重大，而有相當理由可信其通訊內容與本案有關，且不能或難以其他方法蒐集或調查證據者，得發通訊監察書」，此為國家限制人民秘密通訊自由之法律依據，其要件尚稱具體、明確。國家基於犯罪偵查之目的，對被告或犯罪嫌疑人進行通訊監察，乃是以監控與過濾受監察人通訊內容之方式，蒐集對其有關之紀錄，並將該紀錄予以查扣，作為犯罪與否認定之證據，屬於刑事訴訟上強制處分之一種。惟通訊監察係以未告知受監察人、未取得其同意且未給予防禦機會之方式，限制受監察人之秘密通訊自由，具有在特定期間內持續實施之特性，故侵害人民基本權之時間較長，亦不受有形空間之限制；受監察人在通訊監察執行時，通常無從得知其基本權已遭侵害，致其無從行使刑事訴訟法所賦予之各種防禦權（如保持緘默、委任律師、不為不利於己之陳述等）；且通訊監察之執行，除通訊監察書上所載受監察人外，可能同時侵害無辜第三人之秘密通訊自由，與刑事訴訟上之搜索、扣押相較，對人民基本權利之侵害尤有過之。

　　鑑於通訊監察侵害人民基本權之程度強烈、範圍廣泛，並考量國家執行通訊監察等各種強制處分時，為達成其強制處分之目的，被處分人事前防禦以避免遭強制處分之權利常遭剝奪。為制衡偵查機關之強制處分措施，以防免不必要之侵害，並兼顧強制處分目的之達成，則經由獨立、客觀行使職權之審判機關之事前審查，乃為保護人民秘密通訊自由之必要方法。是檢察官或司法警察機關為犯罪偵查目的，而有監察人民秘密通訊之需要時，原則上應向該管法院聲請核發通訊監察書，方符憲法上正當程序之要求。系爭通保法第5條第2項未設此項規定，使職司犯罪偵查之檢察官與司法警察機關，同時負責通訊監察書之聲請與核發，未設適當之機關間權力制衡機制，以防免憲法保障人民秘密通訊自由遭受不必要侵害，自難

謂為合理、正當之程序規範，而與憲法第12條保障人民秘密通訊自由之意旨不符，應自本解釋公布之日起，至遲於96年7月11日修正公布之通保法第5條施行之日失其效力。另因通訊監察對人民之秘密通訊自由影響甚鉅，核發權人於核發通訊監察書時，應嚴格審查通保法第5條第1項所定要件；倘確有核發通訊監察書之必要時，亦應謹守最小侵害原則，明確指示得為通訊監察之期間、對象、方式等事項，且隨時監督通訊監察之執行情形，自不待言。

三、違法監聽的民事責任

第19條規定：「違反本法或其他法律之規定監察他人通訊或洩漏、提供、使用監察通訊所得之資料者，負損害賠償責任。

被害人雖非財產上之損害，亦得請求賠償相當之金額；其名譽被侵害者，並得請求為回復名譽之適當處分。

前項請求權，不得讓與或繼承。但以金額賠償之請求權已依契約承諾或已起訴者，不在此限。」

第20條規定：「前條之損害賠償總額，按其監察通訊日數，以每一受監察人每日新臺幣一千元以上五千元以下計算。但能證明其所受之損害額高於該金額者，不在此限。

前項監察通訊日數不明者，以三十日計算。」

第22條規定：「公務員或受委託行使公權力之人，執行職務時違反本法或其他法律之規定監察他人通訊或洩漏、提供、使用監察通訊所得之資料者，國家應負損害賠償責任。

依前項規定請求國家賠償者，適用第十九條第二項、第三項及第二十條之規定。」

四、違法監聽的刑事責任

第24條規定：「違法監察他人通訊者，處五年以下有期徒刑。

執行或協助執行通訊監察之公務員或從業人員，假借職務或業務上之權力、機會或方法，犯前項之罪者，處六月以上五年以下有期徒刑。

　　意圖營利而犯前二項之罪者，處一年以上七年以下有期徒刑。」

　　第25條規定：「明知為違法監察通訊所得之資料，而無故洩漏或交付之者，處三年以下有期徒刑。

　　意圖營利而犯前項之罪者，處六月以上五年以下有期徒刑。」

　　第27條第1項規定：「公務員或曾任公務員之人因職務知悉或持有依本法或其他法律之規定監察通訊所得應秘密之資料，而無故洩漏或交付之者，處三年以下有期徒刑。」

　　第28條規定：「非公務員因職務或業務知悉或持有依本法或其他法律之規定監察通訊所得應秘密之資料，而無故洩漏或交付之者，處二年以下有期徒刑、拘役或新臺幣二萬元以下罰金。」

第十四章　網路誹謗與公然侮辱

　　人格權是什麼？本章將從民法上對人格權的保護開始談起，並討論到刑法上的公然污辱罪和誹謗罪。並以實際的網路污辱和網路誹謗為例，說明在網路上人格的保護。

第一節　民法名譽權

一、人格權和隱私權

　　民法第18條規定：「人格權受侵害時，得請求法院除去其侵害；有受侵害之虞時，得請求防止之。前項情形，以法律有特別規定者為限，得請求損害賠償或慰撫金。」

　　民法第195條規定：「不法侵害他人之身體、健康、名譽、自由、信用、隱私、貞操，或不法侵害其他人格法益而情節重大者，被害人雖非財產上之損害，亦得請求賠償相當之金額。」

　　上述兩個條文乃是民法上對人格權和隱私權的保護規定。

二、將好友照片公開

 問題

　　小明用數位相機幫好朋友小美拍照，因為小美很可愛，所以小明拍照完將小美的照片上傳到網路上流傳，這樣有侵犯小美的隱私或肖像權嗎？

　　由於現在網路相簿這麼發達，似乎每個人都在做這類的事情。

　　如果照片是偷拍的，這個問題或許比較容易解決。大概就以小明違反

刑法第315條之1，民法上也侵犯了第195條的隱私權，而可以請求賠償。至於放到網路上流傳，由於明知是偷拍的內容還流傳，就違反了第315條之2。至於民法上流傳侵犯好朋友的肖像權，可以根據民法第195條請求人格權的賠償。

　　但如果不是偷拍的，是好友小美自願答應讓小明拍的，此時她有沒有授權給小明在網路上流傳呢？此時雖然小明擁有合法的著作權，但若沒有得到小美授權，任意放到網路上流傳，仍然是侵犯了小美的肖像權。

第二節　刑法相關法律

一、公然侮辱罪

（一）構成要件

　　刑法第309條第1項規定：「公然侮辱人者，處拘役或九千元以下罰金。」

　　所謂公然，係指不特定多數人得以共見共聞之狀態，不以實際上果已共見共聞為必要，但必在事實上有不特定人或多數人得以共見共聞之狀況。又此多數人係指人數眾多，而包括特定之多數人在內（台灣高等法院91年度上易字第3044號判決意旨參考）。

　　所謂侮辱，係指行為人使用之言詞粗俗不堪，足以貶低他人人格於社會上之評價，例如「瘋狗」、「婊子」、「你爸，幹你娘不出來」、「幹你娘」、「狗仔」、「強盜、瘋人」、對律師指其「幼稚」、指某公職人員人「貪污」。僅抽象地指告訴人「討客兄」，分手男女狹路相逢，在路上以「你給人家幹喔」、「你如生孩子沒屁眼」等語辱罵告訴人。

　　「行為客體」及侮辱表述所針對之對象，必須是特定或可推知之個人或者多數人。司法院37年院解字3806號：競選人在報章發表意見，為法官審法官貪污審貪污，既非對特定人或可得推知之人所發之言論，自不形成刑法第309條及第311條之罪。

（二）網路上公然侮辱

在網路上辱罵他人，算不算是公然侮辱？依照上述構成要件的分析，網路也是人人得以隨時進出的場域，故在網路上罵人會構成公然侮辱罪。但一般人卻以為在網路上罵人沒有什麼法律責任，且網路上由於有「群體極化」效果，所以在網路上罵人越罵越兇。而且，很多人只是在個人網頁上表達對同事、上司、朋友的不滿，而以為個人網頁屬於自己的私人日記，不算是公開場域，但是在法院的認定中，只要個人網頁是公開的，在個人網頁中罵人仍然可能構成公然侮辱。

（三）案例：消費者在部落格中抱怨店家

有些消費者，在某店家消費後，因為對服務不滿意，就會在網路上的個人部落格或網頁上對店家抱怨，表達不滿。但因為這對店家的商譽造成傷害，店家就可能對這些消費者提出公然侮辱的訴訟。而消費者的抱怨，如果已經有出現不雅的字眼，法院通常會認為構成公然侮辱罪。

台灣板橋地方法院刑事判決100年度易字第3455號（2011/11/22）

公　訴　人　台灣板橋地方法院檢察署檢察官
被　　　告　夏瑜君
主　文
夏瑜君公然侮辱人，處罰金新臺幣仟元，如易服勞役，以新臺幣壹仟元折算壹日。
事　實
一、夏瑜君前因於網路指摘其前往宜園股份有限公司（下稱宜園公司）所經營之吃飽無罪燒肉公館店（下稱吃飽無罪燒肉店）消費時，發現該店交付生鏽之烤網予消費者使用，而遭宜園公司提起妨害名譽告訴（此部分業經台灣板橋地方法院檢察署檢察官不起訴處分），竟基於公然侮辱之犯意，於民國（下同）100年4月3日6時45分，在其位在新北市○○區○○路218號4樓住處內，利用電腦網路設備連結上網，以其使用「Aova」之暱稱，在其所申請不特定人皆可進入瀏覽之「痞客邦PIXNET」部落格（網址：http://aova.pixnet.net/blog/post/00000000）內，

刊登標題為「【日記】嘖嘖，我被某間燒肉店告了」之文章，撰寫「這些蟑螂為什麼會不斷擾亂人間，就是因為每個人都只敢裝作視而不見、才把這些蟑螂養的又肥又囂張」、「我不服輸的個性也許辛苦，也會讓關心我的人擔心，但就算蟑螂噁心的血肉濺到我身上，我也要一拖鞋下去讓牠知道，不是每個人都怕髒。」之文字，以此方式謾罵宜園公司所經營之吃飽無罪燒肉店，而足以詆毀該公司及吃飽無罪燒肉店之商譽。

　　理　由

　　二、訊據被告夏瑜君對於上揭時、地以其使用「Aova」之暱稱，在其所申請不特定人皆可進入瀏覽之「痞客邦PIXNET」部落格（網址：http://aova.pixnet.net/blog/post/00000000）內，刊登標題為「【日記】嘖嘖，我被某間燒肉店告了」之文章之事實並不否認，核與告訴代理人林孟勳於警詢及偵查中之指訴情節相符，此外並有「痞客邦PIXNET」部落格標題為「【日記】嘖嘖，我被某間燒肉店告了」之文章列印資料乙份在卷可稽；惟被告矢口否認有何公然侮辱之犯行，並辯稱：伊所稱之「蟑螂」係指有很多人為了一些利益或自私，去藉由傷害他人獲得好處，且全篇文章並未指明係告訴人宜園公司云云。另辯護人為被告辯護：被告上開部落格之文章係指一具體事實，並非抽象謾罵，應屬「誹謗罪」之範疇，而非「公然侮辱罪」，此部分應有「真實惡意原則」之適用；再被告上開文章其性質上屬日記，表明係個人之心情記錄，在性質上迥異於在公開場合發表言論，且文章僅用「某家烤肉店」隱諱其名，顯見被告並無令第三人均可明確確定該烤肉店為何店，並無侮辱之意思。

　　三、經查：

　　（一）按刑法第310條誹謗罪之成立，必須意圖散布於眾，而指摘或傳述足以毀損他人名譽之具體事實，倘僅抽象的公然為謾罵或嘲弄，並未指摘具體事實，則屬刑法第309條第1項公然侮辱罪範疇（最高法院86年度臺上字第6920號判決意旨參照）。換言之，刑法第309條所稱「侮辱」及第310條所稱「誹謗」之區別，前者係未指定具體事實，而僅為抽象之謾罵；後者則係對於具體之事實，有所指摘，而提及他人名譽者，稱之誹謗。查本案被告於部落格中所刊登之上開文章內所使用之「蟑螂」、「蟑螂養的又肥又囂張」、「蟑螂噁心的血肉濺到我的身上，我也要一拖鞋下

去」均屬抽象謾罵，而非指摘或傳述足以毀損他人名譽之具體事實。是被告上開文章之內容應屬「公然侮辱」罪所規範之對象，而與誹謗罪之構成要件不合。

　　（二）次按刑法上之公然侮辱罪係處罰「公然侮辱」之言論，又所謂「公然」係指不特定多數人或多數人得以共見共聞之狀態，不以實際上已共見或共聞為必要，且只須侮辱行為足使不特定人或多數人得以共見共聞，即行成立（參見司法院院解字第2033號解釋意旨）。而上開被告之「痞客邦PIXNET」部落格（網址：http://aova.pixnet.net/blog/post/00000000）專區係任何人均可連線並觀覽之網路領域，屬不特定多數人或多數人得以共見共聞之狀態無疑，是被告於上開部落格中發表文章後，任何人只須連線其上開網址，自可觀覽部落格上所有之文章，此為被告所明知。故被告於上開部落格中發表文章，與公開發表言論無異。

　　（三）再「侮辱」係以使人難堪為目的，直接以言語、文字、圖畫、或動作，表示不屑輕蔑或攻擊之意思，足以對於個人在社會上所保持之人格及地位，達貶損其評價之程度而言。被告於前開部落格中所使用之「蟑螂」、「蟑螂養的又肥又囂張」、「蟑螂噁心的血肉濺到我的身上，我也要一拖鞋下去」等用語，在客觀上足以貶損告訴人人格地位或社會評價，已屬侮辱之情形。雖被告及其辯護人辯稱所謂「蟑螂」係指為了一些利益或自私，去藉由傷害他人獲得好處之人，且全篇文章並未特別指明係告訴人宜園公司，僅係被告心情抒發而已云云；然被告果僅為敘述其係遭告訴人控告誹謗官司之心情抒發，其大可以客觀、中性之文字單純描述即可，實無須使用前開「蟑螂」、「蟑螂養的又肥又囂張」、「蟑螂噁心的血肉濺到我的身上，我也要一拖鞋下去」等文字。況前開文字均涉及個人主觀評價，何謂「蟑螂」、「蟑螂養的又肥又囂張」、「蟑螂噁心的血肉濺到我的身上，我也要一拖鞋下去」，個人解讀不同，苟如被告所辯，係指「為了一些利益或自私，藉由傷害他人獲得好處之人」而言，被告大可直接敘述告訴人自私為了其利益，而傷害他人獲得好處」，何以非得使用上開「蟑螂」等用語徒生混淆。又「蟑螂」、「蟑螂養的又肥又囂張」、「蟑螂噁心的血肉濺到我的身上，我也要一拖鞋下去」等語，除主觀上發洩自身情緒以貶抑他人行為外，實不見有何助於事實之描述，被告使用前

開文字，顯有貶抑之意。復觀諸被告於網路上之文章，剔除前開貶抑文
字，並無礙被告敘述其因之前消費告訴人提供生鏽烤網而遭告訴人控告誹
謗乙案之經過，被告並無使用前開貶低他人文字之必要，而其猶在文章中
使用前開「蟑螂」、「蟑螂養的又肥又囂張」、「蟑螂噁心的血肉濺到我
的身上，我也要一拖鞋下去」等文字，顯非僅為單純描述事實或個人心情
抒發，其出於侮辱之意甚明。又被告於標題雖標明「噴噴，我被某間燒肉
店告了」，似未指明係何間燒肉店，但觀之上開文章中已有「這張是在告
我的燒肉店拍到的照片，我寫了文章，這張照片放在食記裡，我說：這是
一間會使用生鏽烤網的燒肉店，於是這間店就對我提出告訴……」，且在
該文中放上其前在「公館吃飽無罪燒肉店@一個只有屁股的人」所張貼之
照片，此足已特定「某間燒肉店」，即指「公館吃飽無罪燒肉店」。是被
告上開所辯各節，顯屬飾卸之詞，委無可採。

（四）113年憲判字第3號判決

　　雖然台灣一直有公然污辱罪，但在網路上或坊間，彼此漫罵的情況仍
很常見。有人誤以為罵人已經是自己的言論自由，故主張刑法公然侮辱罪
侵害他的言論自由。

　　大法官於2024年做出113年憲判字第3號憲法判決，認為公然污辱罪並
沒有侵害言論自由，但必須做限縮解釋。大法官的限縮，包括二方面，一
是從被害人受侵害的利益類型上做限縮，大法官特別提及不保護被污辱者
個人名譽感情。二方面是限縮公然污辱行為的範圍，特別強調要考量該行
為出現的脈絡，以及被污辱者的情況。

113年憲判字第3號【公然侮辱罪案（一）】（113/4/26）

（編者註：1.公然侮辱罪保護的目的）

　　參酌我國法院實務及學說見解，名譽權之保障範圍可能包括社會名
譽、名譽感情及名譽人格。社會名譽又稱外部名譽，係指第三人對於一人
之客觀評價，且不論被害人為自然人或法人，皆有其社會名譽。於被害人
為自然人之情形，則另有其名譽感情及名譽人格。名譽感情指一人內心對

於自我名譽之主觀期待及感受，與上開社會名譽俱屬經驗性概念。名譽人格則指一人在其社會生存中，應受他人平等對待及尊重，不受恣意歧視或貶抑之主體地位，係屬規範性概念。【36】

1.社會名譽部分【38】

　　是一人對他人之公然侮辱言論是否足以損害其真實之社會名譽，仍須依其表意脈絡個案認定之。如侮辱性言論僅影響他人社會名譽中之虛名，或對真實社會名譽之可能損害尚非明顯、重大，而仍可能透過言論市場消除或對抗此等侮辱性言論，即未必須逕自動用刑法予以處罰。然如一人之侮辱性言論已足以對他人之真實社會名譽造成損害，立法者為保障人民之社會名譽，以系爭規定處罰此等公然侮辱言論，於此範圍內，其立法目的自屬正當。【40】

2.名譽感情部分

　　名譽感情係以個人主觀感受為準，既無從探究，又無從驗證，如須回歸外在之客觀情狀，以綜合判斷一人之名譽是否受損，進而推定其主觀感受是否受損，此已屬社會名譽，而非名譽感情。又如認個人主觀感受之名譽感情得逕為公然侮辱罪保障之法益，則將難以預見或確認侮辱之可能文義範圍。……是系爭規定立法目的所保障之名譽權內涵應不包括名譽感情。

3.名譽人格部分【43】

　　於被害人為自然人之情形，侮辱性言論除可能妨礙其社會名譽外，亦可能同時貶抑被害人在社會生活中應受平等對待及尊重之主體地位，甚至侵及其名譽人格之核心，即被害人之人格尊嚴。上開平等主體地位所涉之人格法益，係指一人在社會生活中與他人往來，所應享有之相互尊重、平等對待之最低限度尊嚴保障。此固與個人對他人尊重之期待有關，然係以社會上理性一般人為準，來認定此等普遍存在之平等主體地位，而與純以被冒犯者自身感受為準之名譽感情仍屬有別。【44】

　　次按，個人受他人平等對待及尊重之主體地位，不僅關係個人之人格發展，也有助於社會共同生活之和平、協調、順暢，而有其公益性。又對他人平等主體地位之侮辱，如果同時涉及結構性強勢對弱勢群體（例如種族、性別、性傾向、身心障礙等）身分或資格之貶抑，除顯示表意人對該

群體及其成員之敵意或偏見外，更會影響各該弱勢群體及其成員在社會結構地位及相互權力關係之實質平等，而有其負面的社會漣漪效應，已不只是個人私益受損之問題。是故意貶損他人人格之公然侮辱言論，確有可能貶抑他人之平等主體地位，而對他人之人格權造成重大損害。【45】

（編者註：2.公然侮辱之範圍要限縮）

為兼顧憲法對言論自由之保障，系爭規定所處罰之公然侮辱行為，應指：依個案之表意脈絡，表意人故意發表公然貶損他人名譽之言論，已逾越一般人可合理忍受之範圍；經權衡該言論對他人名譽權之影響，及該言論依其表意脈絡是否有益於公共事務之思辯，或屬文學、藝術之表現形式，或具學術、專業領域等正面價值，於個案足認他人之名譽權應優先於表意人之言論自由而受保障者。【55】

先就表意脈絡而言……除應參照其前後語言、文句情境及其文化脈絡予以理解外，亦應考量表意人之個人條件（如年齡、性別、教育、職業、社會地位等）、被害人之處境（如被害人是否屬於結構性弱勢群體之成員等）、表意人與被害人之關係及事件情狀（如無端謾罵、涉及私人恩怨之互罵或對公共事務之評論）等因素，而為綜合評價。例如被害人自行引發爭端或自願加入爭端，致表意人以負面語言予以回擊，尚屬一般人之常見反應，仍應從寬容忍此等回應言論。又如被害人係自願表意或參與活動而成為他人評論之對象（例如為尋求網路聲量而表意之自媒體或大眾媒體及其人員，或受邀參與媒體節目、活動者等），致遭受眾人之負面評價，可認係自招風險，而應自行承擔。反之，具言論市場優勢地位之網紅、自媒體經營者或公眾人物透過網路或傳媒，故意公開羞辱他人，由於此等言論對他人之社會名譽或名譽人格可能會造成更大影響，即應承擔較大之言論責任。【56】

又就對他人社會名譽或名譽人格之影響，是否已逾一般人可合理忍受之範圍而言，按個人在日常人際關係中，難免會因自己言行而受到他人之月旦品評，此乃社會生活之常態。一人對他人之負面語言或文字評論，縱會造成他人之一時不悅，然如其冒犯及影響程度輕微，則尚難逕認已逾一般人可合理忍受之範圍。惟如一人對他人之負面評價，依社會共同生活之

一般通念，確會對他人造成精神上痛苦，並足以對其心理狀態或生活關係造成不利影響，甚至自我否定其人格尊嚴者，即已逾一般人可合理忍受之限度，而得以刑法處罰之。例如透過網路發表或以電子通訊方式散佈之公然侮辱言論，因較具有持續性、累積性或擴散性，其可能損害即常逾一般人可合理忍受之範圍。【58】

　　就負面評價言論之可能價值而言，一人就公共事務議題發表涉及他人之負面評價，縱可能造成該他人或該議題相關人士之精神上不悅，然既屬公共事務議題，則此等負面評價仍可能兼具促進公共思辯之輿論功能。【59】

二、誹謗罪

（一）誹謗罪規定

　　刑法第310條：「意圖散布於眾，而指摘或傳述足以毀損他人名譽之事者，為誹謗罪，處一年以下有期徒刑、拘役或一萬五千元以下罰金。

　　散布文字、圖畫犯前項之罪者，處二年以下有期徒刑、拘役或三萬元以下罰金。

　　對於所誹謗之事，能證明其為真實者，不罰。但涉於私德而與公共利益無關者，不在此限。」

　　根據此條規定，如果在網路上指摘或傳述足以毀損他人名譽之事，且傳述內容不實者，就會構成誹謗罪。其中第3項前段規定：「對於所誹謗之事，能證明其為真實者，不罰。」亦即，如果誹謗的事是真的，就不予處罰。

（二）釋字第509號解釋：有消息來源卻沒查證

　　根據大法官釋字第509號解釋，被控告誹謗的人並不需要真的去證明自己所講的事情是真的，只要能夠證明根據相關證據資料，其有相信理由確信而加以傳述，就不構成誹謗罪。這就是所謂的「真正惡意原則」，也就是只要誹謗不是出於「真正惡意」，那麼就不會受到處罰。

　　釋字第509號（89/07/07）：「言論自由為人民之基本權利，憲法第

十一條有明文保障，國家應給予最大限度之維護，俾其實現自我、溝通意見、追求真理及監督各種政治或社會活動之功能得以發揮。惟為兼顧對個人名譽、隱私及公共利益之保護，法律尚非不得對言論自由依其傳播方式為合理之限制。刑法第三百十條第一項及第二項誹謗罪即係保護個人法益而設，為防止妨礙他人之自由權利所必要，符合憲法第二十三條規定之意旨。至刑法同條第三項前段以對誹謗之事，能證明其為真實者不罰，係針對言論內容與事實相符者之保障，並藉以限定刑罰權之範圍，非謂指摘或傳述誹謗事項之行為人，必須自行證明其言論內容確屬真實，始能免於刑責。惟行為人雖不能證明言論內容為真實，但依其所提證據資料，認為行為人有相當理由確信其為真實者，即不能以誹謗罪之刑責相繩，亦不得以此項規定而免除檢察官或自訴人於訴訟程序中，依法應負行為人故意毀損他人名譽之舉證責任，或法院發現其為真實之義務。就此而言，刑法第三百十條第三項與憲法保障言論自由之旨趣並無牴觸。」

在2000年大法官作出釋字第509號解釋後，放寬了報導人的責任。釋字第509號解釋提出：「惟行為人雖不能證明言論內容為真實，但依其所提證據資料，認為行為人有相當理由確信其為真實者，即不能以誹謗罪之刑責相繩。」因此，媒體雖不能證實自己所言為真，但只要有明確消息來源，相當理由確信其為真實者，即可免責。

一般認為，此乃受到美國聯邦最高法院言論自由判決的影響，而採取的標準[1]。雖然的確可能受到美國判決影響，但是，釋字第509號之標準，似乎與美國聯邦最高法院判決之見解，仍有出入。

（三）美國真正惡意原則

美國聯邦最高法院在1964年有名的 *York Times Co. v. Sullivan*案[2]中，作出了一件里程碑判決。判決指出，若是一個公眾人物主張其被他人誹謗

---

1 例如，法治斌〈保障言論自由的遲來正義—評司法院大法官釋字第五○九號解釋〉，《法治國家與表意自由》，頁299，正典文化，2003年。

2 *New York Times Co. v. Sullivan, 376 U.S. 254, 279-280 (1964)*. 該案中文詳細介紹，可參見法治斌〈論美國妨害名譽法制之憲法意義〉，《政大法學評論》第33期，頁100-104，1986年6月。

時，除了證明所傳述事實乃傷害其名譽之不實陳述，尚必須以清楚而具說服力之證據（clear and convincing proof），證明該不實陳述乃是出於真正惡意（actual malice）為之[3]。所謂的真正惡意，乃指二種情形：1.陳述者明知該內容不實（knowledge of falsity）；2.陳述者輕率疏忽而不關心其所言是否為真實（reckless disregard for the truth）[4]。

在誹謗官司中，適用真正惡意原則者，主要為公職人員（public official）和公眾人物（public figure）[5]。至於對一般私人或公眾人物之非公共事務，涉嫌誹謗時，原告只需證明其內容不實，且其有過失（negligence）[6]，即可請求賠償[7]。

表14-1　美國誹謗性言論之標準

原告	標　準
公職人員	真正惡意：1.明知不實（直接故意）
公眾人物	2.輕率疏忽不在意其真實（間接故意）
一般私人	過失：違反新聞報導專業之調查與查證標準

表：參考林子儀教授文章中之表格簡化，參見林子儀，註4文，頁379。

（四）錯誤理解美國真正惡意原則

在2000年釋字509號解釋後，一般媒體界普遍認為，只要有消息來源，不需要查證，就可以報導。如果只有消息來源卻不查證，其實屬於美國所講的「輕率疏忽不在意真實」，也是一種惡意。而部分檢察官和法官也採取這種理解，認為有消息來源就不會有誹謗責任。

這種一般人的理解或部分檢察官、法官的理解，其實走得比美國還

3　*Id. at 279-280.*

4　Id. at 279-280. 相關中文介紹，可參見林子儀〈言論自由與名譽權保障之新發展〉，《言論自由與新聞自由》，頁373-378，元照，2002年11月二版。

5　*Curtis Publishing Co. v. Butts, 388 U.S. 130 (1967).* 林子儀，同上註，頁376。

6　關於美國誹謗案件中對一般私人所採取的過失標準，詳細探討，可參考許家馨〈美國誹謗侵權法規則體系初探〉，《月旦法學雜誌》第154期，頁121-128，2008年3月。

7　*Gertz v. Robert Welch, 418 U.S. 323, 339-348 (1973).* 林子儀，前揭註4，頁377-378。Gertz案詳細中文介紹，可參見法治斌，前揭註2，頁106-109。

要寬鬆。此種有消息來源就亂報導的風氣，在美國都是惡意，會有法律責任。但在台灣，自2000年之後卻可能沒有法律責任。

而且，美國的真正惡意原則，只針對公職人員與公眾人物，由於他們具有較大的機會反駁不實造謠，所以媒體對其報導，享有較大的空間[8]。但是釋字509號，並沒有特別針對公職人員與公眾人員，對所有人的誹謗，都採取「有相當理由確信其為真實者」[9]。如果對私人誹謗都採取「真正惡意」原則，則私人毫無機會可以對抗反駁媒體不實報導，將造成惡意報導氾濫[10]。也因為釋字509號沒有區分公眾人物或一般私人，都採用寬鬆標準，導致對私人的任意爆料或不實抹黑非常普遍。

（五）112年憲判字第8號判決：合理查證與公共利益

由於前述釋字509號造成的媒體、網路亂象叢生，大法官在二十年後把握另一個案件的機會，於2023年做出112年憲判字第8號憲法判決。在此一新憲法判決中，大法官釐清二個重點：1.並非只有消息來源就可以報導，還要經過「合理查證程序」；2.所報導的對象，必須「涉及公共利益」。也就是說，如果公眾人物的私事，或者私人，不管有無經過「合理查證」，根本不該報導。

112年憲判字第8號判決【誹謗罪案（二）】（112/6/9）

主文：刑法第310條第3項規定：「對於所誹謗之事，能證明其為真實者，不罰。但涉於私德而與公共利益無關者，不在此限。」所誹謗之事涉及公共利益，亦即非屬上開但書所定之情形，**表意人雖無法證明其言論為真實，惟如其於言論發表前確經合理查證程序，依所取得之證據資料，客觀上可合理相信其言論內容為真實者，即屬合於上開規定所定不罰之要件。**即使表意人於合理查證程序所取得之證據資料實非真正，如表意人就該不實證據資料之引用，並未有明知或重大輕率之惡意情事者，仍應屬不罰之情形。至表意人是否符合合理查證之要求，應充分考量憲法保障名譽

8　*Curtis Publishing Co. v. Butts, 388 U.S. 130, 155 (1967).*
9　法治斌，前揭註1，頁152。
10　法治斌，同上註。

權與言論自由之意旨，並依個案情節為適當之利益衡量。於此前提下，刑法第310條及第311條所構成之誹謗罪處罰規定，整體而言，即未違反憲法比例原則之要求，與憲法第11條保障言論自由之意旨尚屬無違。於此範圍內，司法院釋字第509號解釋應予補充。

　　理由：……蓋所謂「私德」，往往涉及個人生活習性、修養、價值觀與人格特質等，且與個人私生活之經營方式密不可分，乃屬憲法第22條所保障之隱私權範圍，甚至可能觸及人性尊嚴之核心領域。此類涉及個人私德之事之言論指述，常藉助於上述兼具事實性與負面評價性意涵之用語、語句或表意方式，本即難以證明其真偽。然如仍欲於刑事訴訟程序上辨其真偽，無論由檢察官或表意人負舉證責任，於證據調查程序中，勢必須介入被指述者隱私權領域，甚至迫使其揭露隱私於眾，或使被指述者不得不就自身隱私事項與表意人為公開辯駁。此等情形下，被指述者之隱私權將遭受侵犯。因此，如立法者欲使涉及私德之言論指述，得享有真實性抗辯者，即須具備限制被指述者隱私權之正當理據，事涉公共利益之理由即屬之（如高階政府官員或政治人物與犯罪嫌疑人或被告之飲宴、交際等，攸關人民對其之信任）。反之，如涉及私德之誹謗言論，與公共利益無關時，客觀上實欠缺獨厚表意人之言論自由，而置被害人之名譽權及隱私權保護於不顧之正當理由。從而，此種情形下，表意人言論自由自應完全退讓於被指述者名譽權與隱私權之保護。【67】

（六）涉及私德與公益無關

　　雖然能夠證明自己所誹謗的事情為真實，或者不具備「真正惡意」，但刑法第310條第3項後段規定：「但涉及私德與公益無關，不在此限。」也就是說，縱使所誹謗事情為真，但若其只涉及私德與公益無關，則仍然要受到處罰。

　　例如，2004年12月23日新聞報導，蕭大陸告許純美誹謗罪勝訴。許純美當初在媒體爆料，說蕭大陸和她同居過，且舉證說蕭大陸的下體有疤痕。法官後來調查發現蕭大陸的確去過許純美家過夜，且勘驗後發現蕭大陸下體確實有疤痕。但法官認為即便許純美所言不假，但由於「此乃涉及私德與公益無關」，故仍然判許純美構成誹謗罪。

　　法官所用的是刑法第310條第3項「涉及私德與公益無關」。令人覺得奇怪的是，一般人所理解的誹謗，應該是指說別人壞話，且壞話是假的。但真的事實居然還要處罰。因而，這裡所想保護的法益，應該是「隱私」，而非「名譽」。

　　另外，在某些情況下也可以免於誹謗罪（刑§311）：

一、因自衛、自辯或保護合法的利益。

二、公務員因職務而報告。

三、對於可受公評之事，而為適當之評論。

四、對於中央及地方會議或法院或公眾集會的記事，而為適當的載述。

台灣苗栗地方法院刑事判決100年度簡上字第87號（2011/12/21）

　　上訴人即被告　張葆穆

　　理　由

　　一、本件公訴意旨略以：被告張葆穆於民國（下同）99年7月23日下午4時2分35秒許，在其苗栗縣竹南鎮○○里○○鄰○○街9號住處，以「Zxlirjoi」代號，登入「露天拍賣」網站之七嘴八舌討論區，在「其他」子網頁下「人物：誣告犯林英典」之討論串，意圖散布於眾而張貼「這個林先生就是最好的例子了，設陷阱害人去法院提告……」等指摘足以毀損他人名譽之文字，因認被告涉犯刑法第310條第2項之加重誹謗罪嫌。

　　二、本件上訴意旨略以：本件尚有隱藏性事實為「告訴人明知黃美鄉引用告訴人照片時有註明出處，卻執意控告黃美鄉違反著作權法，企圖以告訴手段取得和解金，因此檢察官主動分案以誣告罪起訴」，且本件被告係對可受公評之事，為合理善意之評論等語。

　　三、應適用之法律：

　　（二）按言論自由為人民之基本權利，憲法第11條有明文保障，國家應給予最大限度之維護，俾其實現自我、溝通意見、追求真理及監督各種政治或社會活動之功能得以發揮。惟為兼顧對個人名譽、隱私及公共利益之保護，法律尚非不得對言論自由依其傳播方式為合理之限制。刑

法第310條第1項及第2項誹謗罪即係保護個人法益而設，為防止妨礙他人之自由權利所必要，符合憲法第23條規定之意旨。至刑法同條第3項前段以對誹謗之事，能證明其為真實者不罰，係針對言論內容與事實相符者之保障，並藉以限定刑罰權之範圍，非謂指摘或傳述誹謗事項之行為人，必須自行證明其言論內容確屬真實，始能免於刑責。惟行為人雖不能證明言論內容為真實，但依其所提證據資料，認為行為人有相當理由確信其為真實者，即不能以誹謗罪之刑責相繩，亦不得以此項規定而免除檢察官或自訴人於訴訟程序中，依法應負行為人故意毀損他人名譽之舉證責任，或法院發現其為真實之義務。就此而言，刑法第310條第3項與憲法保障言論自由之旨趣並無牴觸（司法院釋字第509號解釋意旨可參）。故行為人就其發表非涉及私德而與公共利益有關之言論所憑之證據資料，至少應有相當理由確信其為真實，即主觀上應有確信「所指摘或傳述之事為真實」之認識，倘行為人主觀上無對其「所指摘或傳述之事為不實」之認識，即不成立誹謗罪。惟若無相當理由確信為真實，僅憑一己之見逕予杜撰、揣測、誇大，甚或以情緒化之謾罵字眼，在公共場合為不實之陳述，達於誹謗他人名譽之程度，即非不得以誹謗罪相繩。此與美國於憲法上所發展出的「實質惡意原則」（或稱真正惡意原則，actual malice），大致相當。而所謂「真正惡意原則」係指發表言論者於發表言論時明知所言非真實，或因過於輕率疏忽而未探究所言是否為真實，則此種不實內容之言論即須受法律制裁。準此，是否成立誹謗罪，首須探究者即為行為人主觀上究有無相當理由確信其所指摘或傳述之事為真實之誹謗故意。又所謂「言論」在學理上，可分為「事實陳述」及「意見表達」二者。「事實陳述」始有真實與否之問題，「意見表達」或對於事物之「評論」，因屬個人主觀評價之表現，即無所謂真實與否可言。而自刑法第310條第1項「意圖散布於眾，而指摘或傳述足以毀損他人名譽之事者，為誹謗罪」，第3項前段「對於所誹謗之事，能證明其為真實者，不罰」規定之文義觀之，所謂得證明為真實者，唯有「事實」。據此可徵，我國刑法第310條之誹謗罪所規範者，僅為「事實陳述」，不包括針對特定事項，依個人價值判斷所提出之主觀意見、評論或批判，該等評價屬同法第311條第3款所定免責事項之「意見表達」，亦即所謂「合理評論原則」之範疇，是就可受公評之事

項，縱批評內容用詞遣字尖酸刻薄，足令被批評者感到不快或影響其名譽，亦應認受憲法之保障，不能以誹謗罪相繩，蓋維護言論自由俾以促進政治民主及社會健全發展，與個人名譽可能遭受之損失兩相權衡，顯有較高之價值。易言之，憲法對於「事實陳述」之言論，係透過「實質惡意（真實惡意）原則」予以保障，對於「意見表達」之言論，則透過「合理評論原則」，亦即刑法第311條第3款所定以善意發表言論，對於可受公評之事為適當評論之誹謗罪阻卻違法事由，賦與絕對保障。又刑法第311條所謂「可受公評之事」，則指與公眾利益有密切關係之公共事務而言。故行為人所製作有關可受公評之事之文宣內容或公開發表之意見，縱嫌聳動或誇張，然其目的不外係為喚起一般民眾注意，藉此增加一般民眾對於公共事務之瞭解程度。因此，表意人就該等事務，對於具體事實有合理之懷疑或推理，而依其個人主觀之價值判斷，公平合理提出主觀之評論意見，且非以損害他人名譽為唯一之目的者，不問其評論之事實是否真實，即可推定表意人係出於善意，避免人民因恐有侵害名譽之虞，無法暢所欲言或提供一般民眾亟欲瞭解或參與之相關資訊。

五、經查：

（一）前揭「露天拍賣」網站之七嘴八舌討論區中「其他」子網頁下，系爭「人物：誣告犯林英典」之討論串，係起始於訴外第三人於網路張貼文章：「台灣省野鳥攝影學會前理事長林英典，不滿黃美鄉在部落格引用他的一張台灣藍鵲照片4次，求償15萬元未果，控告黃美鄉違反著作權法。台北地檢署認定黃美鄉是合理使用照片，不違法，反將林英典依誣告罪嫌起訴。檢方認定林英典明知黃美鄉引用照片時，已註明攝影者為林英典，沒有盜用照片的意思；照片用在黃美鄉個人部落格，沒有做商業或營利用途，也屬於合理使用，卻仍控告黃美鄉違反著作權法，想用訴訟手段，取得15萬元和解金。因此檢察官主動簽分案，將林英典依誣告罪嫌起訴……林英典沒有製造假證據喔，他符合的是明知無理而硬要提告」等語，爾後對此留言之回應共有50筆，被告亦為其中之一，證人即告訴人林英典亦自承伊當時有看到上開起始文章等語，故被告之系爭網路張貼留言，確實針對上開起始文章無訛。

（二）被告所張貼之全文為：「這個林先生就是最好的例子了，設

陷阱害人去法院提告，我想台北地檢會反將這人起訴，因為林先生已經多次這樣爛訟，加上又無充足證據去提告，就被法院修理，這叫做夜路走多了就會遇到鬼（多行不義必自斃）」等語，此有前揭網頁列印資料在卷可稽。本院復依職權查詢原告所涉誣告之前揭案件，原告確曾於97年12月17日，經台灣台北地方法院以97年度訴字第1799號判決判處有期徒刑1年，嗣上訴後經台灣高等法院以其行為不符合誣告罪之構成要件為由，於98年5月7日以98年度上訴字第186號判決撤銷原判決而改判無罪，並經最高法院於98年7月30日以98年度台上字第4285號判決駁回檢察官之上訴而確定，此有該等判決資料在卷可查。而參照前開台灣台北地方法院97年度訴字第1799號刑事判決及附表內容，可知告訴人自94年間起，即在全國各地對個人網路部落格使用者，提出多起違反著作權法之刑事告訴，並多經各地方法院檢察署檢察官以使用者為合理使用，並無違反著作權法為由，迭為不起訴處分確定。復由被告所提出以姓名「林英典」為搜尋關鍵字之相關網頁資料，亦可得知在網際網路上，有關告訴人動輒向引用其攝影著作之人提告之事，亦引起不少新聞媒體報導或讀者負面之評論，諸如批為「著作權蟑螂」、「著作權流氓」等詞語。由此可知，告訴人前揭多次提告之行為，雖意在維護其自身著作權，然經媒體報導並在網路上引發諸多討論後，已為大眾所知曉，故於本案之案發前，已然成為公共事務，告訴人亦已然成為公眾人物，且有關告訴人是否在明知網路部落格之使用人有可能屬著作權法上之合理使用，仍一再對該等使用人提出告訴，此種主張權利之行為是否有過度使用國家司法資源，顯非屬單純之私德領域，而顯與公共利益有所關連，為可受公評之事。基此，被告上開言論內容，無非係針對他人張貼有關告訴人遭檢察官起訴乙事，表達其個人見解，屬「意見表達」之範疇，而非捏造人、事、時、地、物而為虛偽之「事實陳述」，並具討論公共事務之公益性質。

　　（三）又陳述事實與發表意見不同，事實有能證明真實與否之問題，意見則為主觀之價值判斷，無所謂真實與否，在民主多元社會各種價值判斷皆應容許，不應有何者正確或何者錯誤而運用公權力加以鼓勵或禁制之現象，僅能經由言論之自由市場機制，使真理越辯越明而達去蕪存菁之效果。對於可受公評之事項，縱然以不留餘地或尖酸刻薄之語言文字予

以批評，亦應認為仍受憲法之保障。蓋維護言論自由即所以促進政治民主及社會之健全發展，與個人名譽可能遭受之損失兩相衡量，顯然有較高之價值。惟事實陳述與意見發表在概念上本屬流動，有時難期其涇渭分明，若意見係以某項事實為基礎或發言過程中夾論夾敘，將事實敘述與評論混為一談時，始應考慮事實之真偽問題（見司法院釋字第509號解釋吳庚大法官之協同意見書）。查被告就告訴人以維護著作權為由，對侵權者提出民刑事告訴之訴訟過程，及因涉犯誣告罪遭檢察官提起公訴等可受公評之事，提出前揭屬個人評論意見之言論，縱使該言論內容之用字遣詞稍嫌主觀，且含有貶抑之意，足令告訴人感到不快，惟被告之主要用意，僅係在知悉告訴人遭上開起訴之事後，表達自身對濫訟之觀感，尚非就告訴人之人格之惡意、無端攻擊，而係針對告訴人多次提告行為是否有過度使用司法資源，且對告訴人遭檢察官以誣告罪嫌起訴等攸關公眾利益且可受公評之事，為合理適當之評論，縱嫌聳動或誇張，然其目的，不外係為喚起一般民眾注意，藉此增加一般民眾對於公共事務之瞭解程度，是被告就該等事務，對於具體事實，有合理之懷疑或推理，而依其個人主觀之價值判斷，公平合理提出主觀之評論意見，且非以損害告訴人名譽為唯一或主要目的，不問其評論之事實是否真實，即可推定被告係出於善意，避免公眾因恐涉有侵害名譽之虞，以致無法暢所欲言，或提供一般民眾亟欲瞭解或參與之相關資訊，避免遭致被告違反著作權法。從而，被告既係本於個人所認知之相關案例，針對告訴人為保障著作財產權，向各該侵權者透過民刑事訴訟程序或私下調解，要求民事求償之處理方式，提出其個人之評論意見，雖有令遭受評論之告訴人感到不悅，語氣略帶聳動誇張，仍屬合理評論之範圍，應受憲法言論自由之保障，而符合刑法第311條第3款之阻卻違法事由，以維護民主社會下多元價值判斷意見相容併存之空間。

　　（四）即使認為被告所張貼之上開內容，夾雜部分陳述事實，查台灣台北地方法院檢察署檢察官認：告訴人林英典明知黃美鄉於96年5月2日，在其網路個人部落格上張貼林英典享有著作權之台灣藍鵲圖片，已註明攝影人為林英典本人，並表彰林英典為著作人，且黃美鄉僅使用1張照片共計4圖次，在其個人部落格內容所占質量甚低，亦未作商業或營利用途；復明知其自94年間起對全省個人網路部落格使用者所提出違反著作權

法之刑事告訴，已先後受各地方法院檢察署檢察官以使用者為合理使用，並無違反著作權法犯行為由，迭為不起訴處分確定在案，竟意圖索取高額金錢費用，而意圖使他人受刑事處分等語，故於96年7月9日向台灣台北地方法院檢察署提出刑事告訴狀，誣告黃美鄉涉有違反著作權法第91條、第92條、第93條之犯行，因認係犯刑法第169條第1項誣告罪嫌，而於97年8月29日以96年度偵字第26245號對告訴人林英典提起公訴，嗣經台灣台北地方法院於97年12月17日以97年度訴字第1799號判處告訴人林英典有期徒刑1年，其後台灣高等法院雖於98年5月7日以98年度上訴字第186號撤銷原判決，並判處林英典無罪，並經最高法院於98年7月30日以98年度台上字第4285號駁回上訴確定，然告訴人林英典既曾遭檢察官起訴及第一審法院判決有罪，被告雖不能證明其指述告訴人誣告之言論內容為真實，尚不能苛求被告較諸上開台灣台北地方法院檢察署檢察官及台灣台北地方法院法官更暸解法律及案情，該檢察官及第一審法官，既已認定告訴人林英典誣告黃美鄉，自難認被告發表前開言論，明知所言非真實，或因過於輕率疏忽而未探究所言是否為真實。縱使告訴人嗣後經判決無罪定讞，但被告非不得本於憲法保障之言論自由，在網路上發言支持原公訴之提起及第一審判決，尚難以高於檢察官及法官之嚴苛標準，據以責難被告，或要求其言論非要與最高法院最後判決結果相符不可，本件公訴人基於檢察一體原則，亦難指摘上開台灣台北地方法院檢察署檢察官之起訴必屬違誤，從而被告就其發表非涉及私德而與公共利益有關之事項，核與部分司法官之見解相符，自有相當理由確信其為真實，即被告主觀上確信「所指摘或傳述之事為真實」，尚非僅憑一己之見逕予杜撰、揣測、誇大，甚或以情緒化之謾罵字眼而在公共場合為不實之陳述，揆諸前揭說明，應屬能證明其言論為真實，依刑法第310條第3項規定，自不得以誹謗罪相繩。

第十五章　個人資料保護

　　現今社會對於隱私越來越重視，除了重視非公開的活動的保護之外，現在更擴張到個人資料方面的保護。我國於1995年8月11日即參酌「經濟合作暨發展組織」（OECD）所揭示之保護個人資料「限制蒐集、資料內容正確、目的明確化、限制利用、安全保護、公開、個人參加、責任」等八大原則，研擬「電腦處理個人資料保護法」。其主要內容為限制任意蒐集、處理、利用個人資料，而違反者有刑事和民事責任等等。

　　目前台灣詐騙風氣很盛，詐騙集團要詐騙前往往需要個人的相關資料，故許多詐騙集團都可能違反個人資料保護法被起訴求刑。另外，現在商業電子郵件廣告氾濫，有些公司也專門以蒐集、販賣個人資料為主，也都可能會違反個人資料保護法。但由於個資法實施已經十年，許多法律的漏洞漸漸浮現，立法院於99年5月26日全面修正個人資料保護法，將「電腦處理個人資料保護法」改名為「個人資料保護法」。法務部在2011年11月公布新版個資法施行細則的修正草案，送至行政院審定並決定施行日期。2012年10月開始全面施行新版個資法。以下將一一介紹修正後個人資料保護法的內容。

第一節　基本概念

一、適用範圍

　　「個資法」原名為「電腦處理個人資料保護法」，其強調所保護的資料一定得是透過電腦處理的。所謂的電腦處理，包括輸入、儲存、編輯、更正、檢索、刪除、輸出和其他處理等[1]。若是一般手寫蒐集的資料，就無法適用。但這樣的區分似乎不太合理，所以新修法後，已刪除這樣的字眼，將法律名稱改為「個人資料保護法」，並在第1條規定：「為規範個

---

[1] 許文義《個人資料保護法論》，頁209-225，三民，2001年1月。

人資料之蒐集、處理及利用，以避免人格權受侵害，並促進個人資料之合理利用，特制定本法。」故該法所適用的範圍，包括所有個人資料之蒐集、處理及利用，不限於電腦處理之資料。

二、適用主體

個人資料保護法並不是適用到全部的國民身上。在個人資料保護法中，只有「公務機關」和「非公務機關」，才需要受到個資法的約束。

（一）公務機關

所謂的公務機關，就是一般所講的政府機關，包括指依法行使公權力之中央或地方機關或行政法人。

（二）非公務機關

而所謂的非公務機關，根據個人資料保護法第2條第8款規定，乃指「指前款以外之自然人、法人或其他團體。」使任何自然人、法人或其他團體，除為單純個人或家庭活動之目的而蒐集、處理或利用個人資料外，皆須適用本法。

三、個人資料

（一）直接或間接方式識別該個人之資料

個人資料保護法所保護的個人資料，指「自然人之姓名、出生年月日、國民身分證統一編號、護照號碼、特徵、指紋、婚姻、家庭、教育、職業、病歷、醫療、基因、性生活、健康檢查、犯罪前科、聯絡方式、財務情況、社會活動及其他得以直接或間接方式識別該個人之資料。」

但是，哪些資料才算是「得以直接或間接方式識別該個人之資料」呢？1996年8月時法務部銜同財政部等目的事業主管機關公布了「電腦處理個人資料保護法之個人資料之類別」，將個人資料分為識別類、特徵類、家庭情形、社會情況、教育、技術或其他專業、受僱情形、財務細

節、商業資訊、健康和其他、其他各類資訊等共十類。再從這十類中予以分項，每項各有不同的內涵，例如識別類第一項中辨識個人者，就包括姓名、職稱、住址、工作地址、以前地址、住家電戶號碼、相片、指紋、電子郵遞地址及其他任何可能辨識資料本人者等。

　　若按照法務部這個分類，幾乎所有的資料都可以算是個人資料，保護的範圍非常廣泛。試以下面兩個狀況加以說明。

1. **E-mail**：電子郵件位置算不算足資辨識個人之資料？或有認為其只是一個郵件位置，與個人無關。但根據上述法務部公布的這個分類，其屬於「C001識別類」的電子郵遞地址，亦即算是個人資料。

2. **Cookies技術**：Cookies技術是一種特殊的電腦技術，當你上一個網站，該網路可以將Cookies植入你的電腦中，記錄你上網的瀏覽紀錄、網路上的消費習慣等，記住你比較喜歡的產品類型，好等你下一次上線時，網站就可以自動向你展示這方面新產品的資訊。Cookies追蹤技術有無違反個人資料保護法呢？或許可以歸類到C035「休閒活動與興趣」或C036「生活格調」，不過這樣解釋也可能有所爭議。因為其所搜尋的資料，似乎不算是「可資識別之個人資料」。其只是記錄某個IP位址的消費紀錄和習慣，而非個人的資料。

　　到底哪些資料才算是個人資料，應該要重視其是否屬於「直接或間接識別該個人之資料」。不過實際操作上，大概只要將這些資料與人名結合放在一起，就會被認定為「直接識別」了（畢竟都和人名放在一起了）。但若是沒有和人名結合在一起，到底有多少的資料結合才能「間接識別」，必須看具體的情況而定。請參考下面這個有趣的判決。

（二）案例：手機門號電信業者別是否為個人資料？

 案例

　　酷樂公司銷售一款手機應用程式「M+ Messenger」，可以協助使用者查詢通訊錄中朋友號碼的「電信業者別」，幫助使用者判斷朋友的

> 門號跟自己的門號到底是「網內還是網外」，以節省使用者的通話費用。該程式會將手機通訊錄之電話號碼上傳至系統並暫存。其會協助比對「號碼可攜集中式資料庫」。如比對後屬攜碼門號，即將所查知之門號所屬電信業者別，顯示在系爭程式用戶之手機通訊錄中，各用戶自編友人名稱或代號之右方；如比對後該門號並非攜碼門號，無從在號碼可攜集中式資料庫中比對出電信業者別，系爭程式將導往比對核配現況表，依手機通訊錄中門號之前4或5碼查知電信業者別，以相同方式顯示。

手機門號應屬於個人資料，但是對於手機門號屬於哪一家電信公司（中華電信、臺灣大哥大、遠傳……），是否屬於個人資料？個人資料的定義中，乃指「直接或間接方式識別該個人之資料」，各種間接的個人資料越多，越可能透過彼此連結，而識別出個人。但是，手機門號屬於哪一家電信公司，跟能否識別出個人，有何關聯？

案例中的酷樂公司推出的「M+ Messenger」，能夠讓使用者知道朋友的手機門號屬於哪一家電信公司。有不少消費者，認為自己雖然讓朋友知道手機號碼，但不想讓朋友知道自己是哪一家電信公司的門號，因而向酷樂公司提告，認為未經其同意，而蒐集他的個人資料。

關於此問題，目前為止有兩種判決。台北地方法院103年度訴字212號民事判決、台北地方法院103年度訴字255號民事判決，認為手機門號的電信業者別，並不是一種個人資料，所以蒐集、處理、利用並不違法。但是台北地方法院103年小上字第155號判決，卻認為電信業者別也屬於個人資料，而提供「M+ Messenger」屬於違法蒐集、處理、利用個人資料。

台北地方法院103年度訴字212號民事判決（節錄）

五、……蓋個資法第2條第1款規定所例示之自然人之姓名、國民身分證統一編號、護照號碼、特徵、指紋、婚姻、家庭等，通常被認定可直接識別個人之資料，所可能對照、組合、連結之其他資料，如不予限定，均納入個資法所指間接識別個人資料之範圍內，則所有資料均可透過與直接識別個人之上開資料次遞對照、組合、連結而一併納入，且恐失個資法

為促進個人資料之合理利用之立法目的。從而，界定間接識別個人資料即不能無所限制，而須以合理、可能且容易與其他資料對照、組合、連結即得識別個人者為限度。

六、原告主張透過其門號即可將原告自電信業者眾多用戶構成之群體中區別而出，而系爭程式運作下所顯示之原告電信業者別，屬原告之資訊類個人資料等語。惟查，門號乃一連串數字之組合，由門號本身當無從識別特定個人。……復衡諸現今大眾就手機及各項通訊及連結網路等電子載具使用之普及程度，個人同時使用數個門號者不在少數，借用或冒用他人身分，甚或虛捏身分以申請門號使用者，亦時有所聞。故門號欲指向特定個人，本身即已須與其他個人資料對照、組合、連結，而於借用、冒用或虛捏身分申請之情況，於特定門號真正使用人時，查詢上非無遇困難或需多所耗費之情況。則須以門號比對始可確知之電信業者別，又屬門號之延伸對照、組合、連結之資料，依上說明，自難認電信業者別乃屬可能、合理且容易辨識出個人之間接識別個人之資料，而對識別出個人具有實質風險，因而不應認需納入間接識別個人資料之範疇，將其保護程度與個資法所指個人資料同視。

七、……依前開系爭程式之運作流程，原告之電信業者別經系爭程式之運作而顯示，係由得知原告門號之人下載系爭程式使用，該人經告知須表示是否同意將其手機通訊錄內所有電話號碼上傳至系爭資料庫後，經該人同意上傳含有原告門號之手機通訊錄比對後，在該人手機通訊錄所建置代表原告之姓名或代號旁，顯示原告門號之電信業者別。就手機通訊錄存有原告門號之系爭程式用戶而言，原告自屬可識別之人，可認系爭程式就其運作設計，並無使無從識別原告之人可得透過系爭程式揭露原告之電信業者別，而可間接識別出原告係屬何人，招致原告受有遭實質識別其人別之隱私侵害風險。另查，原告門號未經攜碼，透過通傳會公告之核配現況表，即可比對得知其門號所屬電信業者別，已如前述，則原告之電信業者別，在資料性質上實已公開。……個人就電信業者之選擇固屬其消費紀錄之一環，然其消費內容僅在決定由何人提供其行動電話話務及行動上網服務，與個人透過該等話務及網路服務選擇觀覽、選取之資訊等可顯示其思想內涵之智識活動，係屬二事，難認電信業者別之揭露將導致個人何等私

人紀錄被迫公開，而損及個人對關乎其意思實現資訊之自主控制，自不能認大眾對電信業者別有何等合理之隱私期待，而須劃歸個資法所保障之個人資料範疇。

（三）敏感性個人資料

2010年5月26日公布之個人資料保護法，在第6條為敏感性資料設了特殊條文，但對敏感性資料，也設了研究利用例外規定。當初立法理由提及：「二、按個人資料中有部分資料性質較為特殊或具敏感性，如任意蒐集、處理或利用，恐會造成社會不安或對當事人造成難以彌補之傷害。是以，一九九五年歐盟資料保護指令（95/46/EC）、德國聯邦個人資料保護法第十三條及奧地利聯邦個人資料保護法等外國立法例，均有特種（敏感）資料不得任意蒐集、處理或利用之規定。經審酌我國國情與民眾之認知，爰規定有關醫療、基因、性生活、健康檢查及犯罪前科等五類個人資料，其蒐集、處理或利用應較一般個人資料更為嚴格，須符合所列要件，始得為之，以加強保護個人之隱私權益。又所稱「性生活」包括性取向等相關事項，併予敘明。」特別強調乃參考歐盟資料保護指令及德國聯邦個人資料保護法而修法。

2015年底，立法院修改個人資料保護法，將第6條修改為：「有關病歷、醫療、基因、性生活、健康檢查及犯罪前科之個人資料，不得蒐集、處理或利用。但有下列情形之一者，不在此限：

一、法律明文規定。

二、公務機關執行法定職務或非公務機關履行法定義務必要範圍內，且事前或事後有適當安全維護措施。

三、當事人自行公開或其他已合法公開之個人資料。

四、公務機關或學術研究機構基於醫療、衛生或犯罪預防之目的，為統計或學術研究而有必要，且資料經過提供者處理後或經蒐集者依其揭露方式無從識別特定之當事人。

五、為協助公務機關執行法定職務或非公務機關履行法定義務必要範圍內，且事前或事後有適當安全維護措施。

六、經當事人書面同意。但逾越特定目的之必要範圍或其他法律另

有限制不得僅依當事人書面同意蒐集、處理或利用，或其同意違反其意願者，不在此限。

　　依前項規定蒐集、處理或利用個人資料，準用第八條、第九條規定；其中前項第六款之書面同意，準用第七條第一項、第二項及第四項規定，並以書面為之。」

　　修正重點有三：

　　1.將病歷明確列為敏感性個人資料。由於個資法第2條的定義中，將病歷與醫療資料分開，因此，原本第6條若只提到醫療資料，可能不包括病歷，此次修法將病例明確納入敏感性個人資料，為合理之修正[2]。

　　2.調整學術研究之規定，改為與第16條第5款相同之規定。有關學術研究之規定，後面會詳細介紹。

　　3.於第6款增加了當事人同意條款：「六、經當事人書面同意。但逾越特定目的之必要範圍或其他法律另有限制不得僅依當事人書面同意蒐集、處理或利用，或其同意違反其意願者，不在此限。」此點增設確有必要，因為參考他國規定，縱使為敏感性個人資料，如果當事人同意，當然仍可處理、利用，沒有必要限制[3]。

第二節　行為規範

　　個人資料保護法在行為規範上，針對公務機關和非公務機關有不同的規定。以下先介紹公務機關和非公務機關共通的規定（例如書面同意和請求閱覽、複製、更正）。

2　范姜真媺，前揭註，頁95-97。
3　學者大多支持應加入當事人同意條款，包括范姜真媺，前揭註，頁98；邱文聰，前揭註，頁184；陳鋕雄、劉庭妤〈從「個人資料保護法」看病患資訊自主權與資訊隱私權之保護〉，《月旦民商法雜誌》，頁42，2011年12月。

一、共通規定

（一）蒐集時之告知及書面同意

　　向人民蒐集資料前，應該向人民告知各種蒐集的理由，並取得人民書面同意。第8條規定：「公務機關或非公務機關依第十五條或第十九條規定向當事人蒐集個人資料時，應明確告知當事人下列事項：

一、公務機關或非公務機關名稱。

二、蒐集之目的。

三、個人資料之類別。

四、個人資料利用之期間、地區、對象及方式。

五、當事人依第三條規定得行使之權利及方式。

六、當事人得自由選擇提供個人資料時，不提供將對其權益之影響。

有下列情形之一者，得免為前項之告知：

一、依法律規定得免告知。

二、個人資料之蒐集係公務機關執行法定職務或非公務機關履行法定義務所必要。

三、告知將妨害公務機關執行法定職務。

四、告知將妨害公共利益。

五、當事人明知應告知之內容。

六、個人資料之蒐集非基於營利之目的，且對當事人顯無不利之影響。」

　　在告知相關事項後，必須取得當事人之書面同意。第7條規定：「第十五條第二款及第十九條第五款所稱同意，指當事人經蒐集者告知本法所定應告知事項後，所為允許之意思表示。

　　第十六條第七款、第二十條第一項第六款所稱同意，指當事人經蒐集者明確告知特定目的外之其他利用目的、範圍及同意與否對其權益之影響後，單獨所為之意思表示。」

（二）利用資料前告知

　　蒐集個人資料除向當事人直接蒐集外，亦得自第三人取得之，此等間接蒐集個人資料，尤需告知當事人資料來源及其相關事項，俾使當事人明瞭其個人資料被蒐集情形，並得以判斷提供該個人資料之來源是否合法，並及早採取救濟措施，避免其個人資料遭不法濫用而有損權益。第9條規定：「公務機關或非公務機關依第十五條或第十九條規定蒐集非由當事人提供之個人資料，應於處理或利用前，向當事人告知個人資料來源及前條第一項第一款至第五款所列事項。

　　有下列情形之一者，得免為前項之告知：

一、有前條第二項所列各款情形之一。

二、當事人自行公開或其他已合法公開之個人資料。

三、不能向當事人或其法定代理人為告知。

四、基於公共利益為統計或學術研究之目的而有必要，且該資料須經提供者處理後或蒐集者依其揭露方式，無從識別特定當事人者為限。

五、大眾傳播業者基於新聞報導之公益目的而蒐集個人資料。

第一項之告知，得於首次對當事人為利用時併同為之。」

（三）查詢或請求閱覽權

　　個人資料保護法第3條規定：「當事人就其個人資料依本法規定行使之下列權利，不得預先拋棄或以特約限制之：

一、查詢或請求閱覽。

二、請求製給複製本。

三、請求補充或更正。

四、請求停止蒐集、處理或利用。

五、請求刪除。」

　　就「閱覽、複印、補充更正」這三項權利，在政府資訊公開法也有相同規定，在政府資訊公開法通過後，應該優先適用政府資訊公開法。而後兩項權利「請求停止蒐集、處理或利用」和「請求刪除」，則是個人資料

保護法的特別規定。

　　第3條只是一個原則性的規定，其包括公務機關和非公務機關。而針對閱覽、複製、更正等更具體的規定則在第10、11、13條等。

　　第10條規定：「公務機關或非公務機關應依當事人之請求，就其蒐集之個人資料，答覆查詢、提供閱覽或製給複製本。但有下列情形之一者，不在此限：

　　一、妨害國家安全、外交及軍事機密、整體經濟利益或其他國家重大利益。

　　二、妨害公務機關執行法定職務。

　　三、妨害該蒐集機關或第三人之重大利益。」

（四）請求更正或補充

　　第11條第1、2、5項規定：「公務機關或非公務機關應維護個人資料之正確，並應主動或依當事人之請求更正或補充之。（第1項）

　　個人資料正確性有爭議者，應主動或依當事人之請求停止處理或利用。但因執行職務或業務所必須，或經當事人書面同意，並經註明其爭議者，不在此限。（第2項）……

　　因可歸責於公務機關或非公務機關之事由，未為更正或補充之個人資料，應於更正或補充後，通知曾提供利用之對象。（第5項）」

　　但實際上個人若對政府主張自己的資料不正確，要求政府更正，政府可能反要求當事人提出證據，證明政府手上的資料真的有問題，若個人無法證明，政府不會輕易讓人民更正其個人資料（個資法施行細則第25條）。

（五）請求停止利用與刪除

　　第11條第3項、第4項規定：「個人資料蒐集之特定目的消失或期限屆滿時，應主動或依當事人之請求，刪除、停止處理或利用該個人資料。但因執行職務或業務所必須或經當事人書面同意者，不在此限。（第3項）

　　違反本法規定蒐集、處理或利用個人資料者，應主動或依當事人之請求，刪除、停止蒐集、處理或利用該個人資料。（第4項）」

（六）對人民請求之處理與救濟

第13條規定：「公務機關或非公務機關受理當事人依第十條規定之請求，應於十五日內，為准駁之決定；必要時，得予延長，延長之期間不得逾十五日，並應將其原因以書面通知請求人。

公務機關或非公務機關受理當事人依第十一條規定之請求，應於三十日內，為准駁之決定；必要時，得予延長，延長之期間不得逾三十日，並應將其原因以書面通知請求人。」

而違反上述規定時，並沒有明確的責任。當事人依本法第3條規定向公務機關行使權利遭受拒絕，或第13條規定之期限仍未獲處理者，因其性質屬行政處分，自得依訴願法或行政訴訟法相關規定尋求救濟。而針對非公務機關，當事人依本法第3條規定向非公務機關行使權利遭受拒絕，或逾越第13條規定之期限仍未獲處理者，因該爭議屬私權性質，當事人自宜循司法訴訟程序請求救濟。

二、公務機關

以下介紹公務機關對個人資料之蒐集、處理及利用所應遵守之規定。

（一）蒐集要件

第15條：「公務機關對個人資料之蒐集或處理，除第六條第一項所規定資料外，應有特定目的，並符合下列情形之一者：

一、執行法定職務必要範圍內。

二、經當事人書面同意。

三、對當事人權益無侵害。」

政府蒐集個人資料，大多有法律規定。若無法令規定時，政府也可以主張蒐集個人資料對當事人權益無侵害之虞。除了法令規定或對當事人權益無侵害之虞者，政府在蒐集個人資料前，必須取得個人的書面同意。

（二）目的內與目的外利用

第16條規定：「公務機關對個人資料之利用，除第六條第一項所規定資料外，應於執行法定職務必要範圍內為之，並與蒐集之特定目的相符。但有下列情形之一者，得為特定目的外之利用：

一、法律明文規定。

二、為維護國家安全或增進公共利益。

三、為免除當事人之生命、身體、自由或財產上之危險。

四、為防止他人權益之重大危害。

五、公務機關或學術研究機構基於公共利益為統計或學術研究而有必要，且資料經過提供者處理後或蒐集者依其揭露方式無從識別特定之當事人。

六、有利於當事人權益。

七、經當事人書面同意。」

（三）主動公告與限制

政府機關掌有的個人資料，必須公告讓人民知道。第17條：「公務機關應將下列事項公開於電腦網站，或以其他適當方式供公眾查閱；其有變更者，亦同：

一、個人資料檔案名稱。

二、保有機關名稱及聯絡方式。

三、個人資料檔案保有之依據及特定目的。

四、個人資料之類別。」

（四）安全維護

第18條規定：「公務機關保有個人資料檔案者，應指定專人辦理安全維護事項，防止個人資料被竊取、竄改、毀損、滅失或洩漏。」

三、非公務機關

以下則介紹非公務機關對個人資料之蒐集、處理及利用所須遵守之規定。

（一）蒐集處理要件

1. 基本規定

　　就蒐集處理方面，第19條規定：「非公務機關對個人資料之蒐集或處理，除第六條第一項所規定資料外，應有特定目的，並符合下列情形之一者：

　　一、法律明文規定。

　　二、與當事人有契約或類似契約之關係，且已採取適當之安全措施。

　　三、當事人自行公開或其他已合法公開之個人資料。

　　四、學術研究機構基於公共利益為統計或學術研究而有必要，且資料經過提供者處理後或蒐集者依其揭露方式無從識別特定之當事人。

　　五、經當事人同意。

　　六、為增進公共利益所必要。

　　七、個人資料取自於一般可得之來源。但當事人對該資料之禁止處理或利用，顯有更值得保護之重大利益者，不在此限。

　　八、對當事人權益無侵害。

　　蒐集或處理者知悉或經當事人通知依前項第七款但書規定禁止對該資料之處理或利用時，應主動或依當事人之請求，刪除、停止處理或利用該個人資料。」

2. 當事人自行公開

　　已公開的資料是否都不受保護？所有的個人資料或多或少都會在某些地方公開，哪些資料才算是已公開的資料呢？新法特別規定為「當事人自行公開或其他已合法公開之個人資料」之資料才不受保護。當事人自行公開之個人資料，已無保護必要。至於非由當事人公開之情形，有合法公開與非法公開，如非法公開之個人資料得由他人任意蒐集、處理，對當事人隱私權之保護勢必不周。

3. 學術研究利用

　　至於學術研究之資料，學術研究機構基於統計或學術研究目的，經常會蒐集個人資料，如依其統計或研究計畫，當事人資料經過匿名化處理，或其公布揭露方式無從再識別特定當事人者，應無侵害個人隱私權益之虞，應可允許其蒐集、處理個人資料，以促進資料之合理利用。惟為避免寬濫，僅限制學術研究機構基於公共利益而有必要者，始得為之。

4. 公共利益

　　個資法第19條第1項第6款，修法時增加了「六、與公共利益有關。」當初的修法理由中提及：「……公共事務之知的權利如涉及個人資料或個人隱私時，應特別慎重，以免過度侵入個人的私生活，故隱私權與新聞自由之界限有更具體明確之必要。新聞自由或知的權利與隱私權之衝突，如何確立二者間之界限，外國立法例有建立其判斷標準。在美國聯邦最高法院有關侵權行為或誹謗訴訟之判例中，以『新聞價值』（Newsworthiness）和『公眾人物』（Public Figure）為判斷標準，上開二概念最終仍以『公共的領域』，即『公共事務』或『與公共相關之事務』為必要條件，故新聞自由或知的權利與隱私權之界限，其劃定標準應在於『事』而非在於『人』，故『公共利益』已足供作為判斷標準並簡單明確，此亦與中華民國報業道德規範宗旨相符，爰增訂第六款之規定。」從此段立法理由看得出來，當初在思考增訂第6款時，立法者本身就已經在思考如何處理「新聞自由或知的權利與隱私權之衝突」，亦即本身就已經在作利益衡量。而立法理由中採取的利益衡量方式相對單純，其認為，當新聞自由與知的權利與隱私衝突時，只要為「公共事務」或「與公共相關之事務」，「與公共利益有關」原則上均大於隱私。

5. 資料取自一般可得之來源

　　個資法第19條第1項第7款：「七、個人資料取自於一般可得之來源。但當事人對該資料之禁止處理或利用，顯有更值得保護之重大利益者，不在此限。」另外，我國個資法第19條第2項：「蒐集或處理者知悉或經當事人通知依前項第七款但書規定禁止對該資料之處理或利用時，應

主動或依當事人之請求，刪除、停止處理或利用該個人資料。」當事人根據第19條第1項第7款，認為「當事人對該資料之禁止處理或利用，顯有更值得保護之重大利益者」時，可請求蒐集或處理者停止處理或利用，故也是一種「反對權」。

　　個資法第19條第1項第7款之立法理由為：「由於資訊科技及網際網路之發達，個人資料之蒐集、處理或利用甚為普遍，尤其在網際網路上張貼之個人資料其來源是否合法，經常無法求證或需費過鉅，為避免蒐集者動輒觸法或求證費時，明定個人資料取自於一般可得之來源者，亦得蒐集或處理，惟為兼顧當事人之重大利益，如該當事人對其個人資料有禁止處理或利用，且相對於蒐集者之蒐集或處理之特定目的，顯有更值得保護之重大利益者，則不得為蒐集或處理，仍應經當事人同意或符合其他款規定事由者，始得蒐集或處理個人資料，爰參考德國聯邦個人資料保護法第二十八條規定，增訂第七款之規定。」從立法理由可以看出，所謂個人資料取自一般可得之來源，就包含所有網際網路上公開之資料，而搜尋引擎所搜尋到的資料，也都是網頁資料，屬於一般可得之來源。而對於此種一般可得之來源，但書規定，「當事人顯有更值得保護之重大利益者」，可以「對該資料禁止處理或利用」。

（二）目的內與目的外利用

　　個人資料的利用必須限於當初蒐集的特定目的必要範圍內為之，但也有六種例外。第20條：「非公務機關對個人資料之利用，除第六條第一項所規定資料外，應於蒐集之特定目的必要範圍內為之。但有下列情形之一者，得為特定目的外之利用：

一、法律明文規定。

二、為增進公共利益所必要。

三、為免除當事人之生命、身體、自由或財產上之危險。

四、為防止他人權益之重大危害。

五、公務機關或學術研究機構基於公共利益為統計或學術研究而有必要，且資料經過提供者處理後或蒐集者依其揭露方式無從識別特定之當事人。

六、經當事人同意。

七、有利於當事人權益。

非公務機關依前項規定利用個人資料行銷者，當事人表示拒絕接受行銷時，應即停止利用其個人資料行銷。

非公務機關於首次行銷時，應提供當事人表示拒絕接受行銷之方式，並支付所需費用。」

（三）國際傳輸

第21條：「非公務機關為國際傳輸個人資料，而有下列情形之一者，中央目的事業主管機關得限制之：

一、涉及國家重大利益。

二、國際條約或協定有特別規定。

三、接受國對於個人資料之保護未有完善之法規，致有損當事人權益之虞。

四、以迂迴方法向第三國（地區）傳輸個人資料規避本法。」

（四）對非公務機關之監督

由於非公務機關在蒐集使用個人資料時可能會有違法情事，故新法賦予主管機關檢查權限。另外，若發現私人機關有違法濫用個人資料，主管機關也可以做行政制裁。第25條規定：「非公務機關有違反本法規定之情事者，中央目的事業主管機關或直轄市、縣（市）政府除依本法規定裁處罰鍰外，並得為下列處分：

一、禁止蒐集、處理或利用個人資料。

二、命令刪除經處理之個人資料檔案。

三、沒入或命銷燬違法蒐集之個人資料。

四、公布非公務機關之違法情形，及其姓名或名稱與負責人。

中央目的事業主管機關或直轄市、縣（市）政府為前項處分時，應於防制違反本法規定情事之必要範圍內，採取對該非公務機關權益損害最少之方法為之。」

四、學術研究利用

 案例

　　中央健保署將全民健保資料委託國家衛生研究院，對外開放申請使用。此外，中央健保署也將資料提供給衛生福利部，衛生福利部成立「衛生福利部健康資料加值應用協作中心」，其下又成立臺大分中心和成大分中心，將資料提供給臺大和成大分中心，然後對外提供申請使用。同一個健保資料，卻已經全部轉交給多個單位，透過多條管道，開放他人申請使用，可能造成健康個人資料保護之疑慮。此一運作方式，自從2012年6月29日，就引發爭議，陸續產生訴願、行政訴訟一審、二審。憲法法庭於2022年8月12日作成111年憲判字第13號判決，對健保資料庫爭議，終於作成最後認定。

　　我國新個資法第16條第5款：「公務機關對個人資料之利用，除第六條第一項所規定資料外，應於執行法定職務必要範圍內為之，並與蒐集之特定目的相符。但有下列情形之一者，得為特定目的外之利用：……五、公務機關或學術研究機構基於公共利益為統計或學術研究而有必要，且資料經過提供者處理後或蒐集者依其揭露方式無從識別特定之當事人。……」另外，第19條第4款針對非公務機關，規定內容一樣：「四、學術研究機構基於公共利益為統計或學術研究而有必要，且資料經過提供者處理後或蒐集者依其揭露方式無從識別特定之當事人。」

　　此二款規定看起來為學術研究利用，似乎允許廣泛的將個資用於學術研究利用，但實際上，其要件均值得深入分析。以下以個資法第16條第5款為代表，進行討論。

（一）研究主體

　　個資法第16條第5款允許出於研究之必要，而提供他人利用。但仔細看此一條文，研究利用的主體，必須是「公務機關或學術研究機構」。一方面，研究主體上只限於公務機關與學術研究機構，不包括非公務機關，

另方面，其不包括個人學者[4]。

（二）研究目的

個資法第16條第5款，對於所謂的研究，又限縮須「基於公共利益為統計或學術研究而有必要」。亦即其研究目的，必須基於公共利益的統計或學術研究。換句話說，若是為了私人利益進行統計研究，並不在此款所允許的研究目的範圍內。

（三）資料處理

個資法第16條第5款中，允許研究利用所提供之資料，必須「資料經過提供者處理後或蒐集者依其揭露方式無從識別特定之當事人」。此一條文的寫法令人產生疑問。其有二種類型，一為「資料經過提供者處理後」「無從識別特定之當事人」，二為「蒐集者依其揭露方式」「無從識別特定之當事人」。

1. 資料經過處理後無從識別

就第一種類型，參考當初個資法之修法理由提及：「另該用於統計或學術研究之個人資料，經處理或依其揭露方式，應無從再識別特定當事人，始足保障當事人之權益，……」故其認為，必須「經處理後無從再識別特定當事人」，才能提供他人研究使用。如此解釋，非常嚴格，提供他人研究的資料，均必須「無從再識別」。但有論者認為，到底何謂去識別（de-identified），並未清楚界定。資料之匿名化處理包括編碼（coded）與去連結（delinked），前者有回溯編碼識別當事人之可能，後者較能切斷辨識當事人身分之可能性[5]。

2. 依其揭露方式無從識別特定之當事人

第二種類型，則是資料提供後「依其揭露方式無從識別特定之當事

---

4 范姜真媺〈醫學研究與個人資料保護—以日本疫學研究為中心〉，《科技法律評論》第10卷第1期，頁95，2013年6月。
5 邱文聰〈從資訊自覺與資訊隱私的概念區分—評「電腦處理個人資料保護法修正草案」的結構性問題〉，《月旦法學雜誌》，第168期，頁，2009年5月。

人」，也可提供研究利用。此一規定，相對於第一種類型嚴格要求需先將資料去識別，反而開了一個大漏洞，因為大部分的研究成果，均無必要特別提及特定當事人。若只要研究成果展現時無從識別特定當事人，就可以隨意提供，表示可提供未經識別的資料供人研究利用，且無任何程序性管控[6]。

（四）全民健保資料庫案

1. 原始蒐集目的

中央健保署之所以可以要求各醫療院所上傳民眾就診的健保資料，最主要的目的，當然是為了請領健保費所用，絕對不是為了研究目的。

2. 研究主體與研究目的並非全然學術

國家衛生研究院為了收取費用上的差異目的，明文寫了包含「學術界」的申請與「非學術界」的申請。非學術界的申請者中，最主要的可能是各大藥廠。這些藥廠所為的研究，很可能是為了行銷藥物上的研究，而非為了「學術研究」。既然國家衛生研究院自己的辦法中都承認了申請者非屬於「學術界」，從事的就不是學術研究。

3. 建議修法放寬

從法政策上而言，其實個資法第16條第5款的規定過於嚴格。不論從歐盟2012年之規章草案、德國聯邦個資法，乃至美國HIPAA隱私規則相關規定，均可看出：(1)對於研究主體，並不用多作限制；(2)對於研究目的，或可學習德國，維持較嚴格的學術目的；但亦可學習歐盟和美國，不必限於學術研究；(3)對於所提供之資料，並不用限於去識別後才提供，若已經是去識別之資料，可受較少限制；(4)對於可識別當事人之資料，仍應取得當事人告知同意，但提供前若經過倫理審查委員會之審查，可免除對當事人取得告知同意。

6　邱文聰，前揭註，頁185。

　　因此，在法政策上，透過修改個資法第6條、第16條、第20條，可讓全民健保資料庫對外提供研究利用的行為合法。

（五）憲法法庭111年憲判字第13號判決

　　憲法法庭於2022年8月12日作成111年憲判字第13號判決，對健保資料庫爭議，終於作成最後認定。其判決結果認為部分合憲、部分違憲。

1. 合憲部分

　　合憲部分，其認為個資法第6條第1項但書第4款之研究利用條款，原則上合憲[7]。

2. 違憲部分

　　但憲法法庭指出，健保署在沒有具體法律獨立規定與設置相關程序保障下，就對外提供利用，有三點違憲。

　　一、就個人健康保險資料得由衛生福利部中央健康保險署以資料庫儲存、處理、對外傳輸及對外提供利用之主體、目的、要件、範圍及方式暨相關組織上及程序上之監督防護機制等重要事項，於全民健康保險法第79條、第80條及其他相關法律中，均欠缺明確規定，於此範圍內，不符憲法第23條法律保留原則之要求，違反憲法第22條保障人民資訊隱私權之意旨。相關機關應……修正全民健康保險法或其他相關法律，或制定專法明定之[8]。

　　二、衛生福利部中央健康保險署就個人健康保險資料之提供公務機關或學術研究機構於原始蒐集目的外利用，由相關法制整體觀察，欠缺當事人得請求停止利用之相關規定；於此範圍內，違反憲法第22條保障人民資訊隱私權之意旨。相關機關應……制定或修正相關法律，明定請求停止及例外不許停止之主體、事由、程序、效果等事項。逾期未制定或修正相關法律者，當事人得請求停止上開目的外利用[9]。憲法法庭只接受請求停止

7　憲法法庭，111年憲判字第13號判決，主文第1段，2022年8月12日。
8　同上，主文第3段。
9　同上，主文第4段。

利用權（反對權），但未接受刪除權。

三、由個人資料保護法或其他相關法律規定整體觀察，欠缺個人資料保護之獨立監督機制，對個人資訊隱私權之保障不足，而有違憲之虞[10]。

3. 獨立監督機制

就獨立監督機制部分，立法院於2023年5月修改個資法，預告未來將成立一個中央的專責主管機關「個人資料保護委員會」。

五、制裁

個人資料被濫用時，被害的個人可請求民事上的損害賠償，行為人也有刑事上的責任。

（一）民事賠償

 案例

　　郭先生因對特力屋公司擅自變更會員紅利積點辦法不滿，乃於民國101年6月中旬寄出「會員資料刪除申請書」之書面向被告通知終止會員關係，並要求刪除郭先生所有資料。特力屋公司終於在同年7月2日以E-MAIL寄一封特力屋網路店客服中心回函，聲稱已終止會員關係。然而自系爭回函聲稱已終止會員關係後，郭先生電子郵件信箱仍持續收到特力屋寄出之電子廣告郵件。自新個資法從101年10月1日施行後至同年12月11日，仍持續收到16封廣告郵件。

因為個人資料被濫用而要請求民事賠償，必須先證明有所損害？但是資料被公開或被使用，到底造成什麼損害，有時候其實是很空洞的。因此，法律直接規定，一個侵害事件，賠償額為500元到2萬之間，不需要證明有任何損害就可以直接求償。

---

10 同上，主文第2段。

個人資料保護法第28條：「公務機關違反本法規定，致個人資料遭不法蒐集、處理、利用或其他侵害當事人權利者，負損害賠償責任。但損害因天災、事變或其他不可抗力所致者，不在此限。（第1項）被害人雖非財產上之損害，亦得請求賠償相當之金額；其名譽被侵害者，並得請求為回復名譽之適當處分。（第2項）依前二項情形，如被害人不易或不能證明其實際損害額時，得請求法院依侵害情節，以每人每一事件新臺幣五百元以上二萬元以下計算。（第3項）對於同一原因事實造成多數當事人權利受侵害之事件，經當事人請求損害賠償者，其合計最高總額以新臺幣二億元為限。但因該原因事實所涉利益超過新臺幣二億元者，以該所涉利益為限。（第4項）同一原因事實造成之損害總額逾前項金額時，被害人所受賠償金額，不受第三項所定每人每一事件最低賠償金額新臺幣五百元之限制。（第5項）」

個人資料保護法第29條：「非公務機關違反本法規定，致個人資料遭不法蒐集、處理、利用或其他侵害當事人權利者，負損害賠償責任。但能證明其無故意或過失者，不在此限。（第1項）依前項規定請求賠償者，適用前條第二項至第六項規定。（第2項）」

前述郭先生與特力屋公司的案例，後來經臺灣士林地方法院103年湖小字第537號民事判決，認為每多寄一次信，就是一事件，認為一封信應該賠償1000元，16封信應賠償1萬6千元。

（二）刑事責任

第41條規定：「意圖為自己或第三人不法之利益或損害他人之利益，而違反第六條第一項、第十五條、第十六條、第十九條、第二十條第一項規定，或中央目的事業主管機關依第二十一條限制國際傳輸之命令或處分，足生損害於他人者，處五年以下有期徒刑，得併科新臺幣一百萬元以下罰金。」

第42條規定：「意圖為自己或第三人不法之利益或損害他人之利益，而對於個人資料檔案為非法變更、刪除或以其他非法方法，致妨害個人資料檔案之正確而足生損害於他人者，處五年以下有期徒刑、拘役或科或併科新臺幣一百萬元以下罰金。」本條與刑法電腦犯罪章應該會有競合

之處。

　　而這兩條都是告訴乃論，故必須有受害人提出告訴。但犯第40條第2項之罪者，或對公務機關犯第41條之罪者，不在此限。

（三）行政責任

　　另外，若非公務機關不遵守主管機關之糾正，主管機關可對之處以罰鍰。

第三節　被遺忘權利

一、被遺忘權利

　　在沒有網路的時代，某些事情隨著時間的經過，會漸漸為人所遺忘，但現在因為有網際網路，任何多年以前所自行刊登的資訊或他人討論到自己的資訊，也不會隨著時間的經過，仍然可以透過網際網路搜尋引擎之協助，而搜尋出來[11]。所謂的「被遺忘權利」（Right to be Forgotten），乃是歐盟個資保護模式中，提出的一個有趣概念。其大意是指，個人過去公開過或被他人報導過的一些資訊，有權利要求移除或刪除，亦即，其希望關於其個人有關的資訊，不要再在網路上被搜尋到，故稱為「被遺忘的權利」。

　　歐盟在1995年制定了個資保護指令（directive），至今實施已將近二十年。從2012年1月，歐盟執委會希望全面更新其個資保護，提出了2012年版個資保護規章（regulation）[12]。此一個資保護規章，與指令不同。所謂指令，只是作為一指導原則，尚須要經由各會員國制定國內法，

11 劉靜怡〈社群網路時代的隱私困境：以Facebook為討論對象〉，《臺大法學論叢》第41卷第1期，頁42-43，2012年3月。

12 Proposal for a REGULATION OF THE EUROPEAN PARLIAMENT AND OF THE COUNCIL on the protection of individuals with regard to the processing of personal data and on the free movement of such data (General Data Protection Regulation) , Brussels, 25.1.2012, COM(2012) 11 final, http://ec.europa.eu/justice/data-protection/document/review2012/com_2012_11_en.pdf.

落實指令之原則；但所謂規章，將直接適用於歐盟各會員國，而不再需要透過會員國國內法的轉換。新版個資保護規章中，最另人關注的，就是將原本的個人刪除請求權，擴大可主張「被遺忘之權利」。

二、2014年西班牙Google v. AEPD案

2014年5月，當時雖然新的個資保護規章還沒通過，但歐洲法院（European Court of Justice）在一判決中[13]指出，現行的1995年歐盟個資保護指令中的相關條文，就已經隱含了被遺忘權利的概念。

一位西班牙公民Mario Costeja González，1988年時曾因積欠社會安全債務（social security debts）導致房屋被拍賣，並被一家媒體報導，且將該報導置於網路上。因此，只要於西班牙的Google搜尋引擎搜尋他的名字時，可以出現1988年的二則有關於他的報導。他認為此二則報導中所提到的拍賣程序早已結束，已經不再重要（of no relevance），因此，於2009年時，其要求該媒體移除該則網頁新聞，但該媒體拒絕他的要求。於2010年時，他又要求西班牙Google公司應移除對該則網頁新聞的連結，而西班牙Google將該則要求轉到美國Google總公司，而美國Google總公司認為，其才是真正負責提供連結的主體，但其並不受歐盟管轄。因此，他向西班牙的資料保護局Agencia Española de Protección de Datos（AEPD）提出要求，要求該媒體必須移除或修改該則報導，讓他的名字不要出現，或者使用某種工具，讓搜尋引擎可以保護他的個資；其也要求西班牙Google或美國Google應該刪除其個資，在以他姓名搜尋時，不要出現這則網頁新聞的連結[14]。

AEPD對該公民之請求，部分駁回，部分接受。一方面，其認為當地媒體報導該則新聞，不需要移除，這是因為其之所以報導欠繳社會安全債務的訊息，乃是西班牙勞工與社會部（Ministry of Labour and Social Affairs）之命令要求，且讓該則報導公開是為了吸引更多投標拍賣者。但

---

13 Case C-131/12 *Google Spain SL and Google Inc. v Agencia Española de Protección de Datos (AEPD) and Mario Costeja González* [2014] EU:C:2014:317 [hereafter *Google v. AEPD*].
14 *Google v. AEPD*, at paragraphs 14-15.

是，對於西班牙Google和美國Google之請求，其認為有理，因為其仍然受西班牙個資法之管轄，且其所提供之服務，乃定位該資訊且散布該資訊，仍受到個資法限制[15]。本案Google不服，上訴到西班牙高等法院，該法院暫停審理，提出數問題，移送至歐州法院。而歐州法院於2014年5月作出判決，判決Google敗訴。

　　歐州法院根據歐盟95/46個資指令第12條的刪除權，以及第14條的請求停止處理權，認為可要求Google停止處理對該則報導的蒐集處理。在歐盟95/46指令中，個人可要求資料控制者刪除資料的條文依據可能有二個，第一個依據是指令第12條（個人近取權，Right of access）規定：「會員國應確保資料主體有權要求控制者：……(b)當資料之處理不符合本指令規定時，在適當情形下，可要求更改、刪除或阻擋該資料，尤其是當該資料內容不完整或不正確時[16]。」另一個依據是第14條的反對處理權：「會員國應賦予資料主體有權從事下列行為：……(a)至少在出現第7條(e)或(f)之情形，於任何時間，基於其特殊情況之重大正當理由，反對涉及他的資料處理，除非國家立法另有規定。當其反對具有正當理由時，控制者所進行之資料處理，即不可再涉及那些資料；……[17]。」

三、個資保護規章刪除權（被遺忘權利）規定

　　2016年4月，新版個資保護規章正式通過，將於2018年5月實施。在新版歐州個資保護規章中，最引人注意的，就是其提出了「被遺忘的權利」的設計。歐盟執委會在草案中增加被遺忘權利的目的，是想要賦予個人可更好的控制其個人資料。其意識到，個人會想要控制自己在網際網路

---

15 Id. at paragraphs 16-17.
16 Article 12 of Directive 95/46 ("Member States shall guarantee every data subject the right to obtain from the controller:… (b) as appropriate the rectification, erasure or blocking of data the processing of which does not comply with the provisions of this Directive, in particular because of the incomplete or inaccurate nature of the data;").
17 Article 14 of Directive 95/46 ("Member States shall grant the data subject the right:…(a) at least in the cases referred to in Article 7 (e) and (f), to object at any time on compelling legitimate grounds relating to his particular situation to the processing of data relating to him, save where otherwise provided by national legislation. Where there is a justified objection, the processing instigated by the controller may no longer involve those data;").

上流傳的個人資訊。因為，網際網路中，資訊蒐集與記憶體容量幾乎無所限制，為了保護個人資料之隱私，個人應有權選擇是否要提供這些資料[18]。

個資保護規章第17條規定了「被遺忘權與刪除權」（Right to be forgotten and to erasure）。此一被遺忘權與刪除權，乃從現行歐盟95/46指令第12條(b)之資料近取刪除權（access right）所區分出來的新權利。一般所謂的個人近取權，包括個人要求查閱、複製資料控制者所擁有的個人資料[19]，進一步若該資料有不正確、不完整時，可要求更正、刪除或封鎖（rectification, erasure or blocking）[20]。原本的條文乃指資料不正確或不完整時，方可要求刪除，但2012年規章草案，進一步將之延伸，發展出被遺忘的權利，認為除了資料不正確或不完整外，有其他理由時，個人均可要求刪除控制者所掌控之個人資訊。

個資保護規章第17條(1)規定：「1.有下述理由時，資料當事人有權要求控制者立即刪除其個人資料，且當符合下述情形時，資料控制者有義務立即刪除該個人資料：(a)該資料對於資料蒐集或處理的目的已不再必要時；(b)當事人撤回其基於第6條(1)或第9條(2)第(a)點所為之同意，且無其他繼續處理該資料的法律根據；(c)資料當事人根據第21條(a)反對其個人資料之處理，且不存在繼續處理的更重大理由，或者資料當事人根據第21條(2)反對資料之處理；(d)資料處理不符合本規章其他規定；(e)根據歐盟或會員國法律，資料控制者有義務刪除該資料；(f)該資料是第8條(1)資訊社群服務軟體（information society services）提供服務時所蒐集之個人資料。[21]」

---

18 Emily Adams Shoor, *Narrowing the Right to be Forgotten: Why the European Union Needs to Amend the Proposed Data Protection Regulation*, 39 Brooklyn J. Int'l L. 487, 490 (2014).

19 Article 12(a) of Directive 95/46.

20 Article 12(b) of Directive 95/46.

21 Article 17 (1) of Regulation 2016/679 ("The data subject shall have the right to obtain from the controller the erasure of personal data concerning him or her without undue delay and the controller shall have the obligation to erase personal data without undue delay where one of the following grounds applies: (a)the personal data are no longer necessary in relation to the purposes for which they were collected or otherwise processed; (b)the data subject withdraws consent on which the processing is based according to point (a) of Article 6(1), or point (a) of Article 9(2), and where there is no other legal ground for the processing; (c)the

　　個資保護規章第17條(2)規定：「2.第一項有義務刪除個人資料之控制者，已公開該個人資料，應考量現有技術以及執行成本，採取一切合理措施，包含技術措施，通知其他處理這些個人資料的控制者，當事人要求他們刪除任何對該個人資料的連結、重製或複製。[22]」

四、臺灣施建新案

　　在臺灣，似乎還沒有真的出現被遺忘權利的案子。但是，2015年1月出現一案例，前職棒米迪亞隊老闆施建新，曾在2008年10間被自由時報報導，涉及打假球事件。但施建新認為，該案已經過新北地方法院98年度矚易字第1號刑事判決及高等法院100年矚上易字第2號刑事判決，認定其無罪，但自由時報的相關報導，卻在網路上被他人轉貼；且在Google搜尋引擎上，以施建新作為關鍵字進行搜尋，仍然可以搜尋到打假球的相關報導。故其向Google起訴，要求其移除以「施建新」作為關鍵字所搜尋取得如訴訟案件中附表所示部分之「網路搜尋結果」，以及要求移除「施建新假球」之「搜尋建議關鍵字」[23]。

　　本案的事實與主張，與前述所介紹的要求Google搜尋引擎移除舊往的與個人相關的負面新聞，非常類似。但有趣的是，原告施建新並非援引我國個人資料保護法，而是認為Google的搜尋結果傷害到其名譽權與隱私權，援引民法184條、第191條之1之侵權行為，以及消費者保護法第7條、

---

data subject objects to the processing pursuant to Article 21(1) and there are no overriding legitimate grounds for the processing, or the data subject objects to the processing pursuant to Article 21(2); (d)the personal data have been unlawfully processed; (e)the personal data have to be erased for compliance with a legal obligation in Union or Member State law to which the controller is subject; (f)the personal data have been collected in relation to the offer of information society services referred to in Article 8(1).").

22 Article 17 (2) of Regulation 2016/679 ("2. Where the controller has made the personal data public and is obliged pursuant to paragraph 1 to erase the personal data, the controller, taking account of available technology and the cost of implementation, shall take reasonable steps, including technical measures, to inform controllers which are processing the personal data that the data subject has requested the erasure by such controllers of any links to, or copy or replication of, those personal data.").

23 台北地方法院103年度訴字第2976號民事判決，貳、一、（一）（2015/1/16）。

第8條、第9條等,提起民事訴訟[24]。

　　台北地方法院最後判決施建新敗訴。其判決理由可分而成:

　　一、與上述西班牙Google案例類似,其認為Google的搜尋引擎服務,乃是由美國母公司所提供,並非由臺灣設立的Google分公司所提供。因施建新控告對象為臺灣Google分公司,法院指出,搜尋服務並非由被告提供,無權管理搜尋引擎服務,故請求對象不對[25]。

　　二,就民法第191條之1,法院認為,該條所針對的是商品製造人責任,不包括服務提供者,故本案不適用之[26]。而就消費者保護法服務提供者責任,法院認為,消保法保護法益,僅及於生命、身體、健康、財產,不及於名譽權、隱私權;此外,法院也指出,原告未舉證證明Google搜尋引擎有何「為符合當時科技或專業水準可合理期待之安全性」[27]。

　　上述施建新案,由於其並未引用我國個人資料保護法,所以看不出來,是否從現行的個人資料保護法,可以推論出承認被遺忘之權利?未來我國是否要修改個人資料保護法第11條第3項的個人刪除權,擴展到類似歐盟的被遺忘權利,值得繼續觀察。

第四節　電話號碼與通聯紀錄

　　電話號碼是否為一種個人資料?前已說明,根據個人資料保護法的解釋,只要電話號碼和個人姓名相結合,就屬於一種個人資料。所以若違反個資法而蒐集、販賣電話號碼,也會有刑事責任。不過,就算電話號碼屬於一種個人資料而不得蒐集,但在法律上是否可以規定強制顯示來電?或者可否讓受話者至電信機構查詢所有發話者的電話號碼?後面這兩個問題則不是個資法的範疇,而涉及法律政策上的爭議。

---

24 同上註。
25 同上註,貳、四、(一)。
26 同上註,貳、四、(二)。
27 同上註。

一、電話號碼

目前的電話或手機在技術上都可以有「來電顯示」功能，不過發話者也可以「隱藏來電顯示」，不讓接電話的人知道是誰打來的。由於目前台灣詐騙問題越來越嚴重，一般傾向從強化個人資料保護法的方向，來遏阻資料外洩以致被詐騙集團利用。但也有認為，若想要有效遏阻詐騙，或許不是保護更多的隱私，而是要限縮隱私權的範圍。亦即，或許在法律上「強制顯示來電」，比起擴張個人資料保護法，對打擊詐騙集團來說，會更為有效。目前詐騙集團多半在取得個人資料後，就會開始一連串的電話詐騙攻勢。這些電話絕大部分都是隱藏來電顯示，導致被害人受到詐騙，報警處理後，卻由於沒有任何詐騙集團的聯絡方式，使警方一籌莫展。若能夠立法強制顯示來電，或者讓受話者有權查詢發話者的電話號碼，對於打擊詐騙集團將會有實質上的幫助。

注重隱私權的人認為，應該允許隱藏來電顯示，避免自己的電話被人知道[28]。可是主張強制顯示來電的人卻認為，受話者有權利得知是誰打電話來，才能夠決定是否要接該通電話，亦即受話者也有「免於被不知道的電話號碼打擾的權利」，才不會在接到未顯示來電的電話、在不確定是誰打來的情況下接到詐騙或行銷電話。

而交通部電信總局一度擬定電信法第7條第3項的修正草案：「為維護國家安全、社會治安、保障民眾安全，各電信事業發話端網路應送出正確發話號碼，並將來電顯示於用戶受話終端機。」認為應強制顯示來電。不過，交通部電信總局卻認為不可讓人自由查詢通聯紀錄，尤其不可查詢誰打電話給自己。

二、通聯紀錄

我們常聽到所謂的「通聯紀錄」，就是電話通話的時間、日期、號碼的紀錄。這類的通聯紀錄，是否像通訊內容，一樣要受到保護？

電信法第7條規定：「電信事業或其服務人員對於電信之有無及其內

---

28 例如，謝穎青主編《通訊科技與法律的對話》，頁178-179，天下文化，2005年3月。

容，應嚴守秘密，退職人員，亦同。

　　前項依法律規定查詢者不適用之；電信事業處理有關機關（構）查詢通信紀錄及使用者資料之作業程序，由電信總局訂定之。

　　電信事業用戶查詢本人之通信紀錄，於電信事業之電信設備系統技術可行，並支付必要費用後，電信事業應提供之，不受第一項規定之限制；電信事業用戶查詢通信紀錄作業辦法，由電信總局訂定之。」

　　因此，「通信內容」雖然受到通訊保障及監察法的保護，「通聯紀錄」卻是可以查詢的。但一般人若想查詢自己的通聯紀錄，只能查詢自己打出去的電話，至於別人打進來的電話就無法查詢。

　　另外，電信局也制定了「電信事業處理有關機關查詢電信通信紀錄實施辦法」，其中第7條規定：「有關機關查詢通信紀錄應先考量其必要性、合理性及比例相當原則，並應符合相關法律程序後，再備正式公文或附上電信通信紀錄查詢單，載明需查詢之電信號碼、通信紀錄種類、起迄時間、查詢依據或案號、資料用途、連絡人、連絡電話或傳真機號碼、及指定之列帳相關資料等，送該電話用戶所屬電信事業指定之受理單位辦理。但案情特殊、情況緊急之查詢，得由法官、軍事審判官、檢察官、軍事檢察官、查詢機關首長或其書面指定人先以電話或公文傳真，並經回叫確認為之，查詢後應於三個工作日內補具正式公文或加蓋印信之電信通信紀錄查詢單正本。前項之查詢，經查詢機關與電信事業雙方認證同意，得以經加密之電子郵件為之，該電子郵件並視同正式公文或電信通信紀錄查詢單正本。」從這條來看，有關調查機關也可以來查詢通聯紀錄。

三、遏阻商業電話與詐騙電話

　　有人提到美國在這方面的立法。美國規定，若電信業者要提供來電顯示，必須讓使用者有權選擇隱藏來電顯示。故從美國的保護來看，美國是比較偏向保護發話者的電話號碼。

　　不過有趣的是，美國也保護受話者不被匿名電話打擾的權利。美國法院允許消費者登記成為「拒絕來電」名單，而不接那些隱藏來電顯示的電

話[29]。

　　或許我們也可以參考「濫發商業電子郵件管理條例草案」。第十二章已經介紹過，該草案乃是為了遏止垃圾電子郵件而擬訂。該草案的第4條第3款規定：「提供正確之信首資訊。」第4款規定：「提供發信人之團體或個人名稱或姓名及其營業所或住居所之地址。」這兩款乃強迫發信人必須顯示正確的信首資訊（包括E-mail Address）和發信人名稱。

　　若我們認為商業郵件很煩而必須強迫顯示正確的信首、發信人姓名，為何我們不能為了更嚴重的詐騙問題、或者為了避免一樣很煩的推銷電話，強迫顯示來電號碼呢？筆者傾向認為，為了遏阻一些商業推銷電話，以及詐騙電話，應該立法強制顯示來電，也應該開放讓受話者查詢發話者的電話號碼。

---

29 同上，頁171-172，180。

第十六章　政府資訊公開

　　一般常聽到人民有知的權利。可是到底在憲法上，我們有沒有知的權利？知的權利落實在法律上，就是「政府資訊公開法」，本文會介紹政府資訊公開法的重要內容。不過，雖然政府資訊原則上要公開，政府卻會將很多資訊定為國家機密而不想公開，故本文也會介紹國家機密保護法的相關規定。

第一節　知的權利

一、知的權利的憲法基礎

　　到底憲法上有沒有「知的權利」？對此一問題，學者意見也有所分歧。

（一）憲法第22條

　　憲法並沒有明文寫出「知的權利」，不過有第22條的概括條款。故雖於憲法之明文規定內未見人民知的權利，但未必即可認定其非憲法保障之標的。不過，能否以第22條作為「知的權利」基礎，學者卻有爭議。

　　例如，李震山主張憲法第22條應可包含要求政府資訊公開之請求權[1]。不過陳愛娥卻認為，基本權依性質大概可分為「消極的防禦權」和「積極的給付請求權」（受益權）。一般認為憲法第22條所保護的權利，應該只是消極的防禦權，若從這個角度來看，似乎比較難從這個條文中推衍出積極地要求政府給付資訊的權利[2]。

1　李震山〈論人民要求政府公開資訊之權利與落實〉，《月旦法學雜誌》第62期，頁38。
2　陳愛娥〈政府資訊公開法治的憲法基礎〉，《月旦法學雜誌》第62期，頁25-27。

（二）憲法第11條

　　另外，法治斌則認為，憲法第11條所保障的言論自由，可以作為知的權利基礎。因為人民要發表言論或出版著作，不能空言泛論，必須講者或作者有相關的資料作為基礎。而且，在釋字第509號解釋中，大法官提到言論自由的目的之一，包括「滿足人民知的權利」，與「實現自我、追求真理、形成公意」等並列，所以縱然知的權利不是來自憲法第22條，也可以來自第11條[3]。

　　關於此，陳愛娥認為，每個基本權都擁有主觀面向（「防禦功能」和「給付功能」）和客觀法面向（「保護義務」、「程序與組織保障功能」、「制度性保障」等），那麼我們或許可以將人民積極的資訊請求權，當做是為了保障言論自由的客觀法面向功能之一，亦即國家應該建立相關的法律制度，來落實言論自由的行使[4]。不過，陳愛娥卻不認為從憲法第11條的權利，可以推出這麼強的客觀法規範，亦即她否定從憲法第11條可以推出知的權利[5]。

（三）憲法第2條國民主權原則

　　蔡秀卿認為，國家及地方政府之權力活動，係來自國民之授權及稅賦，政府因權力活動所保有之資訊情報，自屬國民的共同資產，不容許政府獨占地、特權地、秘密地使用，而透過資訊公開，擴大國民參與行政之機會，資以有效監督行政之運營，為民主政治及行政之基本條件。其論點應該屬於「知的權利」來自「國民主權原則」[6]。李震山雖然認為應該從第22條推出知的權利，但他也認為從國民主權原則應該也推得出來[7]。但陳愛娥依然反對這個看法[8]。

3　法治斌《資訊公開「資訊公開與司法審查」》，頁12-14；法治斌《知的權利「人權保障與釋憲體制」》，頁273。
4　陳愛娥〈政府資訊公開法治的憲法基礎〉，《月旦法學雜誌》第62期，頁28-30。
5　同上。
6　蔡秀卿〈日本情報公開法制訂之意義與課題〉，《立法院院聞》第28卷第8期，頁33。
7　李震山〈論人民要求政府公開資訊之權利與落實〉，《月旦法學雜誌》第62期，頁36-38。
8　陳愛娥〈政府資訊公開法治的憲法基礎〉，《月旦法學雜誌》第62期，頁28。

（四）附屬於其他權利

即便否定上面兩項權利來源基礎，一般也認為可以將知的權利，當做是一種附屬於其他基本權的從屬權。亦即，當人民為了落實其他基本權，而需要政府提供相關資訊時，我們也可以從基本權客觀法面向的「程序保障功能」，得出相應的「知的權利」[9]。不過，人民對於基本權的客觀法面向，是否擁有主觀上直接請求的權利呢？陳愛娥認為這需要依各種不同的性質而定。而她認為，只要相關資訊的公開，是使當事人在各該程序中「有效主張其地位」所必要的，就應該承認人民對於國家，或者單純基於各該自由權利，或者本於訴願權、訴訟權的保障規定，直接依據憲法取得請求公開政府資訊的主觀公權利[10]。

此外尚須注意，陳愛娥在另一篇文章中，則特別強調是為了落實當事人的有效權利保障，故基於「憲法第16條的訴訟權」，故可要求考選部公布參考答案、並允許當事人閱覽、影印自己的試卷[11]。不過，雖然主張訴訟權，訴訟權也是為了落實其他的基本權。所以兩個說法其實是一樣的。

（五）必須入憲

湯德宗認為，知的權利的性質算是一種「受益權」，最好必須入憲，才能夠強化知的權利的力量[12]。

二、基礎不同影響權利範圍

知的權利的基礎不同，將會影響知的權利的範圍。

如果不認為知的權利有獨立的基礎，而只是依附在各個基本權之上，那麼就必須當其他基本權遭受侵害時，為了救濟被侵害的權利，才能在相關救濟程序中主張資訊公開。例如現行行政程序法第46條、訴願法第

9　李震山，前揭文，頁38-39；陳愛娥，前揭文，頁26-27。
10　陳愛娥，同註8。
11　陳愛娥〈閱卷委員的學術評價餘地與應考人的訴訟權保障〉，《月旦法學雜誌》第82期，頁228。
12　湯德宗〈「政府資訊公開請求權」入憲之研究〉，中研院「憲改論壇二『憲法實踐與憲改議題』圓桌討論會」，2005年6月25日。

49條等，就是讓人民只能在救濟程序中，附帶的要求閱覽相關卷宗。

　　但是如果知的權利是一項獨立的權利（不論是源自憲法第11條或第22條），那麼不需要其他基本權遭受侵害，就可以要求政府公開資訊。

 問題：應考人可否要求閱覽考卷或複查成績？

　　A、B兩人參加2001年的律師考試。A生拿到成績單後，發現自己的憲法只考了二十分，因此向考選部要求閱覽考卷，以及要求公布憲法參考答案，但考選部加以拒絕。

　　1. 考生可否要求複查成績？

　　2. 考生可否要求閱覽考卷？

　　3. 考生可否要求公布參考答案？

　　就本題來說，如果知的權利是一項獨立的權利，那麼考生就可以主張考選部應該公布參考答案，或准許當事人閱覽自己的考卷。而且，這個考生不必限於是不及格的考生，及格的考生雖然沒有什麼權利被侵害，一樣可以請求。

　　可是如果知的權利是附屬於其他基本權，只能在救濟程序中加以請求，那麼只有不及格的考生，在主張憲法第15條工作權或第18條人民有應考試服公職之權被侵害時，才能要求公布參考答案或閱覽自己的試卷。至於及格的考生，則沒有這樣的權利[13]。

　　即便如此，只要承認人民有知的權利，不論是獨立的權利還是附屬的權利，那麼舊的典試法第23條第2項規定：「應考人不得為下列行為：

　　一、申請閱覽試卷。

　　二、申請為任何複製行為。

　　三、要求提供申論式試題參考答案。

　　四、要求告知典試委員、命題委員、閱卷委員、審查委員、口試委員

---

[13] 例如，陳愛娥認為若非主張評分有問題，而只是想單純看參考答案，則因欠缺受害的權利，故不得請求公布參考答案。陳愛娥〈閱卷委員的學術評價餘地與應考人的訴訟權保障〉，《月旦法學雜誌》第82期，頁220-222。

或實地考試委員之姓名及有關資料。」

　　不准考生閱覽考試卷，也不提供參考答案，都是違憲的。

三、釋字第319號解釋（1993年6月4日）

　　「考試機關依法舉行之考試，其閱卷委員係於試卷彌封時評定成績，在彌封開拆後，除依形式觀察，即可發見該項成績有顯然錯誤者外，不應循應考人之要求任意再行評閱，以維持考試之客觀與公平。考試院於中華民國七十五年十一月十二日修正發布之『應考人申請複查考試成績處理辦法』，其第八條規定『申請複查考試成績，不得要求重新評閱、提供參考答案、閱覽或複印試卷。亦不得要求告知閱卷委員之姓名或其他有關資料』，係為貫徹首開意旨所必要，亦與典試法第二十三條關於『辦理考試人員應嚴守秘密』之規定相符，與憲法尚無牴觸。惟考試成績之複查，既為兼顧應考人之權益，有關複查事項仍宜以法律定之。」

　　這號解釋告訴我們，不能要求重新評閱、提供參考答案、閱覽或複印試卷，似乎完全不承認人民有自主的或附帶的知的權利。不過這號解釋是在1993年作成的，至今已經十餘年，如此見解是否仍然會延續，有待後續觀察。

第二節　政府資訊公開

　　在國家邁向民主化與現代化之今日，施政公開化與透明化，正是政府當前之施政目標，而政府資訊公開制度之建立，更為達成此目標極重要且不可或缺之一環。隨著社會急速變遷與資訊時代之來臨，人民無論參與公共政策、監督政府施政，抑或投資商業行為及個人消費等，均有賴大量且正確之資訊。而政府正是資訊之最大擁有者，為便利人民共享及公平合理利用政府資訊，增進人民對公共事務之了解、信賴及監督，政府資訊公開乃成為當前重要且迫切之施政目標，有必要建立一完整之政府資訊公開制度，此即為政府資訊公開法立法之主要目的。

一、過度的行政程序法

2001年1月1日施行之「行政程序法」，其中有三個條文跟政府資訊公開有關。第44條第3項規定：「有關行政機關資訊公開及其限制之法律，應於本法公布二年內完成立法。於完成立法前，行政院應會同有關機關訂定辦法實施之。」該法明文要求，兩年內必須通過政府資訊公開法。而在該法制定前，行政院於2001年1月21日會同考試院發布「行政資訊公開辦法」（法規命令），以作為政府資訊公開法完成立法程序前過渡性質之法規，俾使現階段行政機關與人民就有關行政資訊公開事項有所依據。而「政府資訊公開法」至2005年12月6日立法院才完成三讀，並同時將行政程序法第44條和第45條一起刪除。以下直接介紹最新的政府資訊公開法。

二、政府資訊公開法

（一）資訊定義

第3條規定：「本法所稱政府資訊，指政府機關於職權範圍內作成或取得而存在於文書、圖畫、照片、磁碟、磁帶、光碟片、微縮片、積體電路晶片等媒介物及其他得以讀、看、聽或以技術、輔助方法理解之任何紀錄內之訊息。」

（二）適用主體

第4條規定：「本法所稱政府機關，指中央、地方各級機關及其設立之實（試）驗、研究、文教、醫療及特種基金管理等機構。

受政府機關委託行使公權力之個人、法人或團體，於本法適用範圍內，就其受託事務視同政府機關。」

原本的行政資訊公開辦法只適用於行政院，如今政府資訊公開法則將適用範圍擴張到所有的政府機關。

（三）主動公開

1. 主動公開原則

　　第6條規定：「與人民權益攸關之施政、措施及其他有關之政府資訊，以主動公開為原則，並應適時為之。」

2. 主動公開項目

　　第7條規定：「下列政府資訊，除依第十八條規定限制公開或不予提供者外，應主動公開：

　　一、條約、對外關係文書、法律、緊急命令、中央法規標準法所定之命令、法規命令及地方自治法規。

　　二、政府機關為協助下級機關或屬官統一解釋法令、認定事實、及行使裁量權，而訂頒之解釋性規定及裁量基準。

　　三、政府機關之組織、職掌、地址、電話、傳真、網址及電子郵件信箱帳號。

　　四、行政指導有關文書。

　　五、施政計畫、業務統計及研究報告。

　　六、預算及決算書。

　　七、請願之處理結果及訴願之決定。

　　八、書面之公共工程及採購契約。

　　九、支付或接受之補助。

　　十、合議制機關之會議紀錄。

　　前項第五款所稱研究報告，指由政府機關編列預算委託專家、學者進行之報告或派赴國外從事考察、進修、研究或實習人員所提出之報告。

　　第一項第十款所稱合議制機關之會議紀錄，指由依法獨立行使職權之成員組成之決策性機關，其所審議議案之案由、議程、決議內容及出席會議成員名單。」

3. 公開方法

　　第8條規定：「政府資訊之主動公開，除法律另有規定外，應斟酌公開技術之可行性，選擇其適當之下列方式行之：

一、刊載於政府機關公報或其他出版品。

二、利用電信網路傳送或其他方式供公眾線上查詢。

三、提供公開閱覽、抄錄、影印、錄音、錄影或攝影。

四、舉行記者會、說明會。

五、其他足以使公眾得知之方式。

前條第一項第一款之政府資訊，應採前項第一款之方式主動公開。」

（四）被動公開（人民申請）

1. 申請人

第9條規定：「具有中華民國國籍並在中華民國設籍之國民及其所設立之本國法人、團體，得依本法規定申請政府機關提供政府資訊。持有中華民國護照僑居國外之國民，亦同。

外國人，以其本國法令未限制中華民國國民申請提供其政府資訊者為限，亦得依本法申請之。」

2. 決定公開的時間與第三人保護

第12條規定：「政府機關應於受理申請提供政府資訊之日起十五日內，為准駁之決定；必要時，得予延長，延長之期間不得逾十五日。

前項政府資訊涉及特定個人、法人或團體之權益者，應先以書面通知該特定個人、法人或團體於十日內表示意見。但該特定個人、法人或團體已表示同意公開或提供者，不在此限。

前項特定個人、法人或團體之所在不明者，政府機關應將通知內容公告之。

第二項所定之個人、法人或團體未於十日內表示意見者，政府機關得逕為准駁之決定。」

為提升行政效率，爰依行政程序法第51條第1項規定意旨，明訂政府機關受理資訊提供之處理期限，以利適用。人民雖有知的權利，於具備一定要件時，得向政府機關申請提供政府資訊。惟該資訊之內容可能涉及特

定個人、法人或團體之權益，如隱私或營業秘密、職業秘密等，基於利益衡量原則，應給予該利害關係人表示意見之機會，爰於政府資訊公開法第12條第2項明訂書面通知之義務。又如該利害關係人所在不明時，前開通知義務得以公告方式代之，爰於第3項明訂之。如該特定個人、法人或團體如未於十日內表示意見，為避免延誤資訊取得時機，爰於第4項規定政府機關得逕為准駁之決定。

3. 提供資訊的方式

第13條規定：「政府機關核准提供政府資訊之申請時，得按政府資訊所在媒介物之型態給予申請人重製或複製品或提供申請人閱覽、抄錄或攝影。其涉及他人智慧財產權或難於執行者，得僅供閱覽。

申請提供之政府資訊已依法律規定或第八條第一項第一款至第三款之方式主動公開者，政府機關得以告知查詢之方式以代提供。」

4. 告知人民資訊所在

第17條規定：「政府資訊非受理申請之機關於職權範圍內所作成或取得者，該受理機關除應說明其情形外，如確知有其他政府機關於職權範圍內作成或取得該資訊者，應函轉該機關並通知申請人。」

5. 申請公開的限制

對於申請公開的限制，行政程序法第46條並未被刪除，該條第1項規定：「當事人或利害關係人得向行政機關申請閱覽、抄寫、複印或攝影有關資料或卷宗。但以主張或維護其法律上利益有必要者為限。」

當事人主動向政府申請閱覽、抄寫、複印相關資料或卷宗時，政府除非有例外，否則應該公開。但必須與其主張或維護其法律上利益有必要者為限。

第2、3項規定：「行政機關對前項之申請，除有下列情形之一者外，不得拒絕：

一、行政決定前之擬稿或其他準備作業文件。

二、涉及國防、軍事、外交及一般公務機密，依法規規定有保密之必要者。

三、涉及個人隱私、職業秘密、營業秘密，依法規規定有保密之必要
　　者。

四、有侵害第三人權利之虞者。

五、有嚴重妨礙有關社會治安、公共安全或其他公共利益之職務正常
　　進行之虞者。

前項第二款及第三款無保密必要之部分，仍應准許閱覽。」

最後，「當事人就第一項資料或卷宗內容關於自身之記載有錯誤
者，得檢具事實證明，請求相關機關更正。（第4項）」

（五）申請更正

第14條第1項規定：「政府資訊內容關於個人、法人或團體之資料有
錯誤或不完整者，該個人、法人或團體得申請政府機關依法更正或補充
之。」

（六）限制公開之資訊

第18條第1項：「政府資訊屬於下列各款情形之一者，應限制公開或
不予提供之：

一、經依法核定為國家機密或其他法律、法規命令規定應秘密事項或
　　限制、禁止公開者。

二、公開或提供有礙犯罪之偵查、追訴、執行或足以妨害刑事被告受
　　公正之裁判或有危害他人生命、身體、自由、財產者。

三、政府機關作成意思決定前，內部單位之擬稿或其他準備作業。但
　　對公益有必要者，得公開或提供之。

四、政府機關為實施監督、管理、檢（調）查、取締等業務，而取得
　　或製作監督、管理、檢（調）查、取締對象之相關資料，其公開
　　或提供將對實施目的造成困難或妨害者。

五、有關專門知識、技能或資格所為之考試、檢定或鑑定等有關資
　　料，其公開或提供將影響其公正效率之執行者。

六、公開或提供有侵害個人隱私、職業上秘密或著作權人之公開發表
　　權者。但對公益有必要或為保護人民生命、身體、健康有必要或
　　經當事人同意者，不在此限。

七、個人、法人或團體營業上秘密或經營事業有關之資訊，其公開或
　　提供有侵害該個人、法人或團體之權利、競爭地位或其他正當利
　　益者。但對公益有必要或為保護人民生命、身體、健康有必要或
　　經當事人同意者，不在此限。

八、為保存文化資產必須特別管理，而公開或提供有滅失或減損其價
　　值之虞者。

九、公營事業機構經營之有關資料，其公開或提供將妨害其經營上之
　　正當利益者。但對公益有必要者，得公開或提供之。」

第18條第2項規定：「政府資訊含有前項各款限制公開或不予提供之
事項者，應僅就其他部分公開或提供之。」政府資訊中若含有限制公開或
不予提供之部分，並非該資訊之全部內容者，政府機關應將限制公開或
不予提供之部分除去後，僅公開或提供其餘部分，此即所謂之「分離原
則」。

第19條規定：「前條所定應限制公開或不予提供之政府資訊，因情
事變更已無限制公開或拒絕提供之必要者，政府機關應受理申請提供。」

三、案例

雖然政府資訊公開法才剛通過，不過之前在行政程序法和行政資訊公
開辦法實施期間，就已經發生過許多有爭議的問題。以下挑選重要議題介
紹如下：

（一）內部決策擬稿或其他準備作業

實務上最常見的一種案例，乃公務員對行政處分認為不公，要求閱覽
相關資料，但行政機關多半以該資料為行政處分前的擬稿而不須公開。例
如，教師升等失敗後，要求公開教師評審委員會的會議紀錄。根據政府資
訊公開法，「合議制機關之會議紀錄」應主動公開。不過所謂「合議制機
關」，乃指「依法獨立行使職權之成員組成之決策性機關」。法院通常認
為教師評審委員會應不包括在內，其認為教師評審委員會的會議紀錄應該
算是「政府機關作成意思決定前，內部單位之擬稿或其他準備作業」，而

不應公開[14]。

　　所謂「意思決定前內部單位之擬稿或其他準備作業」文件，係指函稿、簽呈或會辦意見等政府機關內部作業等文件而言；倘屬關於政府機關意思決定作成之基礎事實、或僅係機關內部單位為擬稿或其他準備作業所蒐集、參考之相關資訊文件，因該基礎事實或資訊文件並非（或等同）函稿、或簽呈意見本身，而無涉洩漏決策過程之內部意見溝通或思辯資訊，仍應公開之，以保障人民知的權利，增進人民對公共事務之了解、信賴及監督，並促進民主參與[15]。

（二）內部決策之基礎事實

　　雖然內部準備文件不得公開，但根據原本的行政資訊公開辦法：「但關於意思決定作成之基礎事實，不在此限。」若乃基礎事實，則可以公開。例如，作成行政處分前的「調查筆錄」，此等文件均屬行政機關作成意思決定前，內部單位之準備作業文件。「其中被告所屬竹北分局警備隊91年4月16日（原告向檳榔攤業者林佳福借款日）勤務分配表及原告於同年7月3日之訪談筆錄（坦承向檳榔攤業者林佳福借款），均屬被告作成懲處原告及將其調職處分之基礎事證，此部分依行政資訊公開辦法第6條及第5條第3款但書規定，原告得請求被告提供閱覽」。[16]不過目前通過的政府資訊公開法，卻把這個例外規定刪除，看得出來制定草案的行政院還是傾向不要公開太多的資訊。

（三）當事人所主張或維護之法律上利益

　　申請公開資訊，必須限於有法律上的利益，才可以公開。實務上就強調這個重點：「上訴人並非行政程序法第20條規定之當事人，本件亦無特定行政程序進行中，上訴人自無從以當事人或利害關係人之身分，依行政

---

14 例如，台北高等行政法院93年度訴字第946號判決；最高行政法院94年度判字第517號判決。
15 最高行政法院105年度判字第225號判決。
16 台北高等行政法院92年度訴字第4048號判決。

程序法第46條之規定申請閱覽卷宗資料。」[17]

（四）教育部歷史課綱委員名單案

　　2014年1月教育部公布新版高中歷史與公民課綱微調，引起民間團體抗議。台灣人權促進會於同年2月，依據政府資訊公開法，要求育部公開檢核小組成員名單及會議紀錄內容。但教育部認為課綱審議會之會議紀錄，屬於第18條第3款「政府機關作成意思決定前，內部單位之擬稿或其他準備作業」可不予公開。至於委員名單，為確保課綱審議過程之公正、專業、獨立不受干預，往例乃是於第二波課程綱要發布實施後方一併對外公布，也屬於第18條第5款「有關專門知識、技能或資格所為之考試、檢定或鑑定等有關資料，其公開或提供將影響其公正效率之執行者」而拒絕公開。

　　台灣人權促進會對該處分不服，向行政院提起訴願，繼而提起向法院提起行政訴訟。台北高等行政法院103年度訴字第1627號判決，判決教育部敗訴。法院認為公開相關資訊，可讓民眾參與監督課綱微調決策合理性，包括審議過程是否符合法律正當程序，使社會大眾對此議題了解及檢視，不至因資訊不足而私下猜疑、誤解，導致。亦即，根據政府資訊公開法第18條第1項第3款的但書，雖然屬於內部單位之擬稿或其他準備作業，「但對公益有必要者，得公開或提供之」，故判決要求其根據政府資訊公開法，公開相關資訊[18]。

　　但該案上訴後，卻推翻原審判決，認為第18條第1項第3款的是否保密或公開，參酌政府資訊公開法之立法說明：「政府機關之內部意見或與其他機關間之意見交換等政府資訊，如予公開或提供，因有礙該機關最後決定之作成且易滋困擾，例如對有不同意見之人加以攻訐……」，已載明機關內部意見等資訊之公開有礙於最後決定之作成，並可能對不同意見之人（單位、機關）造成困擾，故除對公益有必要者外，不予提供或公開，始符法意[19]。雖然第3款但書指出，對公益有必要者，「得」公開，但不

---

17 最高行政法院94年判字第517號判決。
18 台北高等行政法院103年度訴字第1627號判決。
19 最高行政法院105年度判字第225號判決。

是「應」公開，是否公開還是要公開對所增進的公益，以及不公開對「國家整體利益」、「公務執行」的公益及「個人隱私即人格權保障」之間何者重大，以求取平衡，方符法意[20]。因此將原判決撤銷，發回重審。

第三節　檔案法

　　檔案法主要乃是規範政府檔案如何保存。不過，裡面也有些許條文規定檔案公開與否的問題。由於檔案也是一種資訊，在政府資訊公開法通過後，其實檔案法應該只規範檔案保存的規定，至於檔案公開的問題，則應該適用政府資訊公開法。

一、簡介

　　檔案法與政府資訊公開法的差別在於，檔案法規範的乃是「已經歸檔的檔案」，而政府資訊公開法規範對象則不限於歸檔的檔案。根據檔案法，已經歸檔的檔案，人民也可以申請閱覽、抄錄、複製。

　　檔案法第17條規定：「申請閱覽、抄錄或複製檔案，應以書面敘明理由為之，各機關非有法律依據不得拒絕。」

　　檔案法第18條（閱覽、抄錄或複製之限制）：「檔案有下列情形之一者，各機關得拒絕前條之申請：

　　一、有關國家機密者。

　　二、有關犯罪資料者。

　　三、有關工商秘密者。

　　四、有關學識技能檢定及資格審查之資料者。

　　五、有關人事及薪資資料者。

　　六、依法令或契約有保密之義務者。

　　七、其他為維護公共利益或第三人之正當權益者。」

　　檔案法第19條規定：「各機關對於第十七條申請案件之准駁，應自

受理之日起三十日內，以書面通知申請人。其駁回申請者，並應敘明理由。」

　　檔案法第22條（國家檔案開放年限）規定：「國家檔案至遲應於三十年內開放應用，其有特殊情形者，得經立法院同意，延長期限。」

二、實務判決

　　以行政法院的判決來看，行政機關還是會儘量找法條依據，拒絕將檔案公開。

（一）陳情資料

1. 判　決

　　原告所請求閱覽、影印之文書即訴外人曹仁原等之陳情書，依陳情書影本內容所示，因涉及他人檢舉原告涉嫌刑事犯罪情事，屬依檔案法第18條第2款有關犯罪資料、第7款其他為維護公共利益或第三人之正當權益而得拒絕閱覽，及依行政資訊公開辦法第5條第1項規定應限制公開或提供之行政資訊[21]。

2. 疑　問

　　多年以前的陳情資料，算是檔案法裡面的「有關犯罪資料」或「維護第三人之正當權益」而不得公開？

（二）甄選法令、程序

1. 判　決

　　上訴人申請提供之相關甄選過程之資料，包括同意聘用及上級機關核准之公文，應屬人事檔案資料，依檔案法第18條第5款為應秘密事項，又涉及李又梅個人隱私權益，屬於「應限制公開或提供之資訊」範圍，被上

---

21 台北高等行政法院92年度訴字第5102號判決。

訴人依前揭檔案法及行政資訊公開辦法之規定，本得拒絕上訴人之申請，從而被上訴人以2003年4月1日高市龍華字第0920000985號函復上訴人所請歉難照辦，於法自無不合[22]。

2. 疑　問

連甄選程序、甄選法令都算人事資料嗎？

三、適用衝突

檔案法有一個特殊之處在於，人民申請查閱檔案時，法條上並沒有要求限於「自己權益相關」才得申請。但相關機關往往會用行政程序法中的「限於當事人所主張或維護之法律上利益所必要者」加以回絕。

到底什麼是檔案？什麼是資訊呢？若依照政府資訊公開法第3條的定義：「本法所稱政府資訊，指政府機關於職權範圍內作成或取得而存在於文書、圖畫、照片、磁碟、磁帶、光碟片、微縮片、積體電路晶片等媒介物及其他得以讀、看、聽或以技術、輔助方法理解之任何紀錄內之訊息。」應該也包括檔案在內。那麼，檔案法的查閱，有必要和政府資訊加以區隔嗎？筆者認為，在政府資訊公開法通過後，應該以政府資訊公開法為準。

第四節　國家機密保護法

雖然本章強調政府資訊公開，但國家又有某些機密，不願意公開。以下簡單介紹「國家機密保護法」的內容。

一、國家機密的等級

第4條規定：「國家機密等級區分如下：

一、絕對機密：適用於洩漏後足以使國家安全或利益遭受非常重大損

---

[22] 最高行政法院94年度判字第1222號判決。

害之事項。

　　二、極機密：適用於洩漏後足以使國家安全或利益遭受重大損害之事項。

　　三、機密：適用於洩漏後足以使國家安全或利益遭受損害之事項。」

二、國家機密的核定

（一）核定國家機密之原則

　　第5條規定：「國家機密之核定，應於必要之最小範圍內為之。

　　核定國家機密，不得基於下列目的為之：

　　一、為隱瞞違法或行政疏失。

　　二、為限制或妨礙事業之公平競爭。

　　三、為掩飾特定之自然人、法人、團體或機關（構）之不名譽行為。

　　四、為拒絕或遲延提供應公開之政府資訊。」

（二）核定國家機密之權責人員

　　第7條規定：「國家機密之核定權責如下：

　　一、絕對機密由下列人員親自核定：

　　（一）總統、行政院院長或經其授權之部會級首長。

　　（二）戰時，編階中將以上各級部隊主官或主管及部長授權之相關人員。

　　二、極機密由下列人員親自核定：

　　（一）前款所列之人員或經其授權之主管人員。

　　（二）立法院、司法院、考試院及監察院院長。

　　（三）國家安全會議秘書長、國家安全局局長。

　　（四）國防部部長、外交部部長、行政院大陸委員會主任委員或經其授權之主管人員。

　　（五）戰時，編階少將以上各級部隊主官或主管及部長授權之相關人

員。

三、機密由下列人員親自核定：

（一）前二款所列之人員或經其授權之主管人員。

（二）中央各院之部會及同等級之行、處、局、署等機關首長。

（三）駐外機關首長；無駐外機關首長者，經其上級機關授權之主管人員。

（四）戰時，編階中校以上各級部隊主官或主管及部長授權之相關人員。

前項人員因故不能執行職務時，由其職務代理人代行核定之。」

三、保密期限及解密條件

第11條第1項規定：「核定國家機密等級時，應併予核定其保密期限或解除機密之條件。」

表16-1 機密等級與保密期限

機密等級	保密期限
絕對機密	不得逾三十年
極機密	不得逾二十年
機密	不得逾十年
涉及國家安全情報來源或管道	應永久保密

第12條規定，涉及「國家安全情報來源或管道」之國家機密，應永久保密，且不受立法院調查。此種國家機密之核定權責，依第7條之規定。

第10條第1項規定：「國家機密等級核定後，原核定機關或其上級機關有核定權責人員得依職權或依申請，就實際狀況適時註銷、解除機密或變更其等級，並通知有關機關。」而國家機密依前條變更機密等級者，其保密期限仍自原核定日起算。

第11條第4、5、6項規定：「國家機密核定解除機密之條件而未核定保密期限者，其解除機密之條件逾第二項最長期限未成就時，視為於期限

屆滿時已成就。

　　保密期限或解除機密之條件有延長或變更之必要時，應由原核定機關報請其上級機關有核定權責人員為之。延長之期限不得逾原核定期限，並以二次為限。國家機密至遲應於三十年內開放應用，其有特殊情形者，得經立法院同意延長其開放應用期限。

　　前項之延長或變更，應通知有關機關。」

四、申請閱覽

（一）人　民

　　第10條規定：「國家機密等級核定後，原核定機關或其上級機關有核定權責人員得依職權或依申請，就實際狀況適時註銷、解除機密或變更其等級，並通知有關機關。

　　個人或團體依前項規定申請者，以其所爭取之權利或法律上利益因國家機密之核定而受損害或有損害之虞為限。

　　依第一項規定申請而被駁回者，得依法提起行政救濟。」

（二）立法院

　　第22條第1項規定：「立法院依法行使職權涉及國家機密者，非經解除機密，不得提供或答復。但其以秘密會議或不公開方式行之者，得於指定場所依規定提供閱覽或答復。」

（三）其他機關

　　第24條第2項規定：「監察院、各級法院、懲戒法院、檢察機關、軍法機關辦理案件，對其他機關或人員所提供、答復或陳述之國家機密，應另訂保密作業辦法；其辦法，由監察院、司法院、法務部及國防部於本法公布六個月內分別依本法定之。」

（四）法院調查

　　第25條規定：「法院、檢察機關受理之案件涉及國家機密時，其程

序不公開之。

法官、檢察關於辦理前項案件時，如認對質或詰問有洩漏國家機密之虞者，得依職權或聲請拒絕或限制之。」

根據這一條，涉及國家機密時，法院和監察機關仍然可以調查、審理，只是必須秘密審理。而在審理過程中，證人若因為對質詰問程序有洩漏國家機密的可能時，法官也可以自己決定要不要繼續下去。總之，政府人員不能主張是國家機密，就想逃避法院的審理。

 問題：檔案是否公開？

C君想要研究美麗島事件作為碩士論文，但目前尚有一些美麗島事件相關檔案尚未公開，C君可以請求閱覽這些檔案，或要求政府將這些檔案公開嗎？

根據檔案法，C君可以請求閱覽該檔案，但政府機關可能會出於（一）有關國家機密；（二）有關犯罪資料者，而拒絕提供美麗島事件相關檔案。不過，根據國家機密保護法第5條第2項第1款規定，政府不得為了掩蓋政府違法或行政疏失，而列為國家機密。美麗島事件早該澄清，政府且已認錯，不該為了隱瞞相關行政機關責任而列為國家機密。故C君或可申請變更國家機密等級。但根據國家機密保護法第10條，人民必須有爭取的權利或法律上的利益，才得要求變更。C君乃是為了寫論文，是否可以要求變更，尚有疑慮。

第五節　結　論

政府資訊公開法，雖然在適用主體上，已經超過了原本的行政院，擴張到其他政府機關。不過這個法律實際上的規定和之前的「行政資訊公開辦法」類似，並沒有特別擴張政府資訊公開的範圍。甚至由於實務上法院的某些判決，「政府資訊公開法」甚至限縮了「行政資訊公開辦法」某些規定（決策程序前之基礎事實可公開的規定被刪除）。

　　另外，政府資訊公開法只是普通法，若有特別法特別規定某類資訊不需要公開，則優先適用該特別法。例如，本章一開始提到考試院不肯公開考試題庫、答案，甚至也不讓考生閱覽、影印自己的考卷。考試院後來通過了典試法第23條，用法律的方式明文排除了政府資訊公開法的適用。

　　甚至，我們雖然通過國家機密保護法，要求國家機密的核定必須依照法律，而且就算是國家機密，還是要受到立法院和法院的監督，但仍然有不少例外規定。

　　從種種相關立法來看，我國仍然是一個政府資訊不夠透明、處處提防人民知的權利的國家。

PART 4

網路交易

第十七章　網路契約與電子簽章

　　網路交易越來越熱絡，但是基本網路契約的法律性質，仍有必要加以澄清。本章會探討網路契約的要約與承諾，以及消費者保護法定型化契約的相關規定。另外，為了讓網路交易活絡，我國已通過電子簽章法，一方面規範電子簽章的效力，一方面也讓網路上的電子文件具有法律效力。

第一節　網路契約

　　有關契約之成立、生效要件以及契約基礎要素之意思表示相關規定，都以民法總則及債編總論和各論章節為主。雖然網路契約是科技發達下之新興交易型態，但究其本質仍屬契約之一種，只是交易的過程、方式和傳統的實體、現實世界之交易型態不同而已。因此在與傳統交易方式共同屬於契約的概念下，仍有民法對於契約相關規定之適用，於此先說明之。以下則就其特點分析。

一、要約、承諾

（一）網路廣告為要約引誘

　　民法第154條第1項規定：「契約之要約人，因要約而受拘束。但要約當時預先聲明不受拘束，或依其情形或事件之性質，可認當事人無受其拘束之意思者，不在此限。」

　　一般我們認為發出要約後，就要受到拘束。但網路廣告通常只是一些產品的圖片介紹、功能、規格說明、定價標示等，與實際貨物標定賣價陳列的情形不同，其資訊是向不特定多數人流通，何人能接受廣告進而購買是無從預見的，且廣告內容亦非一成不變或完全實現。此時業者的廣告在民法上只是「要約之引誘」，消費者若願意締結契約所發出訊息，應只屬於「要約」，而此時契約尚未成立，要等企業經營者發出承諾，契約才會成立。

例如，網路上常發生網站標錯價格的情況。根據民法，由於消費者點選購買時才是要約，此時網路業者發現標價錯誤，可以拒絕承諾。

不過，若企業經營者不予以承諾，而消費者受有損害時，雖無法主張契約責任，但仍有民法上侵權責任及締約上過失責任之適用。

（二）網路廣告構成要約

若商品廣告網頁上消費者只要填寫訂單發送給商家，就可以使用該產品，此多發生於非實體商品（數位商品）之交易，如軟體交易。民法第154條第2項規定：「貨物標定賣價陳列者，視為要約。但價目表之寄送，不視為要約。」由於數位商品可以直接下載試用，消費者在填寫訂單後就可使用商品，則應該可將網路廣告視為要約。

（三）要約或承諾之撤回

而就要約或承諾之撤回和撤銷則亦有民法關於意思表示及要約撤回撤銷之適用。但網路契約較不同的是其撤回的時點，因為撤回須在意思表示尚未生效前才可為之，而網路締約快速，通常只要按下發送或同意鍵，契約即為成立，或是要約意思表示即為生效，因此多已無撤回之適用。而就撤銷而言亦有其困難度，有時發送同意之意思表示透過網路自動處理信息等過程，就同時發生承諾的意思表示，而契約同時生效並成立，此時撤銷似亦無法適用。故理論上民法有關撤回及撤銷的規定，在網路交易中並不排除適用，但實際上幾乎無適用之可能。

二、按鈕包裹契約

網路契約大多屬定型化契約型態，而該種定型化契約主要有兩種型式，一種是按鈕包裹契約（click wrap agreement），另一種是瀏覽包裹契約（browse wrap agreement）。

「按鈕包裹契約」和非網路交易型態的「拆封授權契約」類似，其不同點在於，它是一種完全電子化的訂約形式並透過軟體完成交易的契約，方式是讓網路使用者必須在螢幕上按下載有「我接受」或「我同意」之類

似按鈕的契約。

「瀏覽包裹契約」則是不需要使用者點選按鍵或鍵入文字、或在下載軟體或使用網站提供的服務前採取任何其他肯定步驟來表示對契約條款的同意之契約[1]。

按鈕包裹契約之所以有討論之必要，除了因為其為現行大多網上交易所選擇的締約形式外，尚因在美國法院的評價中多肯定其效力，認其為有效可執行的，但是瀏覽授權契約的效力則多被否定。

而按鈕包裹契約屬於定型化契約之一種，因此探討該類型的契約，重點應置放在當消費者按下同意鈕時，就按鈕授權契約中企業者已擬好之定型化契約條款之效力為何？可否拘束消費者？此牽涉到定型化契約規定於網路契約之適用，以下說明之。

三、定型化契約

定型化契約就是一方先擬訂好的契約，而只交給另一方簽名。這種事先擬訂好的契約，內容大多會有利於擬訂契約草稿的一方。故消費者保護法特別規定了一節，來約束定型化契約的效力。

（一）定型化契約訂定及解釋原則

首先，定型化契約應本於平等互惠原則來訂定。若有疑義，應為有利於消費者之解釋。消費者保護法第11條規定：「企業經營者在定型化契約中所用之條款，應本平等互惠之原則。

定型化契約條款如有疑義時，應為有利於消費者之解釋。」

（二）審閱期間

再者，由於定型化契約是事先擬訂，應該給予消費者一定的審閱期間。消費者保護法第11條之1規定：「企業經營者與消費者訂立定型化契約前，應有三十日以內之合理期間，供消費者審閱全部條款內容。

1　蔡淑美《企業網路經營法律實戰》，頁213。

企業經營者以定型化契約條款使消費者拋棄前項權利者,無效。

違反第一項規定者,其條款不構成契約之內容。但消費者得主張該條款仍構成契約之內容。

中央主管機關得選擇特定行業,參酌定型化契約條款之重要性、涉及事項之多寡及複雜程度等事項,公告定型化契約之審閱期間。」

(三)是否構成契約內容

有時候某些約定並沒有放到契約中,而是以另一種形式呈現。而消費者保護法第13條規定:「企業經營者應向消費者明示定型化契約條款之內容;明示其內容顯有困難者,應以顯著之方式,公告其內容,並經消費者同意者,該條款即為契約之內容。

企業經營者應給與消費者定型化契約書。但依其契約之性質致給與顯有困難者,不在此限。

定型化契約書經消費者簽名或蓋章者,企業經營者應給與消費者該定型化契約書正本。」

消費者保護法第14條規定:「定型化契約條款未經記載於定型化契約中而依正常情形顯非消費者所得遇見者,該條款不構成契約之內容。」

企業經營者單方面事先擬訂之條款,而將之置於網頁上,因為網頁非紙本形式,所以重點在判斷其是否為「書面」。因為在電子簽章法公布後,該法規定在一定條件下,網頁有取代書面之效力,此時網頁所顯示的授權契約條款就屬記載於定型化契約中。且若按鈕授權契約有清楚揭示契約內容並且提供消費者表示同意、接受與否的選擇按鍵,則合乎消費者保護法第13條的「訂入契約」之要件,而屬於定型化契約條款的內容。

(四)契約條款是否有效?

消費者保護法第12條規定:「定型化契約中之條款違反誠信原則,對消費者顯失公平者,無效。

定型化契約中之條款有下列情形之一者,推定其顯失公平:

一、違反平等互惠原則者。

二、條款與其所排除不予適用之任意規定之立法意旨顯相矛盾者。

三、契約之主要權利或義務，因受條款之限制，致契約之目的難以達成者。」

消費者保護法第15條規定：「定型化契約中之定型化契約條款牴觸個別磋商條款之約定者，其牴觸部分無效。」

在確定授權契約條款屬於定型化契約條款的內容時，則接下來即須判斷其效力：看其條款有無違反消費者保護法第12條顯失公平之規定，或第15條的「非一般條款」，或違反其他強行或禁止規定，若有違反則不可有效執行，即該條款不可拘束當事人，消費者可不予遵守亦不負契約責任。反之，若未違反則屬有效之條款，當事人須遵守之。

四、案例

 Dell網站標錯價格案

本案事實：

A君於2009年6月25日發現Dell網站上液晶螢幕的折扣，便宜一般市價7,000元，立即在網路上填選訂單，並提供信用卡資料，訂購兩台液晶螢幕。而該網站也在6月27日系統自動回信，通知訂購成功。但事後Dell公司主張是網站標錯價格，主張該契約不成立，請問消費者是否能主張契約成立？

本案例就是知名的Dell網站標錯價格事件。A君主張，網站標示價格，應屬於「要約」，而自己在網路上填寫訂單並提供信用卡付款資料，屬於「承諾」，故契約已經成立，Dell公司已經按照契約履約，若不肯履約也應賠償A君。

但Dell公司認為，網站標示商品價格，按照前述民法第154條第2項：「貨物標定賣價陳列者，視為要約。但價目表之寄送，不視為要約。」認為僅類似價目表之寄送，只是要約之引誘，而A君在網路上下訂，才是要約，而Dell公司可決定是否接受該訂單，亦即有「承諾與否」的權利。

縱使如Dell公司所言，但本案中，Dell公司隔天就以電子郵件，通知

本次交易訂購成功,故A君主張,至少Dell公司已經「承諾」,故契約也成立了。

　　但Dell公司主張,於系爭定型化契約第2條即已約明:「契約於Dell接受客戶訂單後始為成立」,且被告於98年6月27日所寄發與原告之系爭通知,除係系爭網站系統自動回覆外,並其內業已載明「本郵件僅表示Dell已收到您的訂單,但並不表示Dell已接受您的訂單。Dell確認收到您的付款後,就會立即處理您的訂單,並透過傳真、電子郵件或電話通知您,確定Dell已經接受並著手處理您的訂單。」認為該通知訂購成功郵件,只是系統自動回信,且內容說明,這封信不表示已經接受訂購,故認為其仍然未「承諾」該契約,故契約尚未成立,不受契約拘束。

　　A君又主張,Dell公司在網路上的定型化契約,其中第2條這種約定,乃是對消費者顯失公平之約定,故認為該契約條款無效。本案在一審法院判決時,法院支持Dell公司的看法,一方面認為Dell公司尚未承諾,該契約尚未成立;另方面認為定型化契約條款應本於平等互惠精神,而本案中由於廠商必須承擔網路交易的高風險,所以定型化契約中會有這種約定,並非顯失公平,所以該定型化契約約款有效(亦即即使回信訂購成功也不算是承諾)。本案在一審時,A君敗訴,Dell勝訴[2]。但到二審時,本案逆轉,法院判A君勝訴[3]。請參考以下二審判決。

台灣台北地方法院民事判決99年度消簡上字第1號(2010/10/29)

　　上訴人　　丙○○
　　被上訴人　荷蘭商戴爾企業股份有限公司
　　上列當事人間請求履行契約事件,上訴人對於中華民國98年12月31日台灣台北地方法院台北簡易庭98年度北消簡字第17號第一審判決提起上訴,本院判決如下:
　　主　文
　　原判決廢棄。

2　台灣台北地方法院98年度北消簡字17號簡易民事判決(2010/1/14)。
3　台灣台北地方法院99年度消簡上字第1號民事判決(2010/10/29)。

被上訴人應交付型號為Dell 2009W 20" Ultrasharp Widescreen LCD Monitor（S142009WTW）20吋之寬螢幕液晶顯示器壹台，以及型號為Dell E2009W 20" Digital Widescreen LCD Monitor（S14E2009WTW）20吋之寬螢幕顯示器壹台予上訴人。

第一、二審訴訟費用由被上訴人負擔。

事實及理由

（略）

肆、兩造之爭點及本院得心證之理由：

上訴人主張伊於98年6月25日在被上訴人之系爭網路商店下單購買系爭商品，伊已為承諾，買賣契約已成立生效，被上訴人應依約交付系爭商品等語；被上訴人則以上訴人之下單行為，僅為要約之引誘，且縱為要約，因被上訴人之標價錯誤，已撤銷其錯誤之意思表示云云。是本件首要爭點應為就：一、被上訴人在其網路商店上就系爭商品標明之「網上購買限時優惠」、「線上折扣NTD7,000」之優惠，係要約或要約之引誘？二、被上訴人如就系爭商品標價錯誤，得否撤銷其錯誤之意思表示？三、上訴人有無權利濫用？或違反誠信原則系爭商品之買賣契約是否成立？茲分述如下：

一、被上訴人在系爭網路商店上就系爭商品標明之「網上購買限時優惠」、「線上折扣NTD7,000」之優惠，係屬要約，而非要約之引誘：

（一）按「一個要約即是『要約人』發出的一項允諾或其他形式的自願意思表示，表明經『受要約人』無條件承諾某些確定的條款，『要約人』即受這些條款的拘束。如合同成立的其他要素亦得滿足（如對價和設立法律關係的意旨），對要約的承諾會導致一個有效的合同。一個特定的表述是否構成要約有賴於表述的意旨。要約必須具有受拘束的意旨，如果某人只是引誘他人作出要約，或者只是詢問情況，而並沒有受拘束的意旨，那他或她最多只是在作出要約邀請。按照客觀標準，如果某人的表述（或者行為）致使一個通情達理的人相信發出要約者具有在該要約被承諾後接受拘束的意旨，則即使該人實際上並沒有此種意旨，他也被認為是發出了一項要約。」此為新加坡合同法第8.2.2條及第8.2.3條之意旨。依歷年來新加坡之判決先例或判例內容可知，其有關「要約」、「要約之引誘」之

認定，與我國民法之差異並不大，為兩造所不爭執，是我國民法上對「要約」及「要約之引誘」之解釋與新加坡法律相符。換言之，新加坡合同法明確以表意人「有無受其意思拘束」之主觀意思或「表現出受其意思拘束之行為」之客觀行為標準，作為區別要約及要約引誘之依據。而其區別效果，亦與我國民法解釋相同，若屬要約，則相對人所為應允之意思表示即屬承諾，契約即屬互相意思表示一致而成立；若屬要約之引誘，因其並不具有拘束力，故相對人就之所為進一步之表示，性質上應屬新的要約，須待原表意人再為承諾後意思表示始為一致，契約方始成立。而表意人有無受其意思拘束之意思，除以上之明文規定外，性質上仍應綜合參酌當事人之明白表示、相對人之性質、要約是否向一人或多數人為之、當事人之磋商過程、交易習慣，並依誠信原則合理認定之。另新加坡合同法固未有如我國民法第154條第2項「貨物標定賣價陳列者，視為要約。但價目表之寄送，不視為要約。」之規定，惟本國法之此項規定，亦得作為區別要約及要約引誘之解釋依據，自不待言。

（二）按民法第345條規定：「稱買賣者，謂當事人約定一方移轉財產權於他方，他方支付價金之契約。當事人就標的物及其價金互相同意時，買賣契約即為成立。」參諸契約係由一方為要約，而另一方依要約之內容而為承諾時，契約即為成立，苟有將要約擴張、限制、或為其他變更而承諾者，視為拒絕原要約而為新要約，此結果亦為民法第160條第2項所明定。亦即先表示意見之人，就其欲買或賣之物品及價金均有一定之表示者而已確定或可得確定者，則該先為意思表示之一方，應認為其意思表示為「要約」，是以貨物標定賣價陳列者視為要約，但價目表之寄送不視為要約，蓋已標定價目表之貨物，看到之人一望便可知該貨物之實體及其售價，但價目表之寄送，因相對人無法看到貨物實體，無法確定買賣標的，是以雖有標示價格，惟貨物部分仍無法達到確定之程度，是以民法154條第2項方會規定該價目表之寄送不視為要約。由上可知判斷買賣契約何為要約之一方，何為承諾之一方，應視具體事實而予判斷。

（三）本件被上訴人刊登之限時優惠活動內容，已將各項商品（含系爭商品）附加照片，標明型號中英文名稱、原價、線上折扣、線上折後價等標示明確，各項商品已達明確之程度，且其標示之售價亦已臻確定，

並非僅單純之價目表標示，是本件被上訴人在所屬網站刊登系爭商品買賣訊息之意思表示，自已符合「要約」之要件，應受其要約之拘束。而上訴人在該網站上依該要約之內容，點選所要購買之電腦商品及其數量後回覆下單，並未將被上訴人刊登之內容為擴張、限制、或為其他變更，是以上訴人之下單尚難認為屬於新要約。況買賣契約成立後，買受人始有給付買賣價金之義務，本件上訴人在下單後，除需輸入送貨資訊外，另需輸入付款方式為信用卡/轉帳卡線上付款、電匯、支票/銀行匯票等方式，而上訴人亦已選擇以信用卡方式付款而提供信用卡資訊，倘系爭商品標價僅為要約之引誘，被上訴人何須在其網站上設定買賣契約成立前購買者（含上訴人）之付款方式，被上訴人上開網路交易之設定方式，足認被上訴人係基於買賣契約已成立之情況下，始指引購買者完成付款。苟被上訴人所辯兩造買賣契約尚未成立，尚須被上訴人接受訂單為承諾後始成立，但此時購買者之價款已進入被上訴人帳戶內，其以信用卡線上刷卡方式付款者，亦處於被上訴人隨時可取得之情形下，如何處理該價款，完全操縱在被上訴人之手，被上訴人可恣意主張買賣契約成立與否，顯失公平，亦與價金之給付或收受係在契約成立後之常理不符，是被上訴人既已指示購買者完成付款行為，卻又辯稱其僅收到訂單，尚未表示已接受訂單，兩造間之買賣僅尚未成立云云，顯屬矛盾而不足採。倘被上訴人因其面對的是毫無認識的消費者，系爭商品標價僅為要約之引誘，被上訴人亦可在其確定承諾後，始要求購買者（上訴人）輸入送貨資訊及選擇付款方式，確定購買者（上訴人）身分或收到貨款後再行出貨，而非在其要約引誘之階段，即設定消費者可匯款或信用卡付款之方式，是依被上訴人上開刊登商品標價及付款之方式，尚難認被上訴人就系爭商品標價僅為要約之引誘，而非要約。

（四）又本件被上訴人在其網站係區分第一列「Dell筆記型電腦.桌上型電腦&網上優惠信息」、第一列之下並分為三區塊「筆記型電腦」、「桌上型電腦」、「網上購買　限時優惠」，第二列「Dell筆記型電腦.桌上型電腦顯示器等」，第二列之下亦分有5區塊如顯示器、廣告中的戴爾產品、戴爾服務、查看所有筆記型電腦、查看所有桌上型電腦等，點選「網上購買限時優惠」查看所有優惠之後，則出現「折扣詳細資料Get NTD$7,000 cash off到期2009年7月30日」。是被上訴人在網站上刊登之優

惠內容，為限時優惠，並非無限期，且折扣NTD$7,000之標示，亦使任何瀏覽該網站者一望即可明確知悉該折扣之金額。被上訴人亦自認系爭商品標價係源於本應僅就Vostro1520型號之商品提供適用7,000元之線上折扣，卻誤將「AND」之選項設定為「OR」之選項，致所有商品包含爭商品在內在上開期間均顯示折扣7,000元，並自動產生線上折扣價等情，可見被上訴人亦有就某項商品進行折扣7,000元之本意，而上訴人為消費者之一，其難以知悉被上訴人係欲就何項商品進行折扣7,000元。且當前我國不論網路交易或實體商店之消費購物，商家為了促銷突然大幅降價乃常見之事，例如日常電視廣告中不時聽聞「破盤大特價」等宣傳，亦常有限時、限量的特價搶標活動之盛況，本件被上訴人就系爭商品折扣7,000元後，約為1.2折至1.9折左右，尚屬目前台灣社會商家可能出賣之折數，消費者實無從瞭解廠商（被上訴人）就商品定價之標準或心態，亦無消費者必須衡量每件商品之賣價是否合理，始能承諾之理。是本件被上訴人之商品標價應為要約，而非僅為要約之引誘。又被上訴人雖辯稱：「依被上訴人線上商店之交易模式，如被上訴人收到顧客之訂單時，網頁系統會自動回覆一封「訂單已收到」之郵件給顧客，且該自動郵件明確載明「本郵件僅表示Dell已收到您的訂單，但並不表示Dell已接受您的訂單。……Dell會在下一個工作日與您聯絡，以確認訂單的詳細資料，包括最後的總購買金額，以及您的Dell客戶編號和Dell訂單編號。」於此之前，被上訴人與顧客者間之契約均尚未合意成立。」云云，惟兩造之買賣契約既在上訴人（買受人）網路點選下單時成立，則被上訴人上揭回覆內容僅係在契約成立日98年6月25日之後2日即98年6月27日所自行發出之聲明，尚不得依此而援引民法第154條第1項之規定主張被上訴人已有預先聲明不受拘束之意而認契約尚未成立。至消保會草擬之「消費者保護法部分條文修正草案」第18條第3項：「企業經營者應提供消費者再次確認要約或更正要約錯誤之方式。」或「零售業網路交易定型化契約應記載及不得記載事項草案」第四點、第五點，均係為保護消費者而提供消費者再次確認要約或更正要約錯誤之方式，該等草案主要目的非為保護企業經營者，該等草案之內容並非認企業經營者標示賣價之行為均非要約，故被上訴人辯稱依上開草案，其就系爭商品之標價為要約之引誘，而非要約，亦非可採。

二、縱使被上訴人就系爭商品標價錯誤，亦不得撤銷其錯誤之意思表示

（一）按「意思表示之內容有錯誤，或表意人若知其事情即不為意思表示者，表意人得將其意思表示撤銷之。但以其錯誤或不知事情，非由表意人自己之過失者為限」民法88條第1項定有明文。是主張意思表示錯誤而撤銷者，須以該錯誤「非由表意人自己之過失者為限。」本件被上訴人自認系爭商品標價錯誤係源於價格設定人員於本應僅就系爭網站上Vostro1520型號之商品提供適用7,000元之線上折扣，卻誤將「AND」之選項設定為「OR」之選項，致所有商品包含爭商品在內，自98年6月25日21時17分至98年6月26日6時56分間均顯示折扣7,000元，系統並自動產生線上折扣價，造成線上商店發生錯誤標價之情事。是被上訴人就系爭商品標價自承係因其自己（或使用人）之錯誤所致，不論前開規定過失之認定係採「抽象輕過失」或「具體輕過失」，被上訴人至少欠缺與處理自己事務一般的注意義務，顯然有過失，依前開規定，被上訴人自不得撤銷其錯誤之意思表示。

（二）按消費者保護法第18條規定：「企業經營者為郵購買賣或訪問買賣時，應將其買賣之條件、出賣人之姓名、名稱、負責人、事務所或住居所告知買受之消費者。」是苟企業經營者除所定之商品或服務及其價金外，另有買賣之條件者，依該條之規定，應告知消費者，而所謂買賣之條件，如促銷優惠價商品之限時、限量搶購，消費者之資格等等，被上訴人另辯稱：上訴人等提交訂單過程所點選「同意」之銷售條款與條件規定，其中第2條關於「契約之成立」約定：「2.1契約於Dell接受客戶訂單後始為成立。客戶應保證其買受係僅為內部自用，而非基於再銷售之目的。」等語，可解釋為上揭網站係訂有買賣條件，其條件為：「客戶應保證其買受係僅為內部自用，而非基於再銷售之目的。」至於另所謂「接受客戶訂單」係何意指，究係指被告收到客戶訂單或被上訴人承諾客戶訂單，實難以該用辭而確認其真意？況被上訴人於上開條款亦未訂明何種情況被上訴人將接受訂單或不接受訂單，該內容既係每一位消費者提交訂單必須點選「同意」之銷售條款與條件，此定型化之約定條款自應為有利於消費者之解釋，而非任由企業經營者即被上訴人解釋或選擇契約成立與

否，於本件情形，倘購買者非基於再銷售之目的，於其提交訂單到達被上訴人時，應認該買賣契約即時成立。

　　三、系爭商品之買賣契約已經成立，上訴人請求被上訴人履行契約交付系爭商品，尚難認有何權利濫用或違反誠信原則按「權利之行使，不得違反公共利益，或以損害他人為主要目的。行使權利，履行義務，應依誠實及信用方法」，民法第148條定有明文。該條所稱「權利之行使」」查權利之行使，是否以損害他人為主要目的，應就權利人因權利行使所能取得之利益，與他人及國家社會因其權利行使所受之損失，比較衡量以定之。倘其權利之行使，自己所得利益極少而他人及國家社會所受之損失甚大者，非不得視為以損害他人為主要目的，此乃權利社會化之基本內涵所必然之解釋（參照最高法院71年台上字第737號判例）。查，上訴人購買之系爭商品僅為二台螢幕，即原價8,700元之Dell Ultrasharp 2009WFP之20吋寬螢幕液晶顯示器，線上折扣7,000元，「線上折後價」1,700元；及原價7,999元之Dell E2009W之20吋寬螢幕平面顯示器，線上折扣7,000元，「線上折後價」999元，對上訴人而言，履行系爭契約得到之折扣優惠共計14,000元，而被上訴人履行系爭商品之買賣契約亦僅須交付上開顯示器二台，其所失利益至多亦僅折扣之金額共計14,000元（尚未扣除依原價賣出時，被上訴人因該交易可獲得之利潤），是被上訴人辯稱如認本件買賣契約成立，被上訴人之損失將達數億元以上，顯有誤會，故上訴人請求被上訴人履行系爭買賣契約，尚難認係以損害被上訴人為主要目的，上訴人並無權利濫用或違反誠信原則之情事。至被上訴人因其網站商品標價錯誤如就訂購者之訂單全部履約是否將使被上訴人遭受數億元以上之損失，此與本件買賣契約之成立無涉，仍應視個別購買者之訂單具體情形而論，且被上訴人並非一定選擇依購買者之訂單履行，況被上訴人亦可透過保險或對錯誤標價應負責之人請求負責，以被上訴人為國際知名企業而論，不應為免除其契約上責任即認購買者有權利濫用或違反誠信原則之情事。

　　伍、綜上所述，本件被上訴人在其網站就系爭商品均已標示其型號、原價、線上折扣及折扣後價格，均屬已確定之內容，不論依新加坡法或我國民法，均屬要約，而非要約之引誘，上訴人等人依該網站刊登內容而予點選為自用而下單購買，已足認兩造就買賣之標的及價金互相意思表

示一致，系爭商品之買賣契約已成立。原審為上訴人敗訴之判決，尚有未洽，上訴意旨指摘原判決不當，求予廢棄改判，為有理由。爰由本院予以廢棄改判如主文第二項所示。

四、零售業等網路交易定型化契約應記載及不得記載事項

消保法第17條第1項規定：「中央主管機關為預防消費糾紛，保護消費者權益，促進定型化契約之公平化，得選擇特定行業，擬訂其定型化契約應記載或不得記載事項，報請行政院核定後公告之。」經濟部於2010年6月21日以經商字第09902412200號公告了「零售業等網路交易定型化契約應記載及不得記載事項」（自100.1.1生效）。本公告適用於經濟部主管之零售業等，透過網路方式對消費者進行交易所訂立之定型化契約。不包括非企業經營者透過網路所進行之交易活動。適用本公告事項之網路交易活動，已適用其他「應記載及不得記載事項」者，於網路交易定型化契約之範圍，仍不排除本公告之適用。

其內容如下：

（一）應記載事項

一、企業經營者資訊

企業經營者之名稱、負責人、電話、電子郵件信箱及營業所所在地地址。

二、定型化契約解釋原則

本契約條款如有疑義時，應為有利於消費者之解釋。

三、商品資訊

商品交易頁面呈現之商品名稱、價格、內容、規格、型號及其他相關資訊，為契約之一部分。

四、以電子文件為表示方法

交易雙方同意以電子文件作為表示方法。

五、確認機制

消費者依據企業經營者提供之確認商品數量及價格機制進行下單。

企業經營者對下單內容，除於下單後二工作日內附正當理由為拒絕

外，為接受下單。但消費者已付款者，視為契約成立。

六、商品訂購數量上限

企業經營者於必要時，得就特定商品訂定個別消費者每次訂購之數量上限。

消費者逾越企業經營者訂定之數量上限進行下單時，企業經營者僅依該數量上限出貨。

七、商品交付地及交付方式

企業經營者應提供商品交付之地點及方式供消費者選擇，並依消費者之擇定交付。

八、付款方式說明

企業經營者應提供付款方式之說明供消費者參閱。

企業經營者提供之付款方式如有小額信用貸款或其他債權債務關係產生時，企業經營者須主動向消費者告知及說明如債權債務主體、利息計算方式、是否另有信用保險或保證人之設定或涉入等資訊。

九、運費

企業經營者應記載寄送商品運費之計價及負擔方式；如未記載，視同運費由企業經營者負擔。

十、退貨及契約解除權

消費者得依消費者保護法第19條第1項行使相關權利。

十一、個人資料保護

企業經營者應遵守個人資料保護相關法令規定。

十二、帳號密碼被冒用之處理

企業經營者應於知悉消費者之帳號密碼被冒用時，立即暫停該帳號所生交易之處理及後續利用。

十三、系統安全

企業經營者應確保其與消費者交易之電腦系統具有符合一般可合理期待之安全性。

十四、消費爭議處理

企業經營者應就消費爭議說明採用之申訴及爭議處理機制、程序及相關聯絡資訊。

（二）不得記載事項

一、個人資料行使之權利

不得記載消費者預先拋棄或限制下列個人資料權利之行使：

（一）查詢及請求閱覽。

（二）請求製給複製本。

（三）請求補充或更正。

（四）請求停止蒐集、處理或利用。

（五）請求刪除。

二、目的外之個人資料利用

不得記載消費者個人資料得為契約目的必要範圍外之利用。

三、單方契約變更之禁止

不得記載企業經營者得片面變更商品之規格、原產地與配件，及消費者不得異議之條款。不得記載企業經營者得單方變更契約內容。

四、終止契約及賠償責任免除

不得記載企業經營者得任意終止或解除契約。

不得預先免除企業經營者終止或解除契約時所應負之賠償責任。

五、消費者之契約解除或終止權

不得記載消費者放棄或限制依法享有之契約解除權或終止權。

六、廣告

不得記載廣告僅供參考。

七、證據排除

不得記載如有糾紛，限以企業經營者所保存之電子交易資料作為認定相關事實之依據。

八、管轄法院

不得記載排除消費者保護法第47條或民事訴訟法第436條之9小額訴訟管轄法院之適用。

第二節　電子簽章法

一、緣起

在網路環境中，資料的傳輸均必須以電子形式為之，然因電子文件竄改容易、無法以固定形式存在，以及必須藉助一定工具方得呈現的特性，使得在法令規定某項行為必須以書面為之方生一定效力時，得否以電子文件作成該項行為以滿足法定要式之要求，便生問題。此外，傳統實體簽名或蓋章之功能，乃在辨識簽章人之身分，並表示簽章人對文件內容之同意以防止事後否認。然而在網路環境中，雖仍得於電子文件上以電子方式簽章，然該簽章應以何種技術作成，方能與實體簽章之功能相當，亦生疑義。

因此，隨著電子商務與電子服務的普及發展，如何在一定要件下承認電子文件、電子簽章之法律效力，並建立安全及可信賴的線上身分認證機制，確保資訊在網路傳輸及儲存過程中之安全性與完整性，來保障使用者的權益，是電子化應用能否普及的關鍵。為因應全面發展電子商務及其他電子化應用之需要，近年來許多國家紛紛制定電子簽章法或電子交易法，來規範電子文件、電子簽章效力，以解決因法令規定中對書面、簽章之要式要求，所造成電子化環境應用上的障礙。

我國已於2002年4月1日施行「電子簽章法」，其中明訂電子文件及電子簽章法律效力，並規範憑證機構（Certification Authority, CA）管理機制，以建立法律制度，使電子交易在保護使用者權益的前提下普及應用，並使電子認證體系得以妥善運行。

我國電子簽章法的規範重點大抵如下：

1. 以作為國內推動電子商務發展以及電子化政府之法源依據為立法目的。
2. 主管機關為經濟部。
3. 對於電子文件之使用賦予法律效力，並為落實「契約自由原則」及「當事人自治原則」之立法精神，規定相對人須明瞭同意使用電子文件、電子簽章之事實，以維大眾之權益。

4. 排除電子文件、電子簽章於「書面、簽名蓋章」等法定要式行為之適用障礙，規定於特定條件下，電子文件、電子簽章得滿足法令關於書面、簽章要式之要求。

5. 要求憑證機構應依主管機關制定之憑證實務作業基準應載明事項，製作憑證實務作業基準送主管機關核定並對外公布，並規範憑證機構終止服務程序，以保障消費者權益。

6. 制定平等互惠原則之國際交互承認條文，以因應電子商務國際化環境之發展，並促進我國與國際之接軌。

7. 為保障消費者權益，及因應電子簽章新興技術，對於認證服務所致當事人損害，訂明憑證機構所應負之損害賠償責任。

8. 依法律之規定須提出原本、正本或須以書面保存者，得以依特定條件製作之電子文件代之；以及建立電子通信及交易之收發文時間及地點之推定基準。

二、立法原則

謹將本法重要立法原則略述如下：

（一）技術中立原則

任何可確保資料在傳輸或儲存過程中之完整性及鑑別使用者身分之技術，皆可用來製作電子簽章，並不以「非對稱型」加密技術為基礎之「數位簽章」為限，以免阻礙其他技術之應用發展。本法爰採聯合國及歐盟等國際組織倡議的「電子簽章」（electronic signature）為立法基礎，而不以「數位簽章」（digital signature）為限，以因應今後諸如生物科技等電子鑑別技術之創新發展。利用任何電子技術製作之電子簽章及電子文件，只要功能與書面文件及簽名、蓋章相當，皆可使用。

（二）契約自由原則

對於民間之電子交易行為，宜在契約自由原則下，由交易雙方當事人自行約定採行何種適當之安全技術、程序及方法作成之電子簽章或電子文

件，作為雙方共同信賴及遵守之依據，並作為事後相關法律責任之基礎；是以，不宜以政府公權力介入交易雙方之契約原則；交易雙方應可自行約定共同信守之技術作成電子簽章或電子文件。另憑證機構與其使用者之間，亦可以契約方式規範雙方之權利及義務。

（三）市場導向原則

政府對於憑證機構之管理及電子認證市場之發展，宜以最低必要之規範為限。今後電子認證機制之建立及電子認證市場之發展，宜由民間主導發展各項電子交易所需之電子認證服務及相關標準。

三、具體內容

（一）電子文件

電子文件的定義，根據電子簽章法第2條第1款規定：「指文字、聲音、圖片、影像、符號或其他資料，以電子或其他以人之知覺無法直接認識之方式，所製成足以表示其用意之紀錄，而供電子處理之用者。」

（二）法令規定須以書面作成之契約

第4條規定：「經相對人同意者，得以電子文件為表示方法。

依法令規定應以書面為之者，如其內容可完整呈現，並可於日後取出供查驗者，經相對人同意，得以電子文件為之。

前二項規定得依法令或行政機關之公告，排除其適用或就其應用技術與程序另為規定。但就應用技術與程序所為之規定，應公平、合理，並不得為無正當理由之差別待遇。」

一般契約並不需要用書面，但若法律規定須以書面為之的契約，若經相對人同意、其內容可完整呈現，則可以電子文件為之。但常見的按鈕包裹契約是否符合第4條的定義，尚有疑慮。因為網路契約是否可以完整呈現，並可於日後取出供查驗？目前各種網站的契約實際上似乎日後不方便讓消費者取出。

（三）法律規定須提出文書原本或正本

第5條規定：「依法令規定應提出文書原本或正本者，如文書係以電子文件形式作成，其內容可完整呈現，並可於日後取出供查驗者，得以電子文件為之。但應核對筆跡、印跡或其他為辨識文書真偽之必要或法令另有規定者，不在此限。

前項所稱內容可完整呈現，不含以電子方式發送、收受、儲存及顯示作業附加之資料訊息。」

根據本條規定，法律要求必須提出文書原本或正本者，例如在法庭中提出的書證，應該也可以用電子文件形式提出。當然，其在法庭上的證據力，仍然交給法官自由心證。

（四）法律規定須以書面保存者

第6條規定：「文書依法令之規定應以書面保存者，如其內容可完整呈現，並可於日後取出供查驗者，得以電子文件為之。

前項電子文件以其發文地、收文地、日期與驗證、鑑別電子文件內容真偽之資料訊息，得併同其主要內容保存者為限。

第一項規定得依法令或行政機關之公告，排除其適用或就其應用技術與程序另為規定。但就應用技術與程序所為之規定，應公平、合理，並不得為無正當理由之差別待遇。」

帳本可否用電子作帳，而不印出書面？根據此條，法律規定必須以書面保存帳冊，只要能於日後取出供查驗，也可以用電子形式作成保存。

（五）排除適用

第4條和第6條都規定主管機關可以公告排除適用。例如，根據目前主管機關的規定，除了一般保單可以採用電子文件之外，其餘保險法中所要求的書面，大多都排除適用。而消費者保護法大多也排除適用。

（六）電子簽章

第9條規定：「依法令規定應簽名或蓋章者，經相對人同意，得以電子簽章為之。

前項規定得依法令或行政機關之公告,排除其適用或就其應用技術與程序另為規定。但就應用技術與程序所為之規定,應公平、合理,並不得為無正當理由之差別待遇。」

何謂電子簽章?與數位簽章差別何在?

第2條第2、3款規定:「電子簽章:指依附於電子文件並與其相關連,用以辨識及確認電子文件簽署人身分、資格及電子文件真偽者。

數位簽章:指將電子文件以數學演算法或其他方式運算為一定長度之數位資料,以簽署人之私密金鑰對其加密,形成電子簽章,並得以公開金鑰加以驗證者。」

為了解決交易安全及線上身分辨識問題,而運用各種電子認證技術,這些技術均以「電子形式」存在,依附在電子文件並與其邏輯相關,而用以辨識簽署者身分,及表示簽署者同意內容,這些技術均屬「電子簽章」技術的範疇。而實務上電子簽章技術,則以「數位簽章」(digital signature)屬最早發展且成熟度高,其運作原理係以利用「非對稱密碼系統」(asymmetric cryptosystem)加密技術為應用,而有別於其他電子簽章技術。簡言之,數位簽章係屬電子簽章技術之一種。

由於可資應用之電子簽章技術種類非只有數位簽章,例如各種生物辨識技術(biometric authentication technologies)漸趨成熟,許多業者開發出如人類生理外貌辨識、指紋辨識、瞳孔虹膜辨識、聲紋辨識、DNA比對辨識等,同樣提供線上身分辨識之功能,這些都是廣義的電子簽章。

正因為存有眾多電子簽章技術可供應用解決,國際主要立法趨勢現均以制定「電子簽章法」以求能全面涵蓋,而非單單制定「數位簽章法」。聯合國國際貿易法委員會(UNCITRAL)所提出之「電子簽章統一規則草案」(Draft Uniform Rules on Electronic Signature),明白宣示科技中立(technology neutrality)原則:所謂「科技中立」原則係指在制定法律原則方向須具有前瞻性,不可獨厚特定技術,在立法上不能對技術發展造成限制或偏袒效果。倘若僅將數位簽章制定法律規範,將造成日後其他電子簽章技術無法適用。我國電子簽章法之制定,參酌國際立法潮流,並保留日後其他電子簽章技術得以納入的彈性,因此採取較廣之定義範圍,而制定電子簽章法。

（七）憑證機構的角色

第10條規定：「以數位簽章簽署電子文件者，應符合下列各款規定，始生前條第一項之效力：

一、使用經第十一條核定或第十五條許可之憑證機構依法簽發之憑證。

二、憑證尚屬有效並未逾使用範圍。」

自己發的E-mail中的簽章就算是數位簽章嗎？必須由憑證機構發給的才算。

以下就數位簽章其運作程序及原理簡單解釋之（可參考圖17-1圖解說明）。

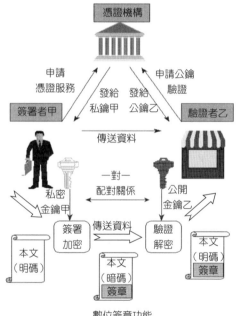

圖17-1　電子簽章運作圖[4]

4　經濟部商業司，http://c.yam.com/srh/wsh/r.c?http://www.moea.gov.tw/～meco/doc/ndoc/s5_p05.htm。

　　數位簽章核心者有二：一為私密金鑰（private key，簡稱私鑰），此為簽署者獨有；另一為公開金鑰（public key，簡稱公鑰），此交由驗證者持以驗證收文。假設某消費者（簽署者甲）完成電子郵件，傳送給電子店家（驗證者乙）下訂單，其運作原理為利用「非對稱密碼系統」（asymmetric cryptosystem）中之私鑰，由甲對郵件以私鑰予以加密，將本文轉換為亂碼呈現，並產生一數位簽章附於信末，之後傳送給乙。乙收到後先取得與甲私鑰一對一相對應性之公鑰，利用此公鑰加以驗證該數位簽名，並解密呈現原來本文，倘若順利無誤，乙便可證明此信確實由甲發出，因為技術理論上，唯有私鑰擁有者甲始能發出這樣的簽章，甲無法對乙否認此一事實，如此便得以解決線上身分辨識問題。

（八）責任歸屬

　　倘若因為憑證機構的疏失造成使用電子簽章者的損害，可向憑證機構請求賠償。第14條規定：「憑證機構對因其經營或提供認證服務之相關作業程序，致當事人受有損害，或致善意第三人因信賴該憑證而受有損害者，應負賠償責任。但能證明其行為無過失者，不在此限。

　　憑證機構就憑證之使用範圍設有明確限制時，對逾越該使用範圍所生之損害，不負賠償責任。」

第十八章　網路購物與拍賣

　　電子商務發達後，最常發生的消費者糾紛就是網路購物。本章先討論消費者保護法中對網路購物的一些保障，尤其是購物之後不滿意是否能夠退貨的問題。進而，再討論現下流行網路拍賣的法律問題。網路拍賣中，除了適用民法關於拍賣的規定外，若有詐欺，一樣會適用刑法關於詐欺的規定。最後，當拍賣網站會員間因拍賣發生糾紛，拍賣網站是否要負責任，本章也整理實務上的相關契約內容。

第一節　網路購物

　　網路購物乃前章提及的網路契約之一種下位型態，而且是網路契約的大宗，亦是現今所引發網路問題的源頭，例如消費者在填寫訂單時，所發送的個人資料若被不肖業者或因網路本身風險而使之外洩，則侵害了消費者的隱私權。又更常見的乃是網路犯罪的問題，即因消費者或是賣家詐欺或虛設電子商店廣告售物實則販賣色情物品、毒品、槍砲彈藥刀械等法律禁止交易的物品。這些問題都導因於網路購物法律關係而生的，雖然網路購物有如此多的問題，但並不因此阻礙網路購物的發展，相反的網路購物更加廣泛被運用，且多數為人所接受。

　　以網際網路做購物、買賣行為，有其便利性、無遠弗屆、不受時空限制，並且因網路的互動、即時、海量的特性，更能提供消費者貨比三家的機會，對業者而言則減低產品包裝、倉庫租賃等經營成本，因此不論對買家及賣家都有極大的吸引力，又不會和傳統購物相衝突，兩者乃相輔相成，擴大了消費的民主性。既然網路購物此股熱潮無法抵擋，對於它所引發的問題則須面對解決，而建立一個健全的網路購物世界，除了社會面、科技面外，面對一些急迫性及制度性的問題，應先由法律面著手，以下就網路購物的性質及相關問題和法律適用等一一說明之。

第二節　網路購物可否退貨

　　網路購物因為消費者所收到的商品訊息並非實體的，所以在交易完成後，收到實際貨品時，若發生不相符或有瑕疵時該如何處理，可否依消費者保護法第19條規定無條件退貨，此問題乃涉及網路購物於法律上可否將之界定為消費者保護法第19條的郵購買賣，故要探討可否退貨，首先必須對於網路購物之性質界定之。以下則先就郵購買賣的意義加以討論。

一、何謂通訊交易？

　　依消保法第2條第10款所稱之通訊交易，以前稱為「郵購買賣」，係指企業經營者以廣播、電視、電話、傳真、型錄、報紙、雜誌、網際網路、傳單或其他類似之方法，消費者於未能檢視商品或服務下而與企業經營者所訂立之契約。其此條款乃以消費者是否有在締約前檢視商品為區別標準。若消費者在買賣契約成立前已先看過商品並同意企業經營者以郵寄方式寄送才訂立契約者，不為消保法所稱之「通訊交易」。反之，若消費者在締約前未檢視商品並同意企業經營者以郵寄或其他遞送方式送交者，就屬於「通訊交易」[1]。

二、消費者保護法第19條

　　消費者保護法第19條第1、3、4項規定：「通訊交易或訪問交易之消費者，得於收受商品或接受服務後七日內，以退回商品或書面通知方式解除契約，無須說明理由及負擔任何費用或對價。但通訊交易有合理例外情事者，不在此限。（第1項）……企業經營者於消費者收受商品或接受服務時，未依前條第一項第三款規定提供消費者解除契約相關資訊者，第一項七日期間自提供之次日起算。但自第一項七日期間起算，已逾四個月者，解除權消滅。（第3項）消費者於第一項及第三項所定期間內，已交運商品或發出書面者，契約視為解除。（第4項）」是故，進行網路購

1　謝穎青、姜炳俊、馮震宇、姜志俊合著《消費者保護法解讀》，頁125-126，元照。

物的消費者，擁有消費者保護法第19條第1項於七日內解除買賣契約之權利。

又施行細則第18條，消費者於收受商品前，亦得依本法第19條第1項規定，以書面通知企業經營者解除契約。第19條規定，消費者以書面通知或退回商品解除契約者，其書面通知之發出或商品之交運，應於本法第19條第1項所訂之七日內為之。

三、民法第259條

「契約解除時，當事人雙方回復原狀之義務，除法律另有規定或契約另有訂定外，依左列之規定：

一、由他方所受領之給付物，應返還之。

二、受領之給付為金錢者，應附加自受領時起之利息償還之。

三、受領之給付為勞務或為物之使用者，應照受領時之價額，以金錢償還之。

四、受領之給付物生有孳息者，應返還之。

五、就返還之物，已支出必要或有益之費用，得於他方受返還時所得利益之限度內，請求其返還。

六、應返還之物有毀損、滅失或因其他事由，致不能返還者，應償還其價額。」其此條款乃為規定其契約解除時，買、賣方之當事人負有回復原狀之義務，除非法律另有規定或契約另有訂定外，其餘皆負回復原狀之義務。

契約一經解除，該契約關係就會溯及既往地失其效力。換言之，當事人間的關係就如同從來沒有訂立過契約一般，於是，雙方當事人必須將所有已經發生的法律事實，回復至契約締結前狀態，此即民法第259條所規範之「回復原狀義務」，這也是契約經解除後所發生的最主要法律效果。其契約雙方當事人所負的回復原狀義務，原則上就是將當初自他方當事人受領的給付，以「原物」加以返還。倘若當事人因故無法以原物返還，則

應該「以金錢償還之」，或者「償還其價額」[2]。

　　消基會之見解：依消費者保護法第19條第1項規定：「通訊交易或訪問交易之消費者，得於收受商品或接受服務後七日內，以退回商品或書面通知方式解除契約，無須說明理由及負擔任何費用或對價。」且消費者保護法施行細則第17條有明文記載：「消費者因檢查之必要或因不可歸責於自己之事由，致其收受之商品有毀損、滅失或變更者，本法第十九條第一項規定之解除權不消滅。」意即甲於「合理檢視範圍」和「鑑賞期內」，可不具任何理由、負擔任何費用，要求公司退貨並全額還款。並且不論商品毀損是否真為消費者所為，消費者於鑑賞期內仍可依消保法規定之免除負擔任何費用。

　　事實上，在一般消費買賣行為下，消費者於收受買賣商品後，依民法第356條規定，有從速檢查通知義務。意謂買受人發現受領物有瑕疵，應即通知出賣人，若買受人怠於通知，視為承認其所受領之物[3]。

四、網路購物一律可退貨規定是否合理

　　通訊交易的七日內無條件解約，是否所有的商品或服務都適用？在臺灣一直有爭議。

（一）小額商品

　　PChome等網站上規定，某些低價商品一經拆封，概不退貨，這樣的規定，是否有違反消費者保護法無條件退貨的規定？

　　台灣學者對此議題大概可分為兩說：一說認為任何商品都可以無條件退貨。另一說則認為，小額商品，應該不可無條件退貨。例如，王傳芬之見解：我國消費者保護法對消費者保護十分周全，但對於其得退貨商品之標的，卻有主張應加以限縮。故宜對我國郵購買賣（通訊交易）標的加以限縮，只限於消費者以郵購買賣方式非通常能接觸到的物品、服務、權

2　李淑明《債法總論》，元照，頁320-321。

3　中華民國消費者文教基金會，心情故事，http://www.consumers.org.tw/unit261.aspx?id=306。

利，或限於對一般人無交易經驗之商品為佳。在立法方式上，可採日本的指定商品或負面表列之方式，或者將小額買賣排除猶豫期間之適用，以防止消費者濫用猶豫期間。亦有認為應參考歐盟上開指令第6條將依其本質無法退貨（執行退貨有事實上的困難）之商品排除適用。故網路交易，不論是實體商品（如雜誌、書籍、軟體光碟、CD、錄影帶、鮮花等商品）或者數位化商品（將數位化商品之下載後解釋為已經消費者拆封）皆應排除適用[4]。

（二）排除解除權之合理例外情事

　　新修正的消費者保護法第19條第1項但書：「但通訊交易有合理例外情事者，不在此限。」第2項規定：「前項但書合理例外情事，由行政院定之。」亦即，為了解決確實有部分商品或服務，不應適用七日內無條件解約的規定，而決定以另行訂定例外的方式，排除適用。

　　行政院因而訂定「通訊交易解除權合理例外情事適用準則」，明確列出不予適用的商品，其第2條規定：「本法第十九條第一項但書所稱合理例外情事，指通訊交易之商品或服務有下列情形之一，並經企業經營者告知消費者，將排除本法第十九條第一項解除權之適用：

　　一、易於腐敗、保存期限較短或解約時即將逾期。

　　二、依消費者要求所為之客製化給付。

　　三、報紙、期刊或雜誌。

　　四、經消費者拆封之影音商品或電腦軟體。

　　五、非以有形媒介提供之數位內容或一經提供即為完成之線上服務，經消費者事先同意始提供。

　　六、已拆封之個人衛生用品。

　　七、國際航空客運服務。」

（三）數位商品

　　數位商品是否為一種買賣呢？其實在法律上，我們將數位商品的交

4　王傳芬《網路交易法律錦囊》，頁187，元照。

易當做是一種「授權」，亦即授予在一定條件下使用的權利。故若解除契約，則即喪失使用權，此時應該沒有退貨的可能，只能依照授權條件將原本的數位商品刪除。

　　不過，一般數位商品在使用前，都會給予使用者一定的試用期，若有試用期，則不符合消費者保護法「未經檢視」的條件，應該不得主張消費者保護法的無條件解除契約。

　　對於數位商品究竟要不要提供無條件解約權，歐盟對消費者雖提供退貨權利，但以負面表列方式將軟體等商品、服務排除在外；而日本原則上規範消費者無退貨權利，惟例外列舉可以退貨商品之種類項目。

　　前述的「通訊交易解除權合理例外情事適用準則」第2條中列出的第5款：「非以有形媒介提供之數位內容或一經提供即為完成之線上服務，經消費者事先同意始提供。」其理由為：「第五款非以有形媒介提供之數位內容（例如：電子書等）或一經提供即為完成之線上服務（例如：線上掃毒、轉帳或匯兌等），此種類型契約如係經消費者事先同意而開始提供，因其完成下載或服務經即時提供後即已履行完畢，性質上不易返還，故規定為合理例外情事。」

 案例：Google APP軟體是否適用消保法？

　　Google在2008年推出智慧型手機的Android作業系統，也在2009年2月，推出Android Market線上應用程式商店（稱為Google Android Market，現改名為Google Play），用戶可在該平台網頁尋找、購買、下載及評級使用智慧型手機應用程式及其他內容。消費者可上此市場選購想要的軟體，但此市場不提供付費軟體7日無條件退貨，僅提供在下載軟體後15分鐘內退款。因為Google認為消費者在下載軟體後馬上可以試玩，如果試玩不滿意，就應該在15分鐘內退款。

　　但台北市政府認為，網路購物也屬於郵購買賣，若消費者是付費購買Android Market上的軟體，根據消費者保護法第19條，Google仍應提供7日的解約權。因此，台北市政府根據消費者保護法第33條：「直轄市或縣（市）政府認為企業經營者提供之商品或服務有損害消費者生

命、身體、健康或財產之虞者，應即進行調查。於調查完成後，得公
開其經過及結果。」對Google Android Market進行調查，調查後，又根
據消費者保護法第36條：「直轄市或縣（市）政府對於企業經營者提
供之商品或服務，經第三十三條之調查，認為確有損害消費者生命、
身體、健康或財產，或確有損害之虞者，應命其限期改善、回收或銷
燬，必要時並得命企業經營者立即停止該商品之設計、生產、製造、
加工、輸入、經銷或服務之提供，或採取其他必要措施。」要求Google
Android Market限期改善（100年6月7日）。但Google不願意改善，決定
於100年6月26日退出台灣市場，將所有Android Market上的付費軟體全
部下架，只剩下免費軟體。但台北市政府認為Android Market仍沒有對
過去已下載的消費者權益做出讓步與改善，故於6月27日，根據消保法
第58條：「企業經營者違反主管機關依第三十六條或第三十八條規定
所為之命令者，處新臺幣六萬元以上一百五十萬元以下罰鍰，並得按次
處罰。」對Google開罰100萬。Google對此處分不服，向經濟部提出訴
願，但遭經濟部訴願會駁回（101年1月30日）[5]。請參考下面經濟部訴
願書。

經濟部訴願會經訴字第10106100730號訴願決定書（2012/1/30）

訴願人：美商科高國際有限公司台灣分公司等

案由：訴願人因違反消費者保護法事件，不服原處分機關台北市政府
100年6月27日府法保字第10032131300號裁處書所為之處分，提起訴願，
本部決定如下：

主文：訴願駁回。

事實：

緣台北市政府因處理台北市消費者利用智慧型手機付費購買下載數
位軟體產品交易之消費爭議時，發現訴願人參與Google Inc.管理經營之
Android Market網站之交易契約條款及提供之交易機制，限制消費者行使

5　經濟部訴願會經訴字第10106100730號（2012/1/30）。

消費者保護法（下稱消保法）所定郵購買賣契約解約權，有損害消費者財產之虞，乃依消保法第33條規定進行調查，調查結果確認Android Market網站為Google Inc.管理經營，訴願人有共同參與該網站之交易契約條款及提供之交易解約退款機制，有違消保法第19條第1項、第2項、同法施行細則第16條、第17條及台北市消費者保護自治條例第9條規定，爰依消保法第36條規定，以100年6月7日府法保字第10031810900號函限訴願人於函到次日起15日內依消保法第19條第1項及第2項規定修改相關服務條款及建立退款機制，並將處理結果函報該府法規會備查，訴願人如未依上開期限改善，該府將依消保法第58條規定處罰。該函業於同年月8日送達，惟訴願人並未於最後改善期限前即同年月23日改善辦理完成，僅於該日向台北市政府函稱礙難辦理，嗣經雙方於次（24）日聯繫，該府同意訴願人至遲應於同年月27日前改善，旋訴願人於同年月26日停止Android Market台灣用戶使用付費下載數位軟體程式服務，並於次（27）日向該府表示難以修改相關服務條款，該府乃以100年6月27日府法保字第10032131300號裁處書處訴願人新臺幣100萬元罰鍰，並再限期於同年7月1日前提出改善計畫。訴願人不服該府100年6月27日府法保字第10032131300號裁處書，提起本件訴願，並據原處分機關檢卷答辯到部。本部為釐清事實，依訴願法第65條規定，通知訴願人及原處分機關派員於101年1月9日到部進行言詞辯論。

　　理由：

　　（略）

　　五、本部查：

　　（一）訴願人參與Android Market網站之經營管理而為處分之對象：(1)根據Google集團網站所揭示之全球辦公據點，在我國為「台北市信義區信義路5段7號73樓；電話：886-2-8729-6000」，而以訴願人公司外文名稱「Google」於本部公司登記資料查詢所得，僅訴願人1家公司，其公司所在地為台北市信義區信義路五段7號73樓之1，此外別無其他公司以「Google」做為公司之外文名稱申准登記，雖兩者之地址分別為「73樓」與「73樓之1」，惟依Google集團網站所揭示在我國辦公據點之聯絡電話與訴願人之聯絡電話均為「8729-6000」，顯見Google集團網站所揭

示在我國之辦公據點即為訴願人，足見訴願人係代表Google Inc.於我國辦理業務。(2)又依據訴願人公司經常招募Android Market網站之網路管理工程師、軟體工程師網路技術主管等資訊，包含Android Market Content Tools Engineer、Android Market Content Review Specialist等，工作內容包括：創建Android Market系統及管理工具、分析產品使用方式、支援並解決Android Market網站運作問題、作業自動化及防止濫用、接觸軟體開發商、結合Android Market網站與Google最新濫用防制措施、維護Android Market網站使用者安全等，是訴願人確有招募Android Market網站相關員工，且於我國境內負責推動Google Inc. Android Market網站之業務。(3)綜上，衡酌訴願人為Google集團成員，且為Google集團全球服務在我國指定之據點，而訴願人亦以自己名義招募相關人員直接參與Android Market網站之系統管理、維護等工作，堪認訴願人與Google Inc.有共同參與Android Market網站之管理經營，兩者為共同行為人，如有違法行政法上議務之行為者，依行政罰法第14條規定，自得以之為處罰對象。

　　(二)Android Market網站非單純網路交易平台，以及訴願人為消保法規定之「企業經營者」：(1)按首揭消保法第2條第2款明定，企業經營者，指以設計、生產、製造、輸入、經銷商品或提供服務為營業者而言。而首揭消保法第36條規定所稱之「商品或服務」，係指作為交易標的之客體。所謂「商品」，指交易客體之不動產或動產，包括最終產品、半成品、原料或零組件；所謂「服務」，則指該當為給付標的之作為或不作為，例如運輸、旅遊、飲食、教育等服務業者所提供之技術或勞務等。惟觀諸交易實情，每一交易之客體，往往難以單純定位為商品或服務，而將之截然兩分。本件訴願人與Google Inc.共同提供網路購買平台，就買賣標的物本身而言，固屬消保法第36條所稱之商品，惟消費者購買該商品，而接觸使用之相關勞務、活動、契約條款、網路環境等，亦均屬業者附隨於該商品而提供之服務，自屬消保法第36條規定之範疇。是訴願人自屬消保法第2條所稱之企業經營者。(2)又消保會92年3月25日消保法字第0920000393號函釋指出「……若企業經營者提供網路交易時，以合理方式使消費者有機會於適當時間內得以檢視該等數位化商品者，才可認為其交易非屬本法所稱之郵購買賣。」已肯認公司經營網站提供網路交易數

位化商品，其地位符合消保法企業經營者。(3)況Android Market網站亦非如訴願人所稱僅為單純提供服務之網路交易平台。首先，程式開發者於Android Market販售軟體，需依據Google擬定之軟體開發工具（Software Development Kit）撰寫，始能於Android Market網站販售，且該程式亦僅能於Android Market頁面使用。Android Market網站對程式開發者收取所販售應用程式售價30%之手續費。而消費者於網站購買、下載數位軟體所支付之價款，會由消費者之信用卡發卡銀行先付款至Google之金融帳戶，再由Google付款予程式開發者。此外，依「Android Market開發商經銷合約」3.4規定，Google與程式開發者約定，對於無法先行檢視之數位軟體，在消費者下載軟體後之48小時內請求退款時，享有全額退費之決定權；又依上開合約3.5規定，若下載之數位軟體有爭議，對於10美金以下之數位軟體，除交易平台會向程式開發者收取手續費之外，Google會直接退款。因此，Android Market網站屬企業經營者，以營利為目的，經營商業網站提供付費軟體下載，並直接對消費者收費，而Google對於自己與程式開發者或消費者間之權利義務關係，均透過定型化契約掌有實質影響權限，因此，原處分機關認Google Inc.（Android Market網站之經營管理者）屬消保法所稱之企業經營者，而訴願人有參與Android Market網站之經營管理，亦屬消保法所稱之企業經營者，並無不合。

（三）消費者自Android Market網站付費下載電腦軟體之行為屬「郵購買賣」，並符合消保法郵購買賣規定之「使消費者未能檢視商品」要件：(1)首揭消保法第2條第10款於92年1月22日總統華總一義字第09200007610號令修正公布時業已將經由「網際網路」交易列為「郵購買賣」之一種方式，本件係消費者付費自網站將數位軟體下載之交易行為，自屬郵購買賣之一種。(2)又Android Market網站刊載程式開發者提供之付費數位軟體時，已標示商品名稱與大致功能或說明，且其標示之售價亦已確定，依台灣台北地方法院99年度消簡上字第1號判決意旨，應認其已符合「要約」之要件，自應受要約之拘束；而消費者為購買之表示，尚須提供自己信用卡資訊，方能進入交易程序，且當消費者下載完成後，Android Market網站並不會如同實體商品有庫存不足、不及運送等問題，如消費者未有主動「退款」動作，Android Market網站將於短時間內取得

消費者信用卡銀行之確定付款，符合前揭判決意旨所述「買賣契約成立後，買受人始有給付買賣價金之義務」。是以，消費者在Android Market網站提供信用卡等相關資訊，並完成數位軟體下載行為後，買賣契約業已成立。(3)承前所述，消費者在買賣契約已成立後始能完整檢視數位商品，核與消保法第2條第10款所規定之「使消費者未能檢視商品」相符，自有消保法郵購買賣規定之適用。

（四）另本件原處分理由欄二記載：「經查Android Market網站資料，其『網站Android Market之服務條款』未提供消費者解約退款機制，另同網站『說明文章/Android Apps/退款應用程式則標註『退款政策：您透過Android Market下載應用程式後，可以在15分鐘內退購並獲得全額退費。每個應用程式只能退購一次，因此，如果您之後又購買相同的應用程式，將無法再度退購。』、『如何退購應用程式：……可以退購的應用程式旁邊會有『解除安裝並退款』按鈕。請注意，超過15分鐘的期限之後，就無法退購。只要超過15分鐘，選取『解除安裝』按鈕只會移除裝置中的應用程式。』、『無果您在購買應用程式15分鐘之後，對該應用程式不滿意，我們建議您直接聯絡開發人員。』上開條款業已限制消費者行使郵購買賣解約權，明確違反消保法第19條第1項、第2項、第19-1條、同法施行細則第16條、第17條及台北市消費者保護自治條例第9條等規定……」，足使訴願人知悉原處分理由及法律依據，原處分機關據此為作成本件處分，難謂有違行政程序法第96條之規定。

（五）訴願人一再爭執已依原處分機關100年6月7日函盡改善義務，原處分機關作成本件處分前未充分調查事實及證據。而查，Android Market網站揭示「Android Market服務條款」，經原處分機關使用智慧型手機自Android Market下載數位軟體15分鐘後，即無法「退購」、「獲得全額退費」，印證Android Market服務條款與實際交易情形相符，確實未符消保法關於郵購買賣及7天猶豫期間之規定。原處分機關以100年6月7日函限期訴願人為一定之作為義務（修改Android Market網站相關服務條款及建立退款機制），訴願人雖於同年月26日暫時停止Android Market台灣用戶使用付費下載數位軟體程式服務，惟訴願人仍未修改Android Market網站相關服務條款及建立退款機制，致其暫停服務前，已付費交易之消

費者，依然無法行使消保法郵購買賣規定所賦予之7日猶豫期間之相關權利，難謂訴願人已為特定之作為義務而盡改善義務，是原處分機關作成本件處分前，已依消保法第33條規定充分調查事實與證據，於法自無不合。

（六）未按「台北市政府處理違反消費者保護法及台北市消費者保護自治條例事件統一裁罰基準」第2點第5項規定「違反消費者保護法事件統一裁罰基準：……五、企業經營者提供之商品或服務，經執行機關調查結果，認為確有損害消費者生命、身體、健康、財產之虞，經命限期改善、回收或銷毀，或命令立即停止該商品之設計、生產、製造、加工、輸入、經銷或服務之提供，或命令採取其他必要措施，未依命令作為者。逕予處罰，並得連續處罰。一、第1次：30萬元。二、第2次：60萬元。三、第3次以上：120萬元以上。」準此，本件訴願人第1次未依命令限期改善之行為，原處分機關原應處以30萬元罰鍰。惟同裁罰基準第4點規定「對個別案件有特殊狀況者，於考量違規情節是否嚴重、行為人之故意過失、不法得利之多寡、受處罰者之資力及企業經營者之改善情形，得於法定罰鍰額度內，按裁罰基準酌量減輕或加重處罰，但應敘明其減輕或加重之理由；其違反臺北市消費者保護自治條例規定，情節極為輕微者，得免予處罰，但應敘明理由。」而查：(1)本件原處分機關考量全球使用人自Android Market網站下載數位軟體已達30億次（至2011年5月止）；訴願人在我國境內資力充裕（營運資金達新台幣2,124,723,765元）；市場交易頻繁；經展期仍拒不修改相關服務條款及建立退款機制等情，甚至採行退出臺灣消費市場之規避手段，嚴重侵害我國消費者使用智慧型手機付費下載數位軟體權利，又依據訴願人自行公布之調查報告，Android作業系統在臺灣市占率為32%，優於蘋果公司iOS市占率之25%，且平均每位用戶使用25個數位軟體，其中8個是付費程式，消費比例與各國相當，可知3成消費者之退費權有受侵害之虞。故原處分機關依前揭規定，於罰鍰額度內加重處罰，其裁量並無不當。(2)又本件原處分雖未記載加重處罰之理由，然原處分機關於訴願答辯書已詳細論明其考量情節同時副知訴願人，並無礙於訴願人攻擊防禦權之行使。(3)從而，原處分機關所為罰鍰100萬元之處分，並無不合亦無不當。

（七）綜上所述，訴願人暫時停止Android Market臺灣用戶使用付費

下載數位軟體程式服務，非屬原處分機關要求修改相關服務條款及建立退款機制之作為義務，未盡改善義務，違反消保法第36條規定限期改善情形，且原處分機關依職權所為加重之裁罰，並無違誤，是原處分機關爰依同法第36條及第58條規定，以100年6月27日府法保字第10032131300號裁處書處訴願人新臺幣100萬元罰鍰，並再限期於100年7月1日前提出改善計畫之處分，洵無不合，應予維持。

　　據上論結，本件訴願為無理由，爰依訴願法第79條第1項之規定決定如主文。

第三節　網路拍賣

　　隨著電子商務的勃興，個人電子商務已經廣泛的進入人們日常生活，網路拍賣成為了個人電子商務的首要代表，但網路拍賣的糾紛解決問題和加強對網路拍賣的法律監管問題已成為突出的社會問題而備受社會各界關注。未來網路拍賣詐騙更藉此快速增加，嚴重影響民眾對於電子商務的信心，不利於我國電子商務的發展。

一、網路拍賣簡介

（一）何謂網路拍賣

　　網路拍賣是一種公開出售物品的方式，提供線上點對點（peer-to-peer）支付系統之發展環境，在特定拍賣時間內，根據拍賣網站之交易規則對特定的物品出價，其中出最高價者將獲得該物品[6]。

（二）網路拍賣的起源

　　網路拍賣最早開始於1995年，美國的小程式員Pierre Omidyar建立起一個小網站，他最初建立這個網站是為了向人們提供變種的埃博拉病毒代

6　錢世傑《詐騙追緝X檔案》，頁73，書泉。

碼。後來他在網站上加了一個小的拍賣程式，利用這個功能幫助他的女朋友和其他的人交換各自的收藏品，於是就誕生了現在全球網路拍賣的巨頭——eBay。

（三）網路拍賣和傳統拍賣的不同點

1. 拍賣者彼此間互不見面（除非選擇面交）。
2. 只要透過網路即可參與競標，增進便利性。

二、網路拍賣與民法

（一）民　法

民法上對於拍賣等法律問題本有相關規定。

第391條：「拍賣，因拍賣人拍板或依其他慣用之方法為賣定之表示而成立。」

第392條：「拍賣人對於其所經管之拍賣，不得應買，亦不得使他人為其應買。」

第393條：「拍賣人除拍賣之委任人有反對之意思表示外，得將拍賣物拍歸出價最高之應買人。」

第394條：「拍賣人對於應買人所出最高之價，認為不足者，得不為賣定之表示而撤回其物。」

第395條：「應買人所為應買之表示，自有出價較高之應買或拍賣物經撤回時，失其拘束力。」

第396條：「拍賣之買受人，應於拍賣成立時或拍賣公告內所定之時，以現金支付買價。」

第397條：「拍賣之買受人如不按時支付價金者，拍賣人得解除契約，將其物再為拍賣。

再行拍賣所得之價金，如少於原拍賣之價金及再行拍賣之費用者，原買受人應負賠償其差額之責任。」

（二）消費者保護法

消保會96年4月27日消保法字第0960003742號函釋指出，依消保法第2條第2款及同法施行細則第2條規定，凡以提供商品或服務為營業者，不論該業者為公司、團體或個人，只要是營業之人，均為消保法所定義之企業經營者，適用消保法相關規定，不以繳交營業稅之網路賣家為限。反之，若網路賣家僅為偶一為之出賣者，而非經常性之營業者，則與前揭企業經營者之定義尚屬有別。至有關營業之定義，由於消保法及其施行細則並未就「營業」作定義性之規範，網拍賣家是否符合前揭函釋就企業經營者所作之說明，尚須視具體個案情形，依社會通念及經驗法則等作法規範合目的性之判斷（96年4月30日消保法字第0960003799號函參照）。

三、網路拍賣常見詐欺行為

下述這些詐欺手法，都有可能構成刑法上相關罪刑。

1. 貨品從未送達（non-delivery）

拍賣人要求消費者在網路上競標，消費者得標付款後，拍賣人卻未寄送得標品。

2. 貨品與原本描述不符（misrepresentation）

賣方以不實之文字描述其商品，得標後發現與其描述內容差異甚大。

3. 哄抬競標（shill bidding）

出賣人以自己或友人之帳號偽裝成其他消費者共同競標，以炒熱投標以達提高價格之目的。Stormy Weathers, Inc. v. FDIC案，法院認為出賣人除非明確表示其將參與競標，否則不得直接或間接參與競標之行為，出賣人也不得為了炒高價格而秘密競標。美國商法亦有相關規定，禁止出賣人秘密參與拍賣競標。

4. 不當加價（stacking）

出賣人隱藏出賣物應負擔之費用，使其得標後，尚須支付其他費用才

算完成交易。

5. 三角詐騙（triangulation）

　　詐欺者以偽造之身分及信用卡向網路商店購買商品，再將取得之商品低價上網拍賣，待買方得標後將其購買之商品寄送買方，並要求買方將貨款匯入賣方指定之人頭帳戶。

6. 非法商品冒充合法商品（black-market）

　　詐欺者於網路上假稱販售合法物品，但實際上寄送的物品卻是非法物品。

7. 高價競標低價得標（multiple bidding）

　　同一買方利用多個帳號交替出價，將拍賣品的售價直接抬高，致有意競標者因而放棄競標，等到結標前數分鐘放棄高價購買的得標資格，使其能以較低價格得標[7]。

四、拍賣網站的責任

（一）法律責任

 問題：拍賣網站之責任為何？

　　當會員在網路上拍賣相關違法商品或進行詐欺行為時，拍賣網站作為平台業者，是否要負擔法律責任？

　　從肯定拍賣網站法律責任的觀點來看：首先，若橘子媽媽曾刊登廣告於拍賣網站，則依消費者保護法第23條所規定，媒體經營者可能須與企業經營者橘子媽媽負連帶損害賠償責任。蓋報載2003年10月間即有消費者向拍賣網站投訴橘子媽媽販賣仿冒品之情事，非不可謂拍賣網站沒有「明知

7　錢世傑《詐騙追緝X檔案》，頁77，書泉。

或可得而知」。其次，拍賣網站提供服務予消費者上網購物，故兩者間有所謂契約關係存在，縱然網站未向消費者收費，然應亦可認係一「無償的勞務給付契約」，則依民法第529、535條及第227條可請求賠償。

　　從否定拍賣網站法律責任的觀點來看：假設今將賣場攤位出租予攤販，而攤販販售的貨物有問題時，若說賣場場地出租人亦須與攤販負連帶責任，則似乎課予場地出租人太重的義務。相較於網路拍賣業者提供平台，似乎也是相同道理。當買方收到的商品與賣方在平台展示的不符（假冒、劣質商品或質量與描述不符）或交易遭到欺詐時，網路交易平台提供商是否需要承擔責任？當買方遇到這樣的事情後，如果要求平台提供商進行賠償，這明顯不利於網路拍賣事業發展，因為平台提供商沒有義務也沒有能力更沒有權利對平台上交易的所有商品來源、合法性、質量等進行檢查，也不可能對所有商品提供商進行實質性的審查。但是，如果平台提供商在審查商家（企業）或店鋪經營者開設店鋪時所提供的資料（如主體資格證明、經營商品的合法證明等）真實性的過程中存在故意或過失，導致審查不嚴格，而令買方因善意信賴該商家（企業）或店鋪經營者遭受侵權，此時，網路交易平台提供商應當承擔責任。在交易出現糾紛後，平台提供商有義務向被侵權一方提供侵權人的真實資訊。

（二）台灣兩大拍賣網站合約整理

　　拍賣網站就會員產生的糾紛到底要不要負責？目前國內拍賣網站都以契約約定，若會員交易產生糾紛，例如拍得商品沒收到貨物時，拍賣網站會負一部分的賠償。請見表18-2錢世傑整理台灣兩大拍賣網站的合約書，分別是eBay[8]和Yahoo奇摩[9]的會員合約。

8　http:/pages.tw.ebay.com/help/community/fpp-guide.html
9　http:/tw.bid.yahoo.com/phtml/auc/tw/tos_add/protection.html

表18-1　台灣兩大拍賣網站安全保障內容分析表[10]

網站名稱	eBay台灣拍賣網站 http://www.ebay.com.tw	Yahoo！奇摩拍賣網站 http://tw.bid.yahoo.com/
會員認證	電子信箱、信用卡及手機等認證	電子信箱認證
補償方案	已出貨但買方未依約定付款或已付款但未收到商品、已付款但商品不符時 最高賠償七千元，須收取手續費七百元，買、賣家均適用	最高賠償七千元，收取手續費七百元，僅適用於買家
賠償次數	六個月內僅能提出一次賠償申請	六個月內可提出三次賠償申請
特定交易除外限制	個人親自取或使用現金或即時現金移轉服務公司，如Western Union或Money Gram等付款所完成eBay交易	跨國交易、個人親自取貨與現金卡交易不接受賠償申請，使用「ezPay個人帳房」付款並選用「交易履約保障」
會員資格限制	買家和賣家在物品刊登結束時均屬信用良好（信用指數必須等於0或大於0）	買賣雙方於該項商品結標時信用良好（評價要大於或等於0）
特殊商品除外限制	無實體物品（如線上遊戲相關物品）	無實體物品（例如網路會員帳號、線上遊戲帳號或裝備、道具等）

---

10 錢世傑《詐騙追緝X檔案》，頁90-91，書泉。

第十九章　電子商務的獨占

一、網路效應

所謂的「網路效應」（network effects），係指使用者消費某一財貨所獲得的利益，將隨其他使用同一財貨的人數增加[1]。換句話說，如果越多人使用某一財貨，對於使用者而言，該財貨的價值將隨使用者人數增加而增加。例如，如果越多人觀看《達文西密碼》，則越可跟親朋好友討論著作的內容，分享心得等等，增加觀看《達文西密碼》的價值。微軟開發的線上通訊軟體MSN也是其中一例，當身邊越來越多朋友使用MSN時，而達到一定的使用比例，則該軟體的價值對於使用者而言將越來越高，使用者更會鼓勵親朋好友使用MSN。而當更多人使用MSN時，該價值又會跟著提升，形成一個良性循環（virtuous cycle），或者正反饋循環[2]。

根據網路效應理論，如果某一產品無法突破一定使用率門檻，則該產品最後會消失，但是一旦突破某一個使用率門檻，則容易成為產業標準或商業標準，傾向成為獨占廠商。

二、電子商店的獨占傾向

由於網路有網路效應，若是一家大的網站或電子交易市集阻礙某些特定交易者進行交易，則將對該特定交易者造成很大的損失。針對電子交

1　參見Michael Katz & Carl Shapiro, Network Externalities, Compatibility, 75 Am. Econ. Rev. 424, 424 (1985)；轉引自陳人傑〈網路產業競爭政策初探——以網路效應理論為中心〉，《科技法律透析》，頁33，2001年4月。

2　Carl Shapiro & Hal R. Varian, Information Rule, 180 (1998). 轉引自陳人傑〈網路產業競爭政策初探——以網路效應理論為中心〉，《科技法律透析》，頁34-35，2001年4月。

易市集可能會產生的反競爭問題，國內目前已有少數文獻探討[3]。而公平交易委員會也於2003年10月出版「公平交易法對電子交易市集之規範說明」[4]。

三、國內案例

國內目前發生過的網站競爭法爭議，有「易飛網案」以及「不動產交易中心案」。

易飛網案

易飛網案乃是國內三家航空公司遠東航空、復興航空及立榮航空成立「誠信旅行社」，透過其設立之「易飛網」，販售較便宜之機票。其價格低於提供給傳統旅行社的價格，故傳統旅行社向公平會檢舉，認為有聯合壟斷與差別待遇限制競爭等違法嫌疑[5]。但後來公平會認為由於市場認定較大，且網站機票價格較低，乃是因為其有使用條件限制，而最後不予處分[6]。

不動產交易中心案

不動產交易中心案則是信義、太平洋、中信三家房屋仲介公司投資「吉家網股份有限公司」，吉家網後來設立「台灣不動產交易中心」，有五家會員，在新竹試賣。由於只是試賣，並沒有出現具體違反競爭法的爭議，頂多有聯合行為的疑慮，最後公平會並未處分，只發布「公平交易法對於不動產仲介業實施聯賣制度之規範說明」[7]。

---

3 陳信宏〈B2B電子交易市集之經濟效果與公平交際法〉，《公平交易季刊》第12卷第1期，頁1-34；陸麗娜〈初探電子商務中的鑽石——電子交易市集〉，《公平交易季刊》第11卷第1期，頁147-168；劉尚志、陳佳齡《網際網路與電子商務法律策略》，頁237-252，元照，2000年。
4 請參考公平會網站，http://www.ftc.gov.tw/20000101299901011335.htm。
5 陳櫻琴〈電子商務與競爭〉，《科技產業的第五元素》，頁143-147，翰蘆，2005年2月。
6 同註5。
7 同註5，頁147-152。

四、航空電腦訂位系統

除了網站與電子交易市集的討論外，或許也可以參考航空電腦訂位系統相關競爭法的討論。這個航空電腦訂位系統，簡稱CRS，乃是由航空公司建立的網路訂位系統。美國目前有四大系統，是由四組航空公司設立，稱為母航空公司，而其他小航空公司由於沒有能力建置系統，都只能選擇加入這四大系統。但小航空公司加入由其他大航空公司所建立的CRS，卻會受到很多不公平對待，例如在資訊的顯示上，可能會優先顯示母航空公司的機票資訊，且可能對母航空公司和獨立航空公司會有不同的待遇，甚至，會在資訊上故意漏掉獨立航空公司的機票資訊[8]。雖然美國相關的反托拉斯訴訟中，建立CRS的母航空公司並沒有敗訴，但是主管機關卻認為有必要建立一套公平的遊戲規則，故最後選擇以制定專法來規範CRS[9]。

第二節　行政院公平交易委員會對於電子市集之規範說明[10]

一、前言

電子市集（Electronic Marketplace; E-Marketplace）為事業間進行電子商務的主要數位化交易空間，係以運用網際網路技術為前提，在網路上提供一虛擬之開放場所作為交易平台，結合各事業上、中、下游廠商，共同組成線上交易社群，讓買賣雙方在此虛擬平台上，可快速找到合適之交易夥伴及產品，並完成有形、無形的商品或服務交易。其主要參與者包括軟體技術提供者（即基礎架構提供者）、市集經營者、買方及賣方等；核心市場主要包括「電子市集內交易產品之市場」及「電子市集本身之市

8　相關介紹，可參考黃雪鳳〈歐美競爭法對航空電腦訂位系統之規範〉，《公平交易季刊》第11卷第3期，頁19-34。
9　同註8，頁35-49。
10 參考公平會網站，http://www.ftc.gov.tw/20000101299901011335.htm。

場」，並佽關各事業上下游間垂直整合及水平競爭者間之互動。

公平交易法是規範所有事業競爭行為之法律，其規範內容概分兩部分，即對獨占、結合、聯合行為等「限制競爭行為」的規範以及對「不公平競爭行為」的規範。本規範說明制定之目的，希冀在「維護網際網路電子商務活動市場競爭秩序之公平合理」和「不違背網際網路科技之本質及不阻礙其發展可能性」之原則下，提供「電子市集」參與者了解公平交易法之相關規範，爰於現行法令規範架構下，參採先進國家對電子市集之競爭政策，並著重於「電子市集內交易產品之市場」與「電子市集本身之市場」，分別就資訊共享協定、大量採購集團可能行使買方的獨占力、具競爭關係之電子市集參與者及經營者間達成排除特定對手或進行差別待遇之協議，暨相關市場本身競爭環境是否健全、有無受排他性所影響等競爭議題，分析可能引發公平交易法上限制競爭與不公平競爭疑慮之行為態樣，研訂本規範說明，同時作為公平交易委員會與其他行政機關分工合作暨處理相關案件之參考。

二、市場界定、市場占有率及市場力量分析

（一）相關市場的界定

在評估電子市集所涉相關交易行為對特定市場競爭產生之影響前，必須先對「相關市場」加以界定，並綜合事業之「市場占有率」或「市場力」等，分析、判斷系爭行為對市場競爭產生之實質影響。相關審酌因素如下：

1. 需求與供給之替代性

界定相關市場範圍必須同時考慮對特定產品或服務的需求及供給的替代性。所謂「需求替代性」，係指假使特定產品或服務的供給者將其產品價格或服務報酬提高時，其顧客能夠轉換交易對象或以其他產品或服務取代前揭產品或服務之能力。所謂「供給替代性」，係指特定產品或服務的供給者將其產品價格或服務報酬提高時，其他競爭者或潛在競爭者能夠立即供應具替代性之產品或服務之能力。

2. 產品、地理因素

界定相關市場的兩個構面分別為產品市場構面、地理市場構面，茲分述如下：

(1)產品市場：「產品市場」係指所有能夠滿足特定需求，且在功能及價格條件上具有緊密替代性之產品或服務所構成之組合。假若「產品市場」內相關產品全部由一「假設性獨占者」所供應，該「假設性獨占者」可將產品價格「微幅但顯著且非暫時性」（small but significant and non-transitory）提高，而毋庸擔心交易對象會以其他性質或功能相近之產品替代，或者其他潛在供應者會轉換產品線進入系爭產品市場內銷售，則可認為該「產品市場」已被適當界定。反之，若交易對象可用其他性質或功能相近之產品替代，或者有其他潛在供應者轉換產品線進入系爭「產品市場」內銷售，則應將前述產品或潛在供應者包括於「產品市場」中。

(2)地理市場：「地理市場」係指各事業提供產品或服務從事競爭之區域範圍，消費者在此區域內可以自由選擇或轉換其交易對象。假若「地理市場」內相關產品全部由一「假設性獨占者」所供應，該「假設性獨占者」可以將價格「微幅但顯著且非暫時性」（small but significant and non-transitory）提高，而毋庸擔心交易對象會轉向其他區域的供應者購買，或者其他地區之供應者會因此進入系爭「地理市場」內銷售，則可認為該「地理市場」已被適當界定。反之，若位於其他區域之供應者能夠以充足數量、接近價格供應相關產品，則應被包括於「地理市場」中。

3. 科技發展對市場界定之影響

市場界定應涵蓋所有競爭可及之區域及範圍，包括潛在供給者與需求者之相關市場及可能交易之區域與時間範圍。就電子市集「虛擬」及「無國界」之特性而言，電子市集所涉之地理市場區隔界限，可說已近乎瓦解。而相關產品市場之界定標準，實務上應考量產品或相關類似產品之替代性、銷售型態、技術、設備、時間長短、成本暨消費習慣等項目。由於網路科技提升了產品相關資訊之流通性和透明性，去除了資訊不對稱之疑慮，透過市場機制，電子市集更可趨近於自由競爭。因此，電子市集相關市場界定仍必須同時考量科技的發展，並按動態及個案之狀況來加以認定。

（二）市場占有率及市場力量分析

公平交易法施行細則第4條規定：「計算事業之市場占有率時，應先審酌該事業及該相關市場之生產、銷售、存貨、輸入及輸出值（量）之資料。

計算市場占有率所需之資料，得以主管機關調查所得資料或其他政府機關記載資料為基準。」

關於電子市集市場占有率之計算，可以「某一電子市集內進行交易之同類產品或服務之數量」為分子，「市場全部相同或類似產品之數量」為分母計算所得之比例，該分母應細分為「某一電子市集內進行交易之同類產品或服務之數量」、「其他電子市集內進行交易之同類產品或服務之數量」、「非屬電子市集所進行交易之同類產品或服務之數量」。電子市集市場占有率乃評估市場控制力大小之重要因素，但並非唯一標準，尚須考量市場進出之難易度。而實務上評估市場進出難易度時，仍須就所需資金數額、技術複雜度、產品差異性及通路系統等因素綜合考量。

在新經濟市場裡，網路效應往往會促成事業之獨占；而智慧財產權本身也會導致事業之傾向獨占，並遏止新參進者之出現；至於消費者之轉換成本，則為另一限制新參進者競爭條件之重大因素。

雖然不斷創新的科技讓既有之獨占或先驅者，必須面臨隨時可能出現之挑戰，故雖具備獨占地位，仍必須積極創新且維持市場合理價格，以免為新興科技所擊敗。惟電子市集所引起之公平交易法爭議並不是全新的，一般認為傳統公平交易法毋須為此而有所調整，惟在適用過程中，有些原則會喪失其重要性，或相對顯得特別重要。茲分述如次：

1. 獨占地位之判斷

市場占有率之分析必須至少包括對於系爭市場及事業於一定期間內於該市場中之地位分析。電子市集屬新興科技市場，相對於傳統市場之認知概念宜調整擴大，以納入「較全面之競爭動態」（fully competitive dynamics），並以長期發展曲線之分析取代定點式之市場占有率分析，且以是否構成創新之進入障礙來取代一般對於市場進入障礙之看法。至於所謂「較全面之競爭動態」分析則包括網路結構內之競爭（competition within a networks）、不同網路結構間之競爭（competition between different net-works）、越過現有科技創新之競爭（competition to innovate beyond current-technology）三個層面。

　　準此，藉助市場占有率之分析得以發現科技變遷之過程。首先，在特定領域中之科技創新發展歷程，能提供展望未來創新程度的內在觀察空間，此亦為評估事業在科技變遷期間是否具有優勢地位之過程中所不可或缺者。其次，基於科技之發展具有降低科技市場進入障礙之影響能力，故在從事市場分析時，將會側重在市場上足以妨礙替代科技或先進科技發展與推廣之因素研判，包括：研究設施數量是否有限；大多數或主要關鍵性研究設施是否被特定事業所掌握；特定事業對於發展替代技術或其創新之智慧財產是否具有獨占性之掌控；新科技產品是否欠缺足夠配銷通路等因素。

2. 不當獲取或維持獨占力之判斷

　　基本上，獨占力之取得方式包括法律的授予、事業掌握關鍵原物料或零組件、藉提升本身競爭力達到規模經濟以及透過市場力量之不當使用。其中前三種方式較無爭議，但第四種方式透過市場力量之不當使用以獲致獨占，其非難性較高，有違反公平交易法之虞。面對新經濟市場的特殊屬性，此種判斷思維及區別仍然同樣重要，惟尚須另行加入網路效應趨勢等新的考量因素，唯有透過這些審酌因素的分析，始得以判斷市場獨占力量係來自排除行為抑或自然成長。另在高度變遷之科技市場中，擁有市場力量者必須思考永續經營以因應新的挑戰，此種策略或企圖殆屬競爭的一種常態，不應加以忽視。

　　是以，參與電子市集之事業掌握或擴大研發成果之目的係在於追求合法範圍內之競爭？抑或意在排除競爭？將是處理電子市集反競爭問題的最核心課題，公平交易委員會處理相關案例時，將在分析過程中考量前述新經濟市場的特質。

3. 市場進入障礙及轉換成本

　　原則上，市場進入障礙越少越有利於競爭。電子市集主要之進入障礙有二：一是市集名氣與人氣；二是交易安全及風險（包括物流、金流、資

訊流之控管與安全性）。前者需要投注大量資金與廣告，以吸引事業加入市集；後者則須由電子市集經營者致力於改善繁複之作業流程，提高交易安全及降低交易風險。而電子市集參與者是否準備轉換至其他市集，尚須審酌「與其他網路市集連結，必須投資巨額的經費，以整合買賣雙方的後端系統，並於完成進入市集供應鏈後，其事業關鍵性資源整合服務系統尚須重新設定、建立買賣資訊」等轉換成本與不同市集間有無共通規格，可否相互運作等諸多考量因素。

三、電子市集可能引發限制競爭與不公平競爭疑慮之行為態樣說明

　　公平交易法之體系分為限制競爭與不公平競爭兩部分，以下擬就「電子市集內交易產品之市場」與「電子市集本身之市場」兩者，析述公平交易法所關注之電子市集所可能引發限制競爭與不公平競爭疑慮之行為態樣暨相關審酌因素。

（一）電子市集內交易產品之市場

1. 資訊共享協定

　　電子市集內之特定整合交易資訊，包括供應商售價、購買者採購價格與數量以及其他機密或財產資訊，均可能被電子市集經營者、參與者、員工、管理團隊或董事會所擷取。雖然每一個電子市集對於資訊共享之處理方式各不相同，但一般多由董事會或管理者決定如何運用此一資訊。而資訊共享協定，係以契約協議方式約定資訊如何被控制運用，及讓電子市集經營者、參與者得以控制或分享具機密性之交易資料或其他財務資訊，實為電子市集運作最重要之基本規則。

　　在電子市集架構下，因資訊流通便利，可能造成競爭者間藉由資訊交換，經由明示或默示之方式進行同業間意思聯絡行為。電子市集內之資訊共享協定，在某些情況下可能有助於達成合作之競爭利益，然而不可諱言的，亦可能促成價格、數量或其他競爭條件之妥協，並因而損害電子市集

內交易商品、服務內容或上、下游產品市場之競爭狀態。

　　資訊共享協定是否有違反公平交易法之虞，係按具體協定內容對交易秩序之影響加以判斷。究竟資訊共享協定係屬有助於或有害於市場競爭，乃取決於資訊共享是否為促成電子市集有效運作之關鍵，或為違反公平交易法之聯合行為。例如具備賣方身分的電子市集經營者可能會使參與該市集之某些賣方得以事先知悉其競爭對手之報價，進而在價格上從事勾結的行為。而類似問題並不僅限於賣方，買方亦可能透過資訊共享以導致同業間意思聯絡之行為，例如透過電子市集共享有關交易條件之資訊，進而導致標購價格趨於一致的勾結行為。

　　資訊共享協定應用在電子市集上所可能引發公平交易法之疑慮，主要指「藉由電子市集，有可能加強參與意思聯絡者彼此控制行為的能力」。其可能意思聯絡之項目或可能共享之資訊，包括購入原料價格、產出數量、付款方式、融資條件、有無包括商品保證等交易資訊。倘競爭者間之資訊共享行為有涉及限制價格、產量、區分市場、集體杯葛等，則顯有違反公平交易法之虞。

　　資訊共享協定是否會有害於競爭，取決於不同電子市集間個案之事實差異，必須進行通盤考量。相關審酌因素如下：

(1)**電子市集所服務之市場結構**：在其他條件不變之情形下，原則上相關市場之集中度越低越有利於競爭，如市場集中程度越高，則在競爭上所引起之關切自然較高。另在電子市集上交易之產品，若市場進入門檻低，將可能使新加入者得以破壞藉由資訊共享達成意思聯絡之機會。故進行分析時，市場內產品或事業的同質性、買賣雙方的特性、交易方式的特殊性及事業不遵守限定價格協議所可能獲得的利益等，均為審酌市場結構之要素。

(2)**資訊是否在競爭者間共享**：競爭者間之資訊共享可能促進競爭，然而亦可能產生限制競爭與不公平競爭的效果。因此，分辨競爭者間之資訊共享究竟是「促進競爭所必須」抑或「可能造成限制競爭與不公平競爭之效果」，即有其必要，而競爭者間共享資訊通常較非競爭者間共享資訊，更有可能引發限制競爭與不公平競爭之疑慮。

(3)**是否為競爭領域之敏感商業資訊**：資訊之交換雖不必然造成限制競爭

與不公平競爭之效果，然而競爭者間所交換之資訊若與價格、產出、成本或策略性計畫相關，則可能引發限制競爭與不公平競爭之疑慮。是以，藉由限制所交換資訊之種類，或限制所交換資訊的詳細程度，且在滿足交換資訊係為促進競爭功能之前提下，即可避免造成限制競爭與不公平競爭之可能。故在其他條件均相同情形下，有關價格、產出、成本，或策略性計畫之資訊共享，較諸低競爭敏感度之資訊共享，更有可能引發限制競爭與不公平競爭的疑慮。

(4)**資訊之時效性**：一般而言，競爭者間共享屬歷史性的交易資訊，則造成反競爭效果的可能性較低。相對地，競爭者間共享屬於可預測未來交易狀況之資訊，則極可能造成有意識的平行行為，而形成市場行為外觀上之一致性。因此，當競爭者間交換資訊之速率高於市場反應速率時，競爭者間即可藉由各種默示行為造成反競爭之效果。例如在實體買賣中，通常買家無法輕易獲取他人的出價資訊，而在市集中之競價，競標者可快速藉由彼此的出價策略中獲取資訊，並修正其未來的競標方式，進而造成限制競爭之效果。故在其他條件均相同情形下，共享即時的或極易預測未來之交易資訊，通常較共享已發生之歷史交易資訊，更有可能引發限制競爭的疑慮。

(5)**透過電子市集以外方式獲得該資訊之可能性**：資訊之取得並非僅在電子市集中發生，競爭者間亦可能藉由各種管道探知彼此的策略，惟其他管道獲取資訊的成本通常較高，且不易即時取得，亦不易快速修正策略，同時難以藉由資訊交換與適當的競爭者進行同業間意思聯絡行為。相對地，電子市集的特性使競爭者得以即時獲取彼此在各交易中之競標或價格資訊，以進行同業間意思聯絡行為。故在其他條件均相同下，通常電子市集所獨有之資訊共享，比從其他方式獲得之資訊共享更有可能引發限制競爭之疑慮。

2. 買方壟斷

　　所謂「買方壟斷」，係指在市場上買方行使其市場力量，讓買方或買方集團得以不當利用議價優勢，達到以較低價格成交之目的。買方壟斷力量雖然可能透過整體採購使交易更有效率，但可能會對競爭造成潛在障

礙。例如，擁有足夠市場占有率的採購集團利用電子市集透過直接或間接協調減少採購，或要求集團成員透過集團進行採購，此種排他政策有助於防止集團成員向其他來源採購超過原協議的購買數量，且更容易讓買方發揮其壟斷力量。

　　由於獨買力量之形成，除市場結構外，尚須有賴參與獨買成員市場力量的聚集，因此買方集團是否具有足夠的市場占有率，以致其採購行為足以影響採購標的之價格，即為公平交易法關注之焦點。

　　在事業對事業交易中，所有商品的買進與賣出，可歸類為直接投入（direct inputs）與間接投入（indirect inputs）兩種類型。直接投入係指原本未經加工的物料或零件，直接可用於製造過程者，這些物料將會使用在買方的最終商品上，或經由零售商銷售，例如公司安裝於機器上的耐久性零件。間接投入則指供維持、修繕或營運用的原料，而非成為最終產品的一部分，例如文具用品。一般而言，如果所採購的是間接投入，相較於直接投入，買方集團較少以市場占有率多寡作為影響採購價格的手段。

　　如果買方集團能以較低價格完成交易之原因，是基於供應商節省銷售成本所致，且僅為一小部分買方市場之買者得以獲取較佳價格時，此時即可被認定係效率所造成，而非買方壟斷。

3. 排他行為

　　在電子市集之實際運作上，由於可能有潛在性排他條款存在（如標購條件等），或者在平台上所揭露之產品相關資訊，可能特別對於電子市集部分參與者有利，致衍生差別待遇，而造成電子市集內其他參與者之使用成本因此提高或使用功能相對減少等情形。倘該排他行為造成整體市場競爭狀態受到限制時，則將有違反公平交易法之虞。

　　對於判斷市集經營者排他行為是否為合理競爭行為抑或損害競爭行為，可由兩個基準判斷：

(1)對競爭者之限制是否提高競爭者的成本，或限制該競爭者的參與市場競爭之產品數量。

(2)市集經營者的行為是否對下游競爭造成傷害，如：市集經營者是否藉由排除其他競爭者進入市集，而獨占該水平市場，進而影響下游的市

場結構。

　　排他行為對於市場競爭之影響，從電子市集之環境面加以觀察，首須注意電子市集所提供之服務市場狀態，有無提高競爭者成本及降低競爭者在下游之競爭力；從客戶面觀察，則須考慮拒絕或限制競爭者使用電子市集所致損害之範圍，以及這些受損害事業為避免或減輕其損害所採行替代方案之成本。而評估損害之範圍時，應同時考量對於該等被排他事業所參與整體市場競爭的可能影響，及探討若存有限制競爭的可能性時，排他行為是否係一合理且必要的手段，有其促進競爭之利益，並能彌補限制競爭所造成之損失。

　　假設一個機械製造商聯盟建立一個電子市集以採購機械零件，而排除新興製造商在平台上進行交易，公平交易委員會執法關切重點為：

(1)遭受排他的廠商其成本因而提高多少，以及是否能利用其他替代性資源將損害降至最低；

(2)下游機械產品市場的競爭影響，但即使該廠商成本提高，若下游市場的競爭依然活絡，也可能不存在有反競爭之疑慮；

(3)機械市場可能的整體競爭效應，同時考慮排他行為所導致的反競爭損害與促進競爭之利益。

　　一般而言，倘為獨立事業所經營，而非買方主導或賣方主導之電子市集，通常不具任何排他或損害電子市集參與者的動機；反之，若由聯盟成員主導，或者同時身兼經營者與參與者之電子市集，則可能有排他之動機。因為網路效應使電子市集成為一真正之基礎設施，形成不可或缺之交易平台時，非電子市集經營者即可能被排除於電子市集之外。在此情況下，當排他行為成為系爭議題時，必須審酌相關因素如下：

(1)**替代性市場**：系爭電子市集是否為該產品（或其替代品）能以比價方式購買或銷售的唯一途徑？是否有其他電子市集或已建置在網際網路上的其他供應鏈網路可供使用？能否有具相同效率之替代方案存在？還是只有此一具排他性之電子市集可提供特別的優勢？

(2)**成本及價格變化**：原有電子市集之參與者是否因新進入另一個電子市集，或因競爭對手所可能進行的反擊策略，而將使排他行為對於競爭

對手成本的影響效果有所減少或抵銷？倘若電子市集是商品進行交易最主要的方式，拒絕或限制他人對於電子市集的使用，是否將促使電子市集參與者提高或維持售價，且該價格高於原本可能之市場流通價格？

(3)**市場地位**：若被排除之競爭者在維持下游市場的有效競爭上極具重要性時，大幅提高其成本的排他行為將造成反競爭上的損害。此時分析上應考慮之因素如：下游市場的集中度、下游市場的進入狀況、被排除的特定事業在競爭上的重要性。

(4)**效益分析**：排他行為的效用為何？排他行為有無增進競爭？某些電子市集限制參與者只能選擇電子市集經營者篩選的賣方，用以區分其與競爭者之差異性。而某些差別待遇則是要確保參與者在使用電子市集上的公平性。例如，若某一公司要加入已被證明成功的電子市集時，相對於早期冒較高風險加入的公司，應該支付更高的入會費，以彌補先加入者可能因市集運作調整至穩定所需承擔之風險及已付出之成本。故在特定個案的實務分析時，須明確區分具有實際排他行為與較少反競爭性的排他行為。

（二）電子市集本身之市場

　　由於同類產品在網際網路上，可能有數個電子市集存在，此一市場之競爭狀態將受到「網路效應的性質與規模」及「市集經營者所進行的經營行為」的雙重影響。電子市集經營者可能不當鼓勵或要求買賣雙方（包括享有市集經營權利益的事業），只能在該電子市集內交易，以排除成員參與其他電子市集的可能性。由於電子市集可能利用各種報酬（如藉由優惠利率、折扣、收入共享以回饋達一定用量的用戶）或懲罰措施（如最低用量或最低交易比例的要求、禁止投資其他電子市集、須預付費用的會員資格、軟體的投資或對供應者與買方施加壓力）作為其營運手段。如果電子市集參與者試圖使用或支持其他電子市集，而原電子市集經營者之排他行為係藉由要求拋棄獲利或收取違約金等方式，以提高該參與者之成本時，將有違反公平交易法之虞。

　　對於電子市集市場排他行為的探討，可分成水平與垂直兩個層面加以

分析。水平層面係指存在於各具有競爭關係之電子市集間，如禁止本市集參與者在競爭者電子市集中交易的協定，將引發聯合拒絕交易的爭議；垂直層面是指存在於電子市集的供應商或客戶之間，必須考量垂直排他交易對於上、下游市場競爭之損害。

由於轉換成本之存在，新進入電子市集經營者難以從小規模、有效競爭的方式開始，必須花費相當時間，才足以克服既有主導者所享有的網路優勢。在這段過渡期間，既有電子市集經營者可運用其市場力量抑制新進電子市集經營者之發展。若新進電子市集經營者已受網路效應之影響，再加上遭受競爭對手以排他行為加以干擾，則可能將使市場傾覆至一特定電子市集，並妨礙其他競爭對手之發展。易言之，當一個電子市集在市場上具有控制地位，且經常性實施排他行為時，其可能造成之影響，將包括：1.使得此一市集有能力將價格提高至競爭水準之上；2.較低效率的服務品質；3.減少創新。在此情況下，該電子市集經營者將有違反公平交易法之虞。

另外，電子市集經營者為避免違反公平交易法，應建立以下認知：

1. 電子市集經營者應維持中立角色，並維持電子市集適當的開放性。
2. 妥適制訂電子市集內的營運規則，以消除公平交易委員會的疑慮。
3. 應採行有效管理機制，以避免兼具經營者身分的參與者有不當散播敏感交易資訊的機會。
4. 維持電子市集內正當之交易秩序，防止聯合行為或不公平競爭行為產生。
5. 對於電子市集參與者入會資格之限制，應具有正當理由，且不得有恣意之排他行為出現。
6. 電子市集建立或採用某些技術規範與標準時，應避免造成排他或不公平競爭行為。

四、結語

電子市集已然成為今日事業進行電子商務的新興交易平台，當電子市集發展越趨成熟後，亦將衍生若干可能違反公平交易法的疑慮，惟此疑慮

並非是全新的，仍然可以傳統之公平交易法分析加以檢證。本規範說明係針對電子市集之特性，就公平交易法所關注此一新興行銷通路可能引發限制競爭與不公平競爭疑慮之行為態樣例示說明，希冀運用既有公平交易法來規範有違法之虞的行為，並健全電子市集經營的法律環境。面對此一新興行銷通路之變革，本規範說明容或有未盡周延之處，公平交易委員會將適時補充修正，至個案之處理仍須就具體事實加以認定。

第二十章　網路服務提供者的責任

　　網路的特性在於其傳遞快速，閱讀人數眾多。倘若使用者透過網路犯罪，其將會透過網路快速的傳遞出去，而造成大量的損害。為了降低違法行為的影響，我們應該課予網路服務提供者一定的責任，促使其注意使用者的行為。但是網路服務提供者往往難以控制使用者的犯罪行為，因而，到底要對網路服務提供者課予多大的責任，是一個持續發展中的難題。

第一節　網路服務提供者

　　一般我們可將網路上的業者分為網路內容提供者（ICP）、網路平台提供者（ISP）和上網服務提供者（IAP）。根據新聞局頒布之「電腦網路內容分級處理辦法」第2條，將其定義如下：

　　「二、電腦網路服務提供者：指網際網路接取提供者、網際網路平臺提供者及網際網路內容提供者。

　　三、網際網路接取提供者：指以專線、撥接等方式提供網際網路連線服務之業者。

　　四、網際網路平臺提供者（以下簡稱平臺提供者）：指在網際網路上提供硬體之儲存空間、或利用網際網路建置網站提供資訊發佈及網頁連結服務功能者。

　　五、網際網路內容提供者（以下簡稱內容提供者）：指實際提供網際網路網頁資訊內容者。」

一、網際網路接取提供者（IAP）

（一）對使用者行為不負責任

　　所謂的IAP，就是網路接取提供者（Internet Access Provider），亦即提供上網服務的業者，包括我們熟知的中華電信hinet、Seednet等業者。

　　關於網路接取提供者，一般認為其屬於第二類電信業者，根據電信法第8條規定：「電信之內容及其發生之效果或影響，均由使用電信人負其

責任。」「以提供妨害公共秩序及善良風俗之電信內容為營業者,電信事業得停止期使用。」由於提供上網接取服務的業者,根本不能夠知道使用者上網從事行為是否違法,故認為其對使用者的行為不用負責。不過,若其知道使用者利用電信來做違法行為時,電信業者可以予以停權。

(二) 網路斷線

　　接取提供者最常出現的問題,就是網路斷線,造成使用者不便,無法上網,重責可能影響使用者的商業往來。在發生斷線時,接取提供者需不需要對使用者因而所受損害,負賠償責任?

　　目前根據消費者保護委員會於2002年11月28日公布的「撥接連線網際網路接取服務定型化契約書範本」,對斷線責任作了明確的規定。其原則上發生斷線時,只能依照斷線時數扣減月租費,但對於因而造成的損害,則未為規定。但一般電信業者的個別定型化契約則會規定對於因斷線造成的損失不負賠償責任。

 撥接連線網際網路接取服務定型化契約書範本

第十三條 (服務中斷之處理)

　　甲方各項設備因預先計畫所需之更動及停機,應於七日前公告於網頁上並寄發電子郵件通知乙方。

　　乙方租用本服務,因甲方系統設備障礙、阻斷,以致發生錯誤、遲滯、中斷或不能傳遞時,其停止通信期間,當月月租費應予扣減,且其扣減不得低於下表:

　　　12以上－未滿24當月月租費減收5%

　　　24－未滿48當月月租費減收10%

　　　48－未滿72當月月租費減收20%

　　　72－未滿96當月月租費減收30%

　　　96－未滿120當月月租費減收40%

　　　120小時以上 當月月租費全免

　　停止通信開始之時間,以甲方察覺或接到乙方通知之最先時間為準。

（三）自動續約

　　一般的電信，包括手機、網路撥接等，都乃以月租方式收費。但常常發生的爭議是，使用者為了撿便宜，會選擇便宜的「一年1999方案」。等一年過後，往往以為當初簽約即一年到期，不會自動續約，也未再通知服務提供者停用。結果又繼續接到帳單。到底可否自動續約？

　　根據「撥接連線網際網路接取服務定型化契約書範本」規定，如果是用預付方案的方式，契約到期自動終止，若提供者想續約，必須於到期前寫信詢問使用者是否願意繼續租用。亦即，不得有自動續約的規定，以杜爭議。

 撥接連線網際網路接取服務定型化契約書範本

第九條（停用、解約與退費）

　　使用月繳制時，乙方終止使用甲方之連線服務時，應以電子郵件、書面或傳真向甲方申請，並於次月開始生效。

　　乙方預付儲值點數使用完畢或時間屆滿時，若未辦理續用手續，雙方契約即告終止，甲方將停止乙方一切使用權。

　　使用預付儲值制時，乙方不得申請終止租用或退費。但因第二十條第二款或其他可歸責於甲方之情事發生時，乙方得申請終止租用及退費，甲方並應按比例退還乙方未使用之儲值點數之費用。

第十條（續用）

　　使用預付儲值制時，甲方應於乙方使用期限屆滿或儲值點數使用完畢前，以電子郵件或書面主動通知乙方辦理續用。

　　使用預付儲值制時，乙方得以書面授權甲方於期限屆滿或儲值點數使用完畢時，以信用卡或銀行自動轉帳方式繳費以續用原有服務者，乙方於續用開始前仍得撤回或於續用期間屆滿前或續用儲值點數未使用完畢前，終止續用原契約。續用期間終止契約或儲值點數未使用完畢前終止契約者，甲方應按未使用之比例辦理退費。

　　契約終止後＿＿＿＿日（至少應有三十日）內，甲方應保留乙方之帳號與客戶資料及通聯紀錄，乙方於該期間內辦理續用後，有權繼續使用原帳號與資料。期滿乙方仍未辦理續用，甲方得刪除該帳號與乙方儲存於甲方系統中之所有資料。

二、網際網路平台提供者（IPP）

一般我們說ISP，就是網路服務提供者（Internet Service Provider），但是這樣的用語太過廣泛，因為網路服務非常多元。因此，新聞局將我們傳統所說的ISP，限縮為IPP，「網際網路平台提供者」（Internet Platform Provider），其提供的服務包括「提供硬體之儲存空間、或利用網際網路建置網站提供資訊發佈及網頁連結服務功能者。」所以提供E-mail信箱、提供網頁空間、或架設討論區者，都算是這裡所謂的網際網路平台提供者。

關於平台提供者的法律責任，是目前最有爭議之處。一般認為平台提供者對於使用者的違法行為，在事前較難以查知並予以控制，在事後才有可能查知控制。故其究竟對使用者要不要負責任，仍有爭議。

若根據電信法第8條，許多網路平台業者，例如提供E-mail信箱、提供網頁空間，都屬於第二類電信事業，應該不需要負責。可是有些討論區或相關法律服務，並不屬於第二類電信事業。故到底平台業者需負何種法律責任，仍有待實務發展與釐清。

圖20-1　平台業者的屬性

本章第二節、第三節將鎖定討論平台業者的責任。

三、網際網路內容提供者（ICP）

所謂的ICP，就是網際網路內容提供者（Internet Content Provider），包括個人的內容提供或者網站的內容提供者。

關於網路內容提供者的法律責任，應該對其所提供的內容直接負責，本書各章節都會討論到相關法律議題，於此不贅。

第二節　平台業者的責任

　　我們一般所謂的網路服務提供者的法律責任，其實多半是指「網際網路平台提供者」的法律責任。對此，我們目前沒有專法規定，而是將其散落在各個特別法中。例如可用傳統的刑法、民法的幫助犯，來論斷網際網路平台提供者的責任，也可以以個別的法律，論斷個別業者的責任。

　　以下列舉幾個重要的共通規定。

一、刑法

（一）教唆犯

　　刑法第29條規定：「教唆他人使之實行犯罪行為者，為教唆犯。教唆犯之處罰，依其所教唆之罪處罰之。」

（二）幫助犯

　　刑法第30條規定：「幫助他人實行犯罪行為者，為幫助犯。雖他人不知幫助知情者，亦同。幫助犯之處罰，得按正犯之刑減輕之。」

二、民法

　　民法第185條規定：「數人共同不法侵害他人之權利者，連帶負損害賠償責任。不能知其中孰為加害人者亦同。造意人及幫助人，視為共同行為人。」各共同侵權行為人間不以有意思聯絡為必要（參照司法院民國66年6月1日例變字1號）。

　　所謂「造意」，即使他人產生實施侵權行為之意思，與刑法上之「教唆」同其意義。所謂「幫助」，及與他人物質或精神上之幫助，使其易於實施侵權行為之行為，與刑法上之「從犯」相當。

三、明知或可得而知

　　除了上述民法、刑法規定外，目前我們沒有概括性的針對網際網路

平台服務者認定其責任的判準。但是在消保法和公平交易法中，卻有兩個條文，都提到媒體業者在「明知或可得而知」的情況下，要負連帶賠償責任。這或許可以作為一般網際網路平台提供者的責任判斷依據。

（一）消費者保護法

第23條：「刊登或報導廣告之媒體經營者明知或可得而知廣告內容與事實不符者，就消費者因信賴該廣告所受之損害與企業經營者負連帶責任。前項損害賠償責任，不得預先約定限制或拋棄。」

（二）公平交易法

公平交易法第21條第5項規定：「廣告代理業在明知或可得而知情形下，仍製作或設計有引人錯誤之廣告，與廣告主負連帶損害賠償責任。廣告媒體業在明知或可得而知其所傳播或刊載之廣告有引人錯誤之虞，仍予傳播或刊載，亦與廣告主負連帶損害賠償責任。」

（三）兒童及少年性剝削防制條例

根據兒童及少年性剝削防制條例第50條：「宣傳品、出版品、廣播、電視、網際網路或其他媒體，為他人散布、傳送、刊登或張貼足以引誘、媒介、暗示或其他使兒童或少年有遭受第二條第一項第一款至第三款之虞之訊息者，由各目的事業主管機關處新臺幣五萬元以上六十萬元以下罰鍰。」則幫忙刊登性交易資訊的媒體，不管是否明知或可得而知，都要受到處罰。

（四）分析

上述的廣告媒體業者，其實在分類上，還是應該屬於內容提供者（ICP），其對內容的播出，能夠做事前的刪選控制。根據美國相關法律上，這類可事前控制內容的業者，應該負擔較重的「嚴格責任」。只有事前無法刪選控制內容的平台業者，才會負較輕的「明知或可得而知」責任。

網路服務提供者 ┬ 事前可以控制刪選內容→嚴格責任
　　　　　　　 └ 事前無法控制刪選內容→明知或可得而知

圖20-2　網路服務提供者的責任

　　上述媒體業者刊登色情資訊時，不論其明知或可得而知，都負直接責任。但不實廣告的媒體業者，只有在「明知或可得而知」的情況下，才要負責。這或許是因為各種行業的生態不同，以及網路服務提供者對於資訊的掌控能力不同，立法者因而作出不同規範。

　　此外，若網路服務提供者並無「明知」而可免責，則若網路服務提供者明知其網站內容有可能侵害他人權利，卻故意不檢視管理時，此時即應認為其有法律責任存在。

四、實際爭議

（一）BBS討論區誹謗

　　常見的網路爭議之一，就是在BBS討論區上互相攻訐、謾罵。由於BBS也是公眾能夠自由進出的網路平台，故在網路上謾罵他人，也一樣會構成刑法上的公然侮辱罪。另外，在BBS上誹謗他人，也一樣會構成刑法上的誹謗罪。而原告也可以以民法侵權行為向行為人提出訴訟。

　　此時，BBS討論區的版主，需不需要負連帶責任呢？

　　目前一般認為，由於討論區的文章眾多，版主不需要對所有文章內容負責。但是若其他網友寫信告知版主，說討論區上的某篇文章有違法之嫌，此時版主就應該有所反應，否則就應該負責。這就是前面所說，版主在「明知或可得而知」的情況下，也要負責的意思。

　　台北地方法院94年度訴字4817號判決就出現過這樣的例子。一個網友在雅虎奇摩聊天室誹謗某醫師，該名醫師要求奇摩立刻將該會員張貼內容撤下，但奇摩聊天室反應過慢，遲至二十天後待原告提出告訴，奇摩聊天室才肯將該內容撤下。法官卻認為遲延撤下無法確定增加了原告多少

損害，為了避免網路發展，故判決奇摩聊天室無罪[1]。筆者認為該判決有誤，聊天室在得知會員有侵權情事時，應該盡快處理，不過遲延反應到底增加原告多少損害，的確較難以計算。

（二）出租虛擬主機

我國台北地方法院於88年12月9日以88年度少連易字第8號判決，就喧騰一時的色情網站「浮聲豔影」案作成判決。判決中認定出租虛擬主機空間、網路頻寬的ISP業者是幫助主犯經營色情網站，其明知主犯有不法用途卻不解除或終止契約，而仍坐收租金不加以阻止犯罪，構成主犯觸犯刑法第235條第1項及舊兒童及少年性交易防制條例第28條第1項之罪的幫助犯[2]。

第三節　通知取下：著作權法ISP安全港

 案例：網路服務業者如何免除民事間接責任？

原告Perfect 10是一個色情圖片網站，想看這些圖片者必須有帳號密碼，付費上網瀏覽。但Perfect 10的色情圖片被他人盜用，貼在其他的網站上。而Google的圖片搜尋功能卻可以搜尋到這些圖片，且以小圖片的方式呈現在搜尋結果頁面上，並且提供了盜版的連結。原告於2004年11月，在地方法院提出侵權告訴；由於Amazon網站上的搜尋功能，乃是向Google購買，原告Perfect 10也用類似理由，於2005年6月，控告Amazon.com及其通路商A9.com[3]。Amazon網站上的搜尋引擎，乃是其子公司A9網站（一個搜尋商品的網站）[4]，且其有設置聯繫窗口，

1　台北地方法院94年度訴字4817號。
2　蔡淑美《企業網路經營法律實戰》，頁115。
3　416 F. Supp. 2d 828 (C.D. Cal. 2006).
4　網址為http://A9.com.

符合安全港條款的要求[5]。但由於Perfect 10在提起訴訟前，一直以來只以Google和Amazon為通知的對象。所以後來A9主張，其未收到Perfect 10的有效通知[6]，其也對侵權一事並無真正知情（actual knowledge）。

　　台灣於2009年5月，學習美國法典第17篇第512條規定，新增網路服務提供者民事免責相關條文[7]。增訂第六章之一「網路服務提供者之民事免責事由」專章，係賦予網路服務提供者「避風港」之機制。

一、前提為有間接責任

　　網路服務提供者為何需要有責任避風港，是前提在於，網路服務提供者對網路使用者之著作權侵權行為，可能會負擔間接責任。

　　在智財局的立法理由提到，參照最高法院22年上字第3437號判例明示，所謂「共同侵權行為」，須共同行為人皆已具備侵權行為之要件始能成立，若其中一人無故意、過失，則其人非侵權行為人，不負與其他具備侵權行為要件之人連帶賠償損害之責。依上述判例反面解釋，如網路服務提供者就使用者之侵權行為有故意或過失，網路服務提供者仍有可能負擔「共同侵權行為」之責任。在現行法制下，網路服務提供者對網路使用者著作權或製版權之侵權行為，於相關要件符合時，仍有民法第28條、

5　17 U.S.C. § 512(c) (2) Designated agent. The limitations on liability established in this subsection apply to a service provider only if the service provider has designated an agent to receive notifications of claimed infringement described in paragraph (3), by making available through its service, including on its website in a location accessible to the public, and by providing to the Copyright Office, substantially the following information:
(A) the name, address, phone number, and electronic mail address of the agent.
(B) other contact information which the Register of Copyrights may deem appropriate.

6　17 U.S.C. § 512(c) (3) Elements of notification.
(A) To be effective under this subsection, a notification of claimed infringement must be a written communication provided to the designated agent of a service provider that includes substantially the following:...

7　相關介紹與評析，可參見章忠信〈二○○九新修正著作權法簡析──網路服務提供者之責任限制〉，《月旦法學雜誌》第173期，頁5-24，2009年10月；王怡蘋〈著作權法官於網路服務提供者之民事免責規範〉，《月旦法學雜誌》第173期，頁25-41，2009年10月。

第185條、第188條及著作權法第88條之適用，從而，民法第185條第2項「造意人及幫助人，視為共同行為人」之規定，對網路服務提供者自亦適用。此外，參照國際間（美國、歐盟、日本、韓國）有關「網路服務提供者責任避風港」之法制現況，就網路服務提供者所應負之責任，均係依其既有之民事責任體系加以判斷，並未於著作權法中再就網路服務提供者所負之民事責任予以明文規定，而係直接就網路服務提供者於符合移除侵權資訊等法定要件後，始可主張民事責任之免除，加以規定。

　　參考該章立法理由，提到根據民法第185條的共同侵權行為、民法第188條的僱用人責任[8]，可知其定位的網路服務業者所負的責任，屬於美國的間接責任，亦即網路業者可能有輔助責任（contributory liability）或代位責任（vicarious liability）。不過，需注意的是，若以DMCA第512條的意思，雖然是規定了網路服務業者的安全港，但不代表網路服務業者沒有做到這些安全港所要求的事項，就一定構成輔助侵權，究竟是否會構成輔助侵權，仍然需要另外判斷[9]。

二、四種網路服務業者

　　本章僅就四種不同類型之網路服務提供者所提供之服務，訂定民事免責事由（責任避風港）之規定。爰參考國外立法例，將網路服務提供者定義為提供連線、快速存取、資訊儲存及搜尋服務等四種類型。分別為：

1. 連線服務提供者：透過所控制或營運之系統或網路，以有線或無線方式，提供資訊傳輸、發送、接收，或於前開過程中之中介及短暫儲存之服務者。
2. 快速存取服務提供者：應使用者之要求傳輸資訊後，透過所控制或營運之系統或網路，將該資訊為中介及暫時儲存，以供其後要求傳輸該資訊之使用者加速進入該資訊之服務者。
3. 資訊儲存服務提供者：透過所控制或營運之系統或網路，應使用者之要

---

8 關於著作權法第六章之一與民法共同侵權行為之關係，可參考王怡蘋，同上註，頁36-37。
9 章忠信，前揭註，頁7。

求提供資訊儲存之服務者。

4. 搜尋服務提供者：提供使用者有關網路資訊之索引、參考或連結之搜尋或連結之服務者。

5. 針對目前企業建置資訊系統機房所面臨之許多問題，如：機房所在大樓安全性、空間擴充、電力不足、維運人力、頻寬限制等等問題，所應運而生之IDC（Internet Data Center，又稱主機代管）服務，則非屬本法規範對象，特予說明，以杜爭議。

三、共同免責規定

第90條之4：「符合下列規定之網路服務提供者，適用第九十條之五至第九十條之八之規定：

一、以契約、電子傳輸、自動偵測系統或其他方式，告知使用者其著作權或製版權保護措施，並確實履行該保護措施。

二、以契約、電子傳輸、自動偵測系統或其他方式，告知使用者若有三次涉有侵權情事，應終止全部或部分服務。

三、公告接收通知文件之聯繫窗口資訊。

四、執行第三項之通用辨識或保護技術措施。

連線服務提供者於接獲著作權人或製版權人就其使用者所為涉有侵權行為之通知後，將該通知以電子郵件轉送該使用者，視為符合前項第一款規定。

著作權人或製版權人已提供為保護著作權或製版權之通用辨識或保護技術措施，經主管機關核可者，網路服務提供者應配合執行之。」

第1款係指網路服務提供者應採取著作權或製版權保護措施，除向其使用者明確告知外，並應確實履行該等保護措施。有關網路服務提供者向使用者告知其保護措施之方法，可以契約、電子傳輸、自動偵測系統或其他方式為之，茲說明如下：

1. 以契約方式為之：例如訂定使用者約款，載明使用者應避免侵害他人著作權或製版權，及使用者如涉有侵害他人著作權或製版權時，網路服務提供者得為之處置，並將此等約款納入各種網路服務相關契約中。

2. 以電子傳輸方式為之：如網路服務提供者在使用者上傳或分享資訊時，跳出視窗提醒上傳或分享之使用者，必須取得合法授權，始得利用該服務等訊息，提醒使用者避免侵害他人著作權或製版權。

3. 以自動偵測系統為之：包含自動或半自動之偵測或過濾侵害著作權或製版權內容之技術。

4. 以其他方式為之：如設置專人處理著作權或製版權侵害之檢舉事宜，並在具體個案中積極協助釐清是否涉有侵權之爭議。

　　第2款係規定網路服務提供者應告知使用者，如其利用網路服務提供者所提供之服務多次涉有侵權行為時，網路服務提供者得終止全部或部分之服務。

　　第3款規定「公告接收通知文件之聯繫窗口資訊」，係為便利著作權人或製版權人提出通知，或使用者提出回復通知，以加速處理時效。

　　第4款規定係指由著作權人或製版權人依第3項之規定，主動提供予網路服務提供者使用之技術措施，網路服務提供者配合執行時，得作為適用本章之先決要件。但並非課予網路服務提供者負有發展該等技術措施之義務。又該等技術措施，係指用以辨識（identify）或保護（protect）享有著作權、製版權標的之措施。

　　為鼓勵連線服務提供者協助防制網路上之侵權行為，特別是網路交換軟體之侵權（例如：透過P2P軟體下載或分享受本法保護之檔案），爰於第2項規定連線服務提供者於接獲著作權人或製版權人通知涉有侵權行為之情事後，將該通知以電子郵件轉送給該IP位址使用者，即屬確實履行第1項第1款之著作權或製版權保護措施。又本項規定並非課予連線服務提供者「轉送」之義務，縱連線服務提供者未配合轉送，如有其他確實履行著作權或製版權保護措施之情事者，仍得適用第1項第1款之規定。

　　第3項係參考美國DMCA第512條(i)(1)(B)之立法例。茲說明如下：

1. 所稱「通用」，係指該等辨識或保護技術措施，係依據著作權人、製版權人及網路服務提供者在廣泛共識下所開發完成而被採行者。

2. 所稱「對網路服務提供者造成不合理負擔」，係指會增加網路服務提供者重大費用支出或導致其系統或網路運作之重大負擔者。

3. 本項之規定，須符合(1)著作權人或製版權人已提供其保護著作權或製版權之通用辨識或保護技術措施予網路服務提供者，且(2)不致造成網路服務提供者不合理負擔，網路服務提供者始應配合執行，反之，若不符合上述2項條件，則網路服務提供者無須配合執行，只要其符合本條第1項第1款至第3款之要件，即得適用本章民事免責事由規定。

　　在前述案例中，由於被告有公告接收通知文件之聯繫窗口資訊，但原告卻沒有正確地向其聯繫窗口寄信，故被告主張其對內容侵權並不知情，而主張免責。美國加州中區法院就以即席判決，判決案例中的被告A9網站符合安全港條款，故不會構成輔助侵權[10]。

四、連線網路服務業者之免責規定

　　第90條之5：「有下列情形者，連線服務提供者對其使用者侵害他人著作權或製版權之行為，不負賠償責任：

　　一、所傳輸資訊，係由使用者所發動或請求。

　　二、資訊傳輸、發送、連結或儲存，係經由自動化技術予以執行，且連線服務提供者未就傳輸之資訊為任何篩選或修改。」

　　本條係參考美國DMCA第512條a項「TRANSITORY DIGITAL NETWORK COMMUNICATION」之立法例，規定連線服務提供者不負賠償責任應具備之要件。

　　另依連線服務提供者之特性，無法以「通知／取下」程序處理，故無「通知／取下」程序之適用。

五、快速存取服務業者之免責規定

　　第90條之6：「有下列情形者，快速存取服務提供者對其使用者侵害他人著作權或製版權之行為，不負賠償責任：

　　一、未改變存取之資訊。

　　二、於資訊提供者就該自動存取之原始資訊為修改、刪除或阻斷

---

10 Perfect 10, Inc. v. Amazon.com, Inc, 2009 U.S. Dist. LEXIS 42341 (C.D. Cal., May 12, 2009).

時，透過自動化技術為相同之處理。

　　三、經著作權人或製版權人通知其使用者涉有侵權行為後，立即移除或使他人無法進入該涉有侵權之內容或相關資訊。」

　　本條參考美國DMCA第512條b項「SYSTEM CACHING」之立法例，規定快速存取服務提供者對其使用者利用其所提供之服務，不法侵害他人著作權或製版權之行為，不負賠償責任應具備之要件。

　　網路服務提供者接獲著作權人或製版權人之通知後，並不負侵權與否之判斷責任，只要通知文件內容形式上齊備，應立即移除或使他人無法進入該涉嫌侵權內容。

六、資訊儲存服務提供者之免責規定

　　第90條之7：「有下列情形者，資訊儲存服務提供者對其使用者侵害他人著作權或製版權之行為，不負賠償責任：

　　一、對使用者涉有侵權行為不知情。

　　二、未直接自使用者之侵權行為獲有財產上利益。

　　三、經著作權人或製版權人通知其使用者涉有侵權行為後，立即移除或使他人無法進入該涉有侵權之內容或相關資訊。」

　　本條係參考美國DMCA第512條c項「Information Resides on System or Network at Direction of Users」之立法例予以規定。

　　第1款所稱「不知情」，參考美國DMCA第512條(c)規定，可包含以下二種情形：(1)對具體利用其設備、服務從事侵權一事確不知情（does not have actual knowledge that the material or an activity using the material on the system or network is infringing）；或(2)不了解侵權活動至為明顯之事實或情況者（is not aware of facts or circumstances from which infringing activity is apparent）。

　　第2款所稱「未直接自使用者之侵權行為獲有財產上利益」，係指網路服務提供者之獲益與使用者之侵權行為間不具有相當因果關係。例如，在網拍之情形，雖對使用者收取費用，該等費用之收取係使用者使用其服務之對價，不論使用者係從事販賣合法或非法商品，均一律收取者，尚難

認其係「直接」自侵權行為獲有財產上利益。又例如網路服務提供者之廣告收益，如其提供之所有服務中，侵權活動所占之比率甚微時，亦難認該廣告收益係屬「直接」自使用者侵權行為所獲之財產上利益；反之，若其提供之所有服務中，侵權活動所占之比率甚高時，該廣告收益即可能構成「直接」自使用者侵權行為獲有財產上利益。又「財產上利益」，指金錢或得以金錢計算之利益，廣告收益及會員入會費均屬之。

　　第90條之9：「資訊儲存服務提供者應將第九十條之七第三款處理情形，依其與使用者約定之聯絡方式或使用者留存之聯絡資訊，轉送該涉有侵權之使用者。但依其提供服務之性質無法通知者，不在此限。

　　前項之使用者認其無侵權情事者，得檢具回復通知文件，要求資訊儲存服務提供者回復其被移除或使他人無法進入之內容或相關資訊。

　　資訊儲存服務提供者於接獲前項之回復通知後，應立即將回復通知文件轉送著作權人或製版權人。

　　著作權人或製版權人於接獲資訊儲存服務提供者前項通知之次日起十個工作日內，向資訊儲存服務提供者提出已對該使用者訴訟之證明者，資訊儲存服務提供者不負回復之義務。

　　著作權人或製版權人未依前項規定提出訴訟之證明，資訊儲存服務提供者至遲應於轉送回復通知之次日起十四個工作日內，回復被移除或使他人無法進入之內容或相關資訊。但無法回復者，應事先告知使用者，或提供其他適當方式供使用者回復。」

　　第1項規定資訊儲存服務提供者應將移除或使他人無法進入該涉有侵權內容之處理情形，通知涉有侵權之使用者。考量降低資訊儲存服務提供者通知之成本及其掌握之使用者聯絡資訊未必真實等情事，特規定以其與使用者約定之方式，或依使用者留存之聯絡資訊通知即可，不以絕對送達使用者為必要。另顧及資訊儲存服務提供者依其提供服務之性質，而未留存使用者連絡資訊之事實，例如架設網站供使用者無須註冊或登記即得利用其服務，而未留存連絡資訊，爰於第1項但書規定予以排除。

　　第2項規定涉有侵權之使用者，認為其有合法權利使用該被移除或無法進入之內容或相關資訊時，得檢具回復通知（counter notification）文件，要求資訊儲存服務提供者，回復其被移除或使他人無法進入之內容。

　　第3項規定資訊儲存服務提供者負有立即將回復通知文件轉送予著作權人或製版權人之義務，以利渠等進行後續處理之判斷。

　　第4項規定所稱「訴訟之證明」，包含排除侵害或損害賠償民事訴訟之證明，或依刑事訴訟法之規定提出告訴或自訴之證明，資訊儲存服務提供者於法定期間內接獲該等證明，即無須回復該被移除或使他人無法進入之內容或相關資訊。

　　第5項規定著作權人或製版權人未於法定期間內提出訴訟之證明者，資訊儲存服務提供者應予以回復之義務及無法回復時之處理方式。

七、搜尋服務提供者免責規定

　　第90條之8：「有下列情形者，搜尋服務提供者對其使用者侵害他人著作權或製版權之行為，不負賠償責任：

　　一、對所搜尋或連結之資訊涉有侵權不知情。

　　二、未直接自使用者之侵權行為獲有財產上利益。

　　三、經著作權人或製版權人通知其使用者涉有侵權行為後，立即移除或使他人無法進入該涉有侵權之內容或相關資訊。」

　　本條係參考美國DMCA第512條d項「Information Location Tools」之立法例，規定搜尋服務提供者對其使用者利用其所提供之服務，不法侵害他人著作權或製版權之行為，不負賠償責任應具備之要件。

　　所以，搜尋引擎提供超連結，連結到盜版網頁時，本身並不構成侵害公開傳輸權，頂多可能是構成公開傳輸權的幫助行為。其是否需要負擔輔助責任，則必須個案判斷。但若搜尋引擎網站符合著作權法第六章之一相關規定，則進入安全港，當然可以免責。雖然在條文上只是說不用負賠償責任，但既然民事賠償責任免除了，應該也可以免除刑事上幫助犯責任。

八、網路服務業者對使用者的責任

　　第90條之10：「有下列情形之一者，網路服務提供者對涉有侵權之使用者，不負賠償責任：

　　一、依第九十條之六至第九十條之八之規定，移除或使他人無法進入

該涉有侵權之內容或相關資訊。

　　二、知悉使用者所為涉有侵權情事後，善意移除或使他人無法進入該涉有侵權之內容或相關資訊。」

　　第1款規定說明如下：

1. 由於網路服務提供者不負侵權與否之判斷責任，只要通知文件內容形式上齊備，應立即移除或使他人無法進入該涉嫌侵權內容，除可不負著作權或製版權侵害賠償責任外，縱令事後證明該被移除之內容並不構成侵權，網路服務提供者亦無須對使用者負民事賠償責任。

2. 在資訊儲存服務提供者之情況，尚須履行第90條之9所定之處理程序，始可對該涉有侵權之使用人，不負賠償責任，併予敘明。

　　第2款規定係指網路服務提供者於著作權人或製版權人正式通知以外之其他管道知悉侵權情事者，例如係由第三人檢舉或由著作權人或製版權人不合實施辦法規定格式之通知或對明顯涉及侵權之情事主動知悉時，如網路服務提供者主動移除或使他人無法進入該涉有侵權之內容或相關資訊時，自無須為使用人之侵權行為對著作權人或製版權人負損害賠償責任，然網路服務提供者是否須對該使用者負違反契約之民事責任？爰於本款規定網路服務提供者於此等情況，只要網路服務提供者係基於善意而移除該涉有侵害之內容或相關資訊，縱令事後證明該被移除之內容並不構成侵權，對該被移除內容之使用者，亦不負賠償責任。因此，所稱「善意」，係指網路服務提供者對該涉有侵權之內容並未構成侵權之情事不知情，縱其有過失者，亦無須負責，以鼓勵網路服務提供者於主動知悉侵權活動時，採取適當之措施，以維護著作權人或製版權人之正當權益。又本款之規定並非課予網路服務提供者對其所控制或營運之系統或網路上所有活動負有監督及判斷是否構成侵權之義務，併予敘明。

九、惡意檢舉者責任

　　第90條之11：「因故意或過失，向網路服務提供者提出不實通知或回復通知，致使用者、著作權人、製版權人或網路服務提供者受有損害者，負損害賠償責任。」

　　由於網路服務提供者不負侵權與否之判斷責任，只要著作權人或製版權人之通知文件或使用者之回復通知文件內容形式上齊備，應移除或使他人無法進入該涉嫌侵權內容或予以回復。因此，任何人如提出不實通知或回復通知，致他人因網路服務提供者依本章規定移除或回復涉有侵權內容或相關資訊，而受有損害者，依民法第184條第1項前段規定，該等提出不實通知或回復通知之行為人，即應向因而受有損害之他方（包括：使用者、著作權人、製版權人或網路服務提供者），負損害賠償責任。亦即，損害賠償責任之有無，仍應回歸民法規定加以論斷。

　　本章規定之「通知／回復通知」機制如遭誤用，除對網路服務提供者造成營運上之困擾，亦會影響網路服務提供者配合執行本章制度之意願，爰特重申不實通知或回復通知者之侵權行為法律責任，藉以提醒著作權人、製版權人及使用者審慎為之。

十、案例

（一）音樂交流平台

　　對網友上載侵害或有侵害他人著作權的著作內容，網路檔案交流平台業者所應負的責任為何？關於此，可參考第三章對音樂檔案交換網站的討論。

　　著作權法第87條第7款則規定：「未經著作財產權人同意或授權，意圖供公眾透過網路公開傳輸或重製他人著作，侵害著作財產權，對公眾提供可公開傳輸或重製著作之電腦程式或其他技術，而受有利益者。」被規定為「視為侵害著作權」。故音樂交換平台若鼓勵使用者利用其軟體進行盜版，則音樂交換平台可能會被視為侵害著作權。

（二）購物網站

　　購物網站的經營者，上面會提供各個實體業者將產品放在購物網站上販售或拍賣，但是若該販售的產品有侵害著作權，購物網站經營者是否一樣要負侵害著作權的責任？若購物網站經營者知道該會員販售的產品的是盜版的，還提供網站平台讓其販售產品，則可能會因為構成民法第185條

的幫助侵權責任或刑法的幫助犯。若購物網站業者想要免責，則必須先做到著作權法第90條之4所要求的四種義務，且不可以明知該檔案為侵害著作權還協助會員侵害著作權。縱使事前不知道網友所販售的產品有侵權，當有著作權人提出檢舉時，就要盡快將有爭議的網頁或移除或禁止他人進入，這樣就可以避免著作權的幫助侵權責任。

第四節　政府命令取下

　　既然平台可能要對其上違法內容負責，政府是否可以在發現平台上有違法內容時，就由行政機關直接下命令，要求線上平台將違法內容移除？但由於政府自己認定是否屬違法內容就要求網路平台下架資訊，可能引發侵害言論自由的質疑。因此，目前這類的法規非常有限。

　　我國法律中，目前有主管機關向網際網路平台檢舉，要求移除網頁者之類似機制者，主要為兒童及少年權益與福利保障法及兒童及少年性剝削防制條例。

一、有害兒童及少年身心健康未採取防護措施

　　若網路平台上有有害兒童及少年身心健康且未採取防護措施者，主管機關可以直接命令網路平台限制他人接取或移除。

　　兒童及少年權益與福利保障法第46條：「網際網路平臺提供者應依前項防護機制，訂定自律規範採取明確可行防護措施；未訂定自律規範者，應依相關公（協）會所定自律規範採取必要措施。

　　網際網路平臺提供者經目的事業主管機關告知網際網路內容有害兒童及少年身心健康或違反前項規定未採取明確可行防護措施者，應為限制兒童及少年接取、瀏覽之措施，或先行移除。

　　前三項所稱網際網路平臺提供者，指提供連線上網後各項網際網路平臺服務，包含在網際網路上提供儲存空間，或利用網際網路建置網站提供資訊、加值服務及網頁連結服務等功能者。」

　　其並訂有罰則，同法第94條第1項規定：「網際網路平臺提供者違反

第四十六條第三項規定，未為限制兒童及少年接取、瀏覽之措施或先行移除者，由各目的事業主管機關處新臺幣六萬元以上三十萬元以下罰鍰，並命其限期改善，屆期未改善者，得按次處罰。」

二、散布兒童少年性影像或性剝削資訊

若網路平台上有「兒童或少年之性影像、與性相關而客觀上足以引起性慾或羞恥之圖畫、語音或其他物品」，或者有「足以引誘、媒介、暗示或其他使兒童或少年有遭受性剝削之訊息」，主管機關可以通知要求網路平台移除或下架該資訊。

兒童及少年性剝削防制條例第8條規定：「網際網路平臺提供者、網際網路應用服務提供者及網際網路接取服務提供者，透過網路內容防護機構、主管機關、警察機關或其他機關，知有第四章之犯罪嫌疑情事，應先行限制瀏覽或移除與第四章犯罪有關之網頁資料。

前項犯罪網頁資料與嫌疑人之個人資料及網路使用紀錄資料，應保留一百八十日，以提供司法及警察機關調查。

直轄市、縣（市）主管機關得協助被害人於偵查中向檢察官、審理中向法院請求重製扣案之被害人性影像。第一項之網際網路平臺提供者、網際網路應用服務提供者及網際網路接取服務提供者於技術可行下，應依直轄市、縣（市）主管機關通知比對、移除或下架被害人之性影像。」

其並訂有罰則，同法第47條規定：「違反第八條規定者，由目的事業主管機關處新臺幣六萬元以上三十萬元以下罰鍰，並命其限期改善，屆期未改善者，得按次處罰。」

第五節　歐盟數位服務法

近年來，對於網際網路平台業者，國家是否應該課予更多的執法協力義務，有越來越多的討論。歐盟在2020年年底，提出了全面性的數位服務法（Digital Service Act）草案，並已在2022年10月通過。該法全面性地規定，網際網路平台業者之執法協力義務。

一、政府或法院命令取下

其中，在數位服務法第9條規定，規定主管機關和法院針對違法內容，可要求網路平台業者盡快採取行動。

數位服務法第10條規定，主管機關和法院可要求網路平台業者提供違法使用者的聯絡資訊，讓主管機關和法院可以找出違法者進行後續法律行動。

不過要注意的是，這個數位服務法只是通案性的規定，亦即，主管機關必須根據其他法律，要求平台採取行動和提供資訊，平台才有取下和提供資訊之義務。也就是說，還是要有「其他法律明確規定，主管機關有這樣的權力」。

目前在歐洲國家只有對比較嚴重的網路違法，例如兒童色情、性剝削、恐怖主義、仇恨言論等，比較以其他法律訂定這種由政府直接命令取下的規定。

二、通知與行動機制

另外，數位服務法第16條規定通知與行動機制（Notice and action mechanisms）。所謂通知，乃指任何人或受害人可對線上平台的違法內容提出檢舉。所謂行動，則是線上平台可以根據自己的平台政策、或者國家的法律，自己判斷被檢舉的內容是否真的違法或違反平台政策。如果線上平台做了判斷，認為確實有問題，可以自己決定將該內容取下。

不過，數位服務法並沒有明確規定，當有人檢舉之後要在幾天內做出決定。只提到線上平台「應及時、勤勉、非任意和客觀地……做出決定。」

但數位服務法第17條規定，線上平台必須對這些決定提出完整的理由。

當然，使用者的內容被線上平台取下會有不滿，故數位服務法第20條要求線上平台要建置內部申訴制度，讓使用者對這些決定提出申訴。進一步，如果對申訴的結果不服，也可到法院或法院外紛爭解決機制去救濟。

透過這樣的方式，一方面賦予線上平台協助處理違法內容的義務，但另方面也要確保使用者的言論自由。

第二十一章　線上遊戲與虛擬寶物

第一節　線上遊戲犯罪

關於線上遊戲的犯罪，常見行為態樣有下述五種：

1. 冒用帳號竊取虛擬財貨
2. 詐欺得利
3. 暴力犯罪
4. 外掛、私服
5. 其他

以下分別探討上述五種行為的相關法律責任。

一、冒用帳號竊取虛擬財貨

一般而言，線上遊戲最常見的竊取虛擬寶物。此種行為是以不正方法獲取其他玩家的帳號及密碼，登錄使用遊戲伺服器進行遊戲，進而竊取該帳號內所有之「寶物」、「裝備」、「虛擬貨幣」，再趁機以低價線上交易換取現金牟取利潤。

上述盜取寶物過程可劃分為三階段：

（一）第一階段為取得被害人之帳號密碼。至於取得他人帳號密碼的方式包括：

1. 利用特洛伊木馬程式或外掛程式入侵玩家電腦
2. 利用監視器
3. 與他人共用之角色帳號

（二）第二階段為登入遊戲伺服器，輸入被害人之帳號密碼。

（三）第三階段則為操作被害人帳號中之角色，並將該角色中之虛擬寶物移轉給自己或第三人之角色。

原本刑法尚未制定「妨礙電腦使用罪章」時，第一階段取得他人帳號

密碼，除了可能侵犯隱私相關法律外，並無法直接用竊盜罪處罰。第二階段輸入他人帳號密碼登入，也沒有法律可以處罰。一定要等到第三階段，才能用竊盜罪處罰。

修法後，第一階段若是用特洛伊木馬程式入侵電腦取得密碼帳號，則可能構成359條，而第二階段輸入他人帳號密碼進入電腦，可能觸犯刑法第358條，第三階段真正奪取寶物，則會觸犯刑法第359條。

二、詐欺得利

若是以詐騙的方式取得其他玩家的有價虛擬裝備，並沒有直接入侵他人的電腦，這個時候不能適用「妨礙電腦使用罪章」的規定，但可以直接適用詐欺罪的規定。刑法第339條第1項規定：「意圖為自己或第三人不法之所有，以詐術使人將本人或第三人之物交付者，處五年以下有期徒刑、拘役或科或併科五十萬元以下罰金。」第2項規定：「以前項方法得財產上不法之利益或使第三人得之者，亦同。」

而虛擬寶物，就可以算是第2項中的「財產上不法利益」。因此，以詐術騙取虛擬裝備財貨，若遭騙取之電磁紀錄具有財產上利益時，即構成刑法第339條第2項「詐欺得利罪」。

三、暴力犯罪

若是直接以強暴脅迫等非法手段取得有價虛擬裝備財貨，那麼，也可以直接適用「強盜罪」的規定。刑法第328條第1項規定：「意圖為自己或第三人不法之所有，以強暴、脅迫、藥劑、催眠術或他法，至使不能抗拒，而取他人之物或使其交付者，為強盜罪，處五年以上有期徒刑。」第2項規定：「以前項方法得財產上不法之利益或使第三人得之者，亦同。」

同樣地，虛擬寶物可以算是第2項的不法利益，故對玩家施以強暴脅迫等非法手段取得遊戲虛擬裝備財貨，若遭強盜之電磁紀錄具有財產上利益時，仍構成刑法第328條第2項「強盜得利罪」。

四、其他犯罪

若以電腦網路線上遊戲為犯罪工具，來犯一些傳統的罪：如利用電腦網路來儲存或傳遞犯罪資料，例如：利用線上遊戲交談機制來傳遞色情、販毒犯罪資料。由於網路領域已不再是虛擬世界而避居於法律規範之外，因其仍與現實世界有相當大的重疊，基本的法益體系沒有改變，所以我國刑法原本即有相關處罰規定，刑事法大部分的條文如妨害性自主、毒品等在網路世界仍可適用。所以相關犯罪可以適用刑法相關規定。

第二節　私服、外掛與著作權

一、私服

私服的意思是說自己拿遊戲軟體架在另一個主機上，未得到原遊戲軟體公司的同意就提供線上遊戲服務。這會侵犯原遊戲軟體公司的著作權。

二、外掛

外掛的意思乃是以自己寫的外掛程式，掛在遊戲軟體上，幫忙使用者沒空上網時自動練功。

（一）刑法

若使用外掛程式不斷登入或進行遊戲，致破壞、灌爆遊戲主機系統，對電腦及網路設備產生重大影響之故意干擾行為，可以構能第360條所定干擾電腦系統及相關設備罪。另外，外掛程式的設計者，還可能成立刑法第362條製作供其他人為電腦犯罪的程式之罪。但是，實際上玩家使用外掛程式並沒有那麼大的惡意，若用刑法第360條、第362條來處理，有三年以下或五年以下有期徒刑，對玩家來說有點太過嚴重。故實際上從來沒有對玩家使用外掛程式的行為，處以刑罰者。

（二）著作權法

但是，對於開發外掛程式的人，若沒有法律上的制裁，卻又會造成使用外掛程式者破壞遊戲的公平性。因此，美國在2010年第九巡迴上訴法院的Vernor v Autodesk, Inc一案[1]中，想到可用著作權法的條文，對開發外掛程式者施予刑事制裁。

玩家在購買遊戲軟體時，並沒有取得遊戲軟體之所有權，而只是取得使用遊戲軟體之授權。玩家使用外掛程式玩遊戲，係違反遊戲授權條款之行為，尚不致於構成侵害著作權，故外掛程式之設計者對於玩家之違約行為，不必承擔侵害著作權之「輔助侵害」（contributory infringement）責任。

但是，本案中，玩家使用的外掛程式乃規避「魔獸世界」之監視軟體科技措施，係違反美國著作權法中所規定的「反規避」條款行為，類似違反我國著作權法第80條之2第1項的：「著作權人所採取禁止或限制他人擅自進入著作之防盜拷措施，未經合法授權不得予以破解、破壞或以其他方法規避之。」亦即玩家乃使用他人所寫好的外掛程式，去規避遊戲公司所寫的監視軟體。我國著作權法第3條所定義的防盜拷措施，乃「指著作權人所採取有效禁止或限制他人擅自進入或利用著作之設備、器材、零件、技術或其他科技方法。」所以遊戲公司為了避免他人使用外掛程式所寫的監視軟體，也算是這裡講的防盜拷措施。

既然使用外掛程式之玩家違法，研發並行銷外掛程式之人，同屬違法。若用我國著作權法來看，相當於違反了著作權法第80條之2第2項的：「破解、破壞或規避防盜拷措施之設備、器材、零件、技術或資訊，未經合法授權不得製造、輸入、提供公眾使用或為公眾提供服務。」亦即開發外掛程式的人，乃是製造、提供公眾規避防盜拷錯失之技術或資訊。

1　Vernor v Autodesk, Inc. 621 F.3d1102 (9th Cir. 2010).

第三節　虛擬寶物財產權

一、虛擬寶物損失爭議

在玩家與線上遊戲公司間發生的糾紛，最常出現的，往往是對線上遊戲中的虛擬寶物，爭執其歸屬於誰。因為玩家可能違反遊戲契約，而被遊戲公司沒收寶物。或者，可能因為遊戲公司的伺服器當機，導致玩家的遊戲歷程毀損，其擁有的寶物、裝備不明，遊戲公司只好讓玩家回歸剛開始玩沒有任何裝備的階段。這使得玩家會抗議遊戲公司侵害他們的寶物財產權。

但線上遊戲的定型化契約，往往都是遊戲公司片面擬定，且用按鈕授權契約的方式，玩家通常看都不看就點選「我同意」，同意了遊戲公司所擬的授權契約。等到事後發生糾紛時，卻因為遊戲公司的定型化契約內容都偏袒公司，使得玩家權益受損，而引發許多糾紛。

二、網路連線遊戲服務定型化契約範本

為此，消費者保護委員會在95年審議通過「線上遊戲定型化契約範本」，後來改名為「網路連線遊戲服務定型化契約範本」。

最新的網路連線遊戲服務定型化契約範本中，與虛擬寶物爭議較有關的條文有下述幾條：

第十條　帳號與密碼之使用

甲方完成註冊程序後取得之帳號及密碼，僅供甲方使用。

前項之密碼得依乙方提供之修改機制進行變更。乙方人員（含客服人員、遊戲管理員）不得主動詢問甲方之密碼。乙方應於契約終止後＿＿＿日內（不得低於三十日），保留甲方之帳號及附隨於該帳號之電磁紀錄。

契約非因可歸責甲方之事由而終止者，甲方於前項期間內辦理續用後，有權繼續使用帳號及附隨於該帳號之電磁紀錄。

第二項期間屆滿時，甲方仍未辦理續用，乙方得刪除該帳號及附隨於該帳號之所有資料，但法令另有規定者不在此限。

第十一條　帳號密碼遭非法使用之通知與處理

　　當事人一方如發現帳號、密碼被非法使用時，應立即通知對方並由乙方進行查證，經乙方確認有前述情事後，得暫停該組帳號或密碼之使用權，更換帳號或密碼予甲方，立即限制第三人就本遊戲服務之使用權利，並將相關處理方式揭載於遊戲管理規則。

　　乙方應於暫時限制遊戲使用權利之時起，即刻以官網公告、簡訊、電子郵件、推播或其他雙方約定之方式通知前項第三人提出說明。如該第三人未於接獲通知時起七日內提出說明，乙方應直接回復遭不當移轉之電磁紀錄予甲方，如不能回復時可採其他雙方同意之相當補償方式，並於回復後解除對第三人之限制。但乙方有提供免費安全裝置（例如：防盜卡、電話鎖等）而甲方不使用或有其他可歸責於甲方之事由，乙方不負回復或補償責任。

　　第一項之第三人不同意乙方前項之處理時，甲方得依報案程序，循司法途徑處理。

　　乙方依第一項規定限制甲方或第三人之使用權時，在限制使用期間內，乙方不得向甲方或第三人收取費用。

　　甲方如有申告不實之情形致生乙方或第三人權利受損時，應負一切法律責任。

第十二條　遊戲歷程之保存與查詢

　　乙方應保存甲方之個人遊戲歷程紀錄，且保存期間為＿＿日（不得低於三十日），以供甲方查詢。

　　甲方得以書面、網路，或親至乙方之服務中心申請調閱甲方之個人遊戲歷程，且須提出與身分證明文件相符之個人資料以供查驗，查詢費用如下，由甲方負擔：

　　□免費。

　　□＿＿元（不得超過新臺幣二百元）。

　　□其他計費方式（計費方式另行公告於官網首頁、遊戲登入頁面或購買頁面，其收費不得超過新臺幣二百元）。

　　乙方接獲甲方之查詢申請，應提供第一項所列之甲方個人遊戲歷程，並於七日內以儲存媒介或書面、電子郵件方式提供資料。

第十七條　企業經營者及消費者責任

　　乙方應依本契約之規定負有於提供本服務時，維護其自身電腦系統，符合當時科技或專業水準可合理期待之安全性。

　　電腦系統或電磁紀錄受到破壞，或電腦系統運作異常時，乙方應於採取合理之措施後儘速予以回復。

　　乙方違反前二項規定或因遊戲程式漏洞致生甲方損害時，應依甲方受損害情形，負損害賠償責任。但乙方能證明其無過失者，得減輕其賠償責任。

　　乙方電腦系統發生第二項所稱情況時，於完成修復並正常運作之前，乙方不得向甲方收取費用。

　　甲方因共用帳號、委託他人付費購買點數衍生與第三人間之糾紛，乙方得不予協助處理。

第二十二條　契約之終止及退費

　　甲方得隨時通知乙方終止本契約。

　　乙方得與甲方約定，若甲方逾＿＿期間（不得少於一年）未登入使用本遊戲服務，乙方得定相當期限（不得少於十五日）通知甲方登入，如甲方屆期仍未登入使用，則乙方得終止本契約。

　　甲方有下列重大情事之一者，乙方依甲方登錄之通訊資料通知甲方後，得立即終止本契約：

　　一、利用任何系統或工具對乙方電腦系統之惡意攻擊或破壞。

　　二、以利用外掛程式、病毒程式、遊戲程式漏洞或其他違反遊戲常態設定或公平合理之方式進行遊戲。

　　三、以冒名、詐騙或其他虛偽不正等方式付費購買點數或遊戲內商品。

　　四、因同一事由違反遊戲管理規則達一定次數（不得少於三次）以上，經依第十九條第二項通知改善而未改善者。

　　五、經司法機關查獲從事任何不法之行為。

　　乙方對前項事實認定產生錯誤或無法舉證時，乙方應對甲方之損害負賠償責任。

　　契約終止時，乙方於扣除必要成本後，應於三十日內以現金、信用

卡、匯票或掛號寄發支票方式退還甲方未使用之付費購買之點數或遊戲費
用，或依雙方同意之方式處理前述點數或費用。

　　另外，消費者保護委員會另外公布具有拘束力的「網路連線遊戲服務
定型化契約應記載及不得記載事項」中，也在第八點規定「八、不得約定
其得單方變更契約內容。」

三、案例：熱血三國伺服器當機案

 案例

　　知名的線上遊戲「熱血三國」因為伺服器當機，且救不回玩家的
歷程記錄，導致玩家花費一年時間練功所取得的寶物、裝備，全部毀於
一旦。有玩家因而不滿，向熱血三國遊戲公司提出訴訟，要求賠償玩家
的損失。但遊戲公司認為，根據玩家所同意的定型化契約，遊戲公司
並不需要賠償玩家損失。對於此案例，台灣士林地方法院民事判決101
年度訴字第84號做出重要判決。認為遊戲公司應賠償玩家「財產」損
失。

台灣士林地方法院民事判決101年度訴字第84號（2012/4/30）

原　告　陳志富

被　告　華義國際數位娛樂股份有限公司

事實及理由

　　一、原告起訴主張：原告於民國99年6月3日起以josh8899之名註冊帳
號參與「紅蓮關鳳」遊戲（下稱系爭遊戲），並於同日在線上點選，同意
「熱血三國線上遊戲服務合約書（下稱系爭服務合約）」之內容，並自同
日起至100年4月10日止，為參與該遊戲儲值共計新臺幣（下同）12萬元。
詎被告所提供之熱血三國「紅蓮關鳳」伺服器（下稱甲伺服器）於同年月
21日發生資料庫毀損事件（下稱系爭事件）。被告就此公告稱：「因伺服
器及跨服戰場因資料庫異常，導致玩家資料嚴重錯亂損毀，於第一時間內

緊急進行關機搶修，經過昨日營運團隊及原廠徹夜搶救，最後仍然無法恢復各位玩家寶貴的資料。故只好於100年4月22日上午3時30分將『紅蓮關鳳』伺服器及跨服戰場資料重置，且原遊戲資料將從新開始提前統一。對於此次異常造成熱血三國『紅蓮關鳳』伺服器及跨服戰場玩家損失，熱血三國營運團隊感到沉痛以及抱歉」等語。而原告自系爭遊戲推出之初即儲值消費迄至發生系爭事件時止，已有十個半月之久，因參與遊戲而擁有眾多虛擬城池、名將、武器、道具、裝備及元寶等建構成果，均因被告資料重置而消滅，原告實無從舉證證明建構成果之內容。而被告身為專業線上遊戲公司，理應備份電磁紀錄，其為節省成本發生系爭事件，致原告受有十個半個月建構成果資料之損害，依原告年所得190萬元換算，被告應賠償原告財產上損害為166萬元。又原告因系爭事件，身心痛苦異常，被告應併賠償精神損害之慰撫金22萬元。被告所定管理規章抵觸系爭服務合約第20條，應屬無效，依同合約第3條約定，亦應為有利於消費者之解釋。為此，依系爭服務合約第15條、第18條約定，訴請被告給付等語，並聲明：被告應給付原告200萬元。

　　二、被告則以：兩造約定以被告提供網路伺服器，供原告透過網際網路連線登入進行系爭遊戲，原告使用被告所提供服務前，已閱覽並同意依系爭服務合約內容規範雙方之權利義務。依系爭服務合約第15條約定，系爭遊戲之所有電磁紀錄均屬被告所有，原告僅有使用權，而此種使用權，應以遊戲本身可繼續進行為前提，若遊戲因不可抗力致無法繼續進行，原告自不得以此種使用權請求賠償。被告經營線上遊戲多年，一向以最高標準提供遊戲玩家優質娛樂環境，耗費鉅資採購國外大廠之伺服器硬體設備，每日進行系統設備維護作業，已善盡系爭服務合約第18條規定之當時科技或專業水準可合理期待之安全性義務。嗣因甲伺服器硬體異常故障，才造成存於伺服器內之電磁記錄異常消失致生系爭事件，此類伺服器硬體異常故障，並非被告故意或過失所導致，而係正常運作下不可預期且無法避免之風險損失，乃不應歸責於被告。對系爭事件所致玩家之損失，被告始終秉持負責協調之態度，積極向玩家進行補償，被告業於資料重置當日提出「紅蓮關鳳伺服器補償方案」以及「跨服戰場補償方案」，提供系爭遊戲玩家免費之登入裝備、寶物、元寶、戰場積分等供其取用。甚者，被

告亦以1.3倍數額之系爭遊戲金幣予以補償。況被告所提供之線上遊戲服務與原告年收入所得無關,被告亦未造成原告已花費之遊戲金幣及年所得與精神損害,其請求顯無理由等語置辯,並聲明:(一)原告之訴駁回。(二)願供擔保請准宣告免為假執行。

(略)

四、茲原告主張依系爭服務合約第15條、第18條等約定,訴請被告給付,被告則以前開情詞置辯。本院判斷如下:

(二)查原告為換取遊戲金幣參與系爭遊戲,自99年6月3日起至100年4月10日止,共計儲值支出12萬元。惟其參與遊戲之電磁紀錄,因系爭事件之發生而滅失而不能回復等情,為兩造所不爭。考之系爭服務合約上載第15條第1項、第2項及第18條第1項、第2項約定,足認電磁紀錄固歸被告所有,但原告有支配權,被告則負有維持電磁紀錄完整之義務,其因伺服器故障導致系爭事件之發生,而使電磁紀錄滅失無法回復,應認係未盡電磁紀錄完整維持義務,致原告之支配權受損害,依據同契約第18條第3項約定,應對原告負損害賠償義務。被告雖抗辯:已每日維護伺服器,故障之發生為不可避免,應不負損害賠償義務云云,並提出維護紀錄、廠商保固說明書為證。惟電腦設備、伺服器經定期、不定期維護或更新,仍難免有有運作失常、紀錄毀損之情事,雖為公知之事實。但電磁紀錄滅失之風險,在技術或方法上仍非可謂無可防範或避免。蓋依現在科技及硬體、軟體技術水平而言,只需隨時加以備份,即可防免電磁紀錄之損壞,此為現在無論專業或一般法人、團體、自然人等資訊設備使用者率皆明瞭之風險控制方法,被告為專業遊戲平台服務供應商,自詡從事同類業務多年,斷無不知之理,而被告就系爭遊戲之電磁紀錄,並未加以備份,此為被告所自陳無誤。是無論系爭事件之發生是否因不可歸咎於被告之原因導致伺服器故障,就電磁紀錄之滅失而言,仍屬可歸責於被告,應負債務不履行損害賠償義務。至遊戲平台之重置,則為提供服務義務之履行,與電磁紀錄保存義務非相等同,亦不能認為已經依據系爭服務合約第18條第2項約定回復原狀,而得免其損害賠償義務或否定原告受損害事實之存在。

(三)況被告以建置之遊戲伺服器提供遊戲平台等服務,向原告收取對價,原告為消費者,被告為企業經營者,其此消費關係有消費者保護

法之適用，則依據消費者保護法第7條第1項、第7條之1規定，被告於提供服務時，應確保其服務，符合當時科技或專業水準可合理期待之安全性，並就此負舉證責任，即非從事經銷之企業經營者就此應負無過失責任，且此合理期待安全性涵括之範圍，不限於生命、身體、健康，並及於財產安全。是被告就此建置伺服器以提供服務，因此負有電磁紀錄保存義務，其義務內容不僅在於防免第三人侵害，更在於妥適保存電磁紀錄，善盡周全伺服器維護與備份義務，即應按現今科技水平提供符於合理期待安全性之保存方法與環境，被告捨普遍為大眾採用之備份方法而不為，徒以所舉上開定期維護紀錄、廠商保固說明書，要不能認為已盡舉證責任而證明符於安全性之要求，依據上揭規定，亦當認應負債務不履行之損害賠償義務。

　　（四）網路遊戲參與成果之電磁紀錄取得，其屬付費線上遊戲之情形，參與遊戲者除需花費金錢外，尚有賴於投入時間、精神及遵守遊戲規則，該等電磁紀錄固附庸於遊戲程式方可存在伺服器中，且遊戲程式與相關電磁紀錄之無體財產所有權究竟歸於遊戲供應商或遊戲參與者享有，學說上固有不同意見，惟主管機關行政院經濟部所公布之定型化契約範本，及系爭服務合約上載約定，均已約明電磁紀錄之支配權歸屬於遊戲參與者，則遊戲參與者基於線上遊戲契約所衍生之債權享有支配權，而該等遊戲建構成果之電磁紀錄，既基於遊戲參與者支付金錢享受遊戲服務業者所提供之服務之契約關係架構而存在並發生權利義務關係，則不僅對遊戲參與者具有主觀上之價值，客觀上亦有現實交易價值存在，應認屬財產權之一種，而現今市場上之交易方式，則包括在遊戲中叫賣或在拍賣網站拍賣等方式，以金錢或其他遊戲寶物互易進行交易，尤見該等電磁紀錄之支配權確屬財產權之性質。至該等電磁紀錄不得脫離遊戲平台加以支配，僅係該財產之使用受有環境或條件上之限制而已，此與電器用品不得在無供電環境憑空驅動使用，並受堪用環境條件限制之情狀無異，尚不得因此推謂該物即無財產價值。

　　（五）又約定或法定禁止融通與禁止融通物之有無財產價值為二事，蓋財產除交換處分之價值外，尚有使用、收益價值，故縱認禁止虛擬道具交易係為維持遊戲公平之必要手段，而應禁止金錢交易，且依據遊戲管理規章之規定禁止融通交易，而使電磁紀錄之支配權因此失其融通性，

仍無礙於其為財產權性質之判斷。

（六）參以上述遊戲管理規章第9點、第10點之規定內容，雖非可認有與系爭服務合約抵觸而應歸無效之情形。但該等規定僅規範如遊戲玩家有交易行為時，被告享有終止遊戲契約之權，其買賣、互易或其他交易行為並非當然無效，無從據此推認遊戲參與者所享有之電磁紀錄支配權無財產價值，或依約禁止交易。而學說上及外國法制上，對於電磁紀錄支配權之讓與，雖有買賣或授權之不同法律關係定性差異，但多認係屬可交易之財產，且電磁紀錄支配權既屬財產權之一種，法無禁止交易之規範，除有特別約定外，自得為財產交易之標的。至交易法律關係之型態究為有名或無名契約，不得反為得否為交易標的之論據。再者，遊戲參與者為取得參與遊戲之建構成果，除須投入時間、金錢、精神外，尚賴於技術、智能之提升，方得在遊戲規則下取得相當之成果，非純粹基於機率或冒險、投機牟取不相當之獲利，果因此經由交易取得對價，亦無射倖性可言，並無違於何種公共秩序或善良風俗，且現代社會娛樂態樣更易快速，參與網路遊戲之國民於今為數龐大，已為構成社會之重要分眾之一，並因此影響產業經濟發展與社會生活形態，要屬於此公序良俗判斷標準應加以考量之因素。綜據上情，於斯應認不得僅因原告所投入之活動為電子遊戲，即遽認其財產權益保障與賭博射倖等價而否定其權利。

（七）原告自99年6月3日起至100年4月10日止，支付被告12萬元而儲值參與系爭遊戲，時間長逾10個月，而其享有支配權之電磁紀錄內容為被告單方所保管，該等紀錄現復因伺服器毀損之滅失，無從具體列明或得知其內容，原告雖受有財產上損害，但因可歸責於被告之事由致電磁紀錄滅失而無法舉證，應認如令其負擔舉證責任為顯失公平，洵應由本院依職權酌量損害之金額。爰參酌因相關電磁紀錄內容不明，致不能參考當時交換價值確定回復原狀之確切損害金額，並被告之主給付義務為提供遊戲平台供遊戲參與者使用，電磁紀錄保持完整義務為其附隨義務，且被告亦認以遊戲參與者投入金錢所換取之遊戲點數點數加成為1.3倍賠償為相當，本件原告雖非依消費者保護法請求被告給付，但佐以消費者保護法第51條尚規定，適用消費者保護法請求賠償事件，如企業經營者係因過失而致損害時，消費者亦得請求損害額1倍以下之懲罰性賠償金等一切情狀，認

被告應賠償原告之電磁紀錄支配權喪失損害賠償之金額，以原告支付儲值之金錢數額加成為1.3倍計算即以156,000元計算為相當，原告所主張之損害，應認在此範圍內，為有據可取。惟原告所受損害為參與遊戲成果電磁紀錄支配權之喪失，非勞動力或工作收入之損失，且原告於該期間內實際有工作收入，亦為自己所主張並提證明確，是其主張依年收入按參與遊戲期間換算損害額而請求超過部分，則為不能採取。而被告依法應以金錢賠償原告，其逕自決定以加成之遊戲點數或其他虛擬道具、積分補償，既未經原告同意而受領，亦非依債之本旨給付，要不生消滅損害賠償債務之效果，即不影響於此之判斷。

　　（八）末按「債務人因債務不履行，致債權人之人格權受侵害者，準用第192條至第195條及第197條之規定，負損害賠償責任。」民法第227條之1雖有明文。考之爭遊戲契約第15條、第18條均未約定被告負有賠償非財產上損害之義務，而上開民法第227條之1之補充規定，則以債務不履行致債權人之人格權受侵害為要件。原告就其參與遊戲成果之相關電磁紀錄固有支配權，但該等電磁紀錄僅為參與遊戲所取得之成果，性質上為財產權，已述如前述，且遊戲參與者均以虛擬帳號為代號，其真實身分不為他人所知悉，原告因被告未盡保管義務，致其參與遊戲之電磁紀錄滅失，進而使原告喪失支配權，客觀上不能認為有何種與人格相結合之法益應受保護，原告亦未具體主張係何種人格權受有損害，難認依系爭遊戲合約或依據民法之補充規定，得請求被告以金錢賠償非財產上損害，故原告主張其因系爭事件身心痛苦異常，依據系爭服務合約第15條、第18條約定，請求被告賠償非財產上損害22萬元云云，要為無憑。

　　五、從而，原告主張依系爭服務合約第15條、第18條等約定，訴請被告給付200萬元，應認於其請求被告給付156,000元之範圍內，為有理由，應予准許。逾此所為請求，則為無理由，當予駁回之。

國家圖書館出版品預行編目資料

資訊法／楊智傑著. -- 七版. -- 臺北市：五
南圖書出版股份有限公司, 2024.05
面；　公分
ISBN 978-626-393-302-6（平裝）

1.CST: 資訊法規　2.CST: 智慧財產權
3.CST: 電子商務

312.023　　　　　　　　　113005624

1UA1

資訊法

作　　　者 ― 楊智傑(317.3)

發 行 人 ― 楊榮川

總 經 理 ― 楊士清

總 編 輯 ― 楊秀麗

副總編輯 ― 劉靜芬

責任編輯 ― 林佳瑩

封面設計 ― 封怡彤

出 版 者 ― 五南圖書出版股份有限公司

地　　　址：106台北市大安區和平東路二段339號4樓

電　　　話：(02)2705-5066　　傳　真：(02)2706-6100

網　　　址：https://www.wunan.com.tw

電子郵件：wunan@wunan.com.tw

劃撥帳號：01068953

戶　　　名：五南圖書出版股份有限公司

法律顧問　林勝安律師

出版日期　2006 年 3 月初版一刷
　　　　　2007 年 10 月二版一刷
　　　　　2011 年 6 月三版一刷
　　　　　2013 年 1 月四版一刷
　　　　　2017 年 1 月五版一刷
　　　　　2021 年 4 月六版一刷
　　　　　2024 年 5 月七版一刷

定　　　價　新臺幣520元

經典永恆・名著常在

五十週年的獻禮 —— 經典名著文庫

五南，五十年了，半個世紀，人生旅程的一大半，走過來了。
思索著，邁向百年的未來歷程，能為知識界、文化學術界作些什麼？
在速食文化的生態下，有什麼值得讓人雋永品味的？

歷代經典・當今名著，經過時間的洗禮，千錘百鍊，流傳至今，光芒耀人；
不僅使我們能領悟前人的智慧，同時也增深加廣我們思考的深度與視野。
我們決心投入巨資，有計畫的系統梳選，成立「經典名著文庫」，
希望收入古今中外思想性的、充滿睿智與獨見的經典、名著。
這是一項理想性的、永續性的巨大出版工程。
不在意讀者的眾寡，只考慮它的學術價值，力求完整展現先哲思想的軌跡；
為知識界開啟一片智慧之窗，營造一座百花綻放的世界文明公園，
任君遨遊、取菁吸蜜、嘉惠學子！